ポーラスカーボン材料の合成と応用

Synthesis and Applications of Porous Carbon Materials

監修：西山憲和
Supervisor：Norikazu Nishiyama

シーエムシー出版

はじめに

　活性炭の歴史は非常に古く，紀元前 1500 年頃の古代エジプトまでさかのぼる木材を原料とした炭が薬用として使われていた。紀元前 200 年ごろは，すでに吸着剤として使われていた可能性がある。つまり，特定の分子（当時は分子の概念はないが）を吸着することを知っていたことになる。18 世紀以降は，ヤシ殻や動物の骨や血液など原料の多様化が見られ，20 世紀後半に入ると，工業の発展や人口増加　都市の過密化によって　環境問題が深刻化し，高度浄水処理をはじめとする水質改善やダイオキシンの除去などの大気の環境浄化における活性炭の需要が高まり，大量製造への取り組みが始まった。

　その後，ミクロな構造が制御されたナノカーボンの登場が，カーボン材料の研究を活性化した。ご存知のように 1996 年にフラーレンの研究にノーベル化学賞，また 2010 年にグラフェンの研究にノーベル物理学賞が与えられた。それ以降，ナノチューブも含めたナノカーボンへの関心が一気に高まり，基礎研究からデバイス開発を中心とした応用研究へと幅広い研究開発がされるようになった。今日では，それらの成果をまとめたナノカーボンに関する書籍が相次いで刊行されている。

　その一方で，ポーラスカーボンも産業のあらゆる分野で使用され，我々の生活においても広く浸透しており，特にエネルギー・環境問題の解決にはなくてはならない物質となっている。ポーラス材料として他の物質，例えば MOF やゼオライトやメソポーラスシリカに代表される規則性多孔体と比較すると，規則性や均一性はおとるものの，導電性が高いことが最大の特徴であり，また細孔径制御の点からもカーボン骨格の柔軟性を利用した細孔制御ができる可能性がある。今日では，ナノ材料の多機能・高性能化がますます追求されるようになっており，用途ごとに最適な径の細孔を製造する技術，不必要な径の細孔をできるだけ生成しない技術，および細孔構造を制御する技術の開発が求められている。触媒担体，吸着剤，電極材料など，用途開発の進展が著しく，さらなる高表面積化，細孔径制御，エッジの構造制御，カーボンアロイ化など，多くの展開が見込まれる。

　本書は，ポーラスカーボンの研究の第一線で活躍される著者から，ミクロ/メソ/マクロポーラスカーボンおよびカーボンアロイの合成法を執筆頂いた。本書の前半ではミクロポーラスカーボンやメソポーラスカーボンの合成法の開発に関して，後半では，電極材料，触媒担体，吸着剤，分離膜などのポーラスカーボンの応用に関する研究を解説した。本書がポーラスカーボンの研究，デバイス開発の一助となり，さらなる研究発展につながることを期待する。

2019 年 10 月

大阪大学

西山憲和

執筆者一覧 （執筆順）

西 山 憲 和	大阪大学　大学院基礎工学研究科　化学工学領域　教授
田 中 俊 輔	関西大学　環境都市工学部　エネルギー・環境工学科　教授
豊 田 昌 宏	大分大学　理工学部　共創理工学科　教授
生 越 友 樹	京都大学　大学院工学研究科　合成・生物化学専攻　教授； 金沢大学　ナノ生命科学研究所　特任教授
山 岸 忠 明	金沢大学　理工研究域　物質化学系　教授
瀬戸山 徳 彦	㈱豊田中央研究所　環境・エネルギー２部　反応制御研究室 主任研究員
朴 　 元 永	東北大学　大学院工学研究科　博士課程後期３年
兪 　 承 根	東北大学　金属材料研究所　非平衡物質工学研究部門 ポストドクター；(現)サムスン電子
加 藤 秀 実	東北大学　金属材料研究所　非平衡物質工学研究部門　教授
森 　 武 士	(地独)北海道立総合研究機構　産業技術研究本部　工業試験場 材料技術部　高分子・セラミックス材料グループ　研究職員
岩 村 振一郎	北海道大学　工学研究院　応用化学部門　助教
向 井 　 紳	北海道大学　工学研究院　応用化学部門　教授
川 島 英 久	筑波大学　数理物質系　物質工学域　助教
木 島 正 志	筑波大学　数理物質系　物質工学域　教授
宮 嶋 尚 哉	山梨大学　大学院総合研究部　准教授
堀 河 俊 英	徳島大学　大学院社会産業理工学研究部　理工学域応用化学系 准教授
大久保 貴 広	岡山大学　大学院自然科学研究科　准教授

秋　山　穣　慈	大阪ガスケミカル㈱　活性炭事業部　イノベーション開発部 副主任研究員
関　　　建　司	大阪ガスケミカル㈱　活性炭事業部　イノベーション開発部　部長
吉　宗　美　紀	(国研)産業技術総合研究所　化学プロセス研究部門 膜分離プロセスグループ　主任研究員
喜　多　英　敏	山口大学　大学院創成科学研究科　教授（特命）
立　花　直　樹	(地独)東京都立産業技術研究センター　先端材料開発セクター 副主任研究員
白　石　壮　志	群馬大学　大学院理工学府　分子科学部門　教授
畠　山　義　清	群馬大学　大学院理工学府　分子科学部門　助教
加　登　裕　也	(国研)産業技術総合研究所　創エネルギー研究部門 エネルギー変換材料グループ　主任研究員
丸　山　　　純	(地独)大阪産業技術研究所　環境技術研究部　生産環境工学研究室 研究主任
上　野　和　英	横浜国立大学　大学院工学研究院　機能の創生部門　准教授
稲　垣　怜　史	横浜国立大学　大学院工学研究院　機能の創生部門　准教授
渡　邉　正　義	横浜国立大学　大学院工学研究院　機能の創生部門　教授
瓜　田　千　春	長崎大学　大学院工学研究科　物質科学部門　応用物理化学研究室 特任研究員
瓜　田　幸　幾	長崎大学　大学院工学研究科　物質科学部門　応用物理化学研究室 准教授
森　口　　　勇	長崎大学　総合生産科学域長，大学院工学研究科　物質科学部門 教授

目　　次

【第1編　ポーラスカーボンの合成】

第1章　ソフトテンプレート法によるメソポーラスカーボンの合成
田中俊輔，西山憲和

1　はじめに ………………………………… 1
2　規則性ポーラスカーボンの合成 ……… 1
3　ソフトテンプレート法によるメソポーラスカーボンの合成 ………………… 2
4　メソポーラスカーボンの細孔制御，細孔構造制御 …………………………… 4
5　アルカリ賦活によるミクロ孔の導入と高表面積化 ……………………………… 5
6　メソポーラスカーボンの形態制御 ……… 6
7　無溶媒合成プロセスの開発 …………… 8
8　おわりに ………………………………… 11

第2章　HPC からのミクロ孔を主とした多孔質炭素の調製
豊田昌宏

1　はじめに ………………………………… 12
2　HPC ……………………………………… 12
3　電界紡糸と不融化・炭素化 …………… 13
4　充放電測定 ……………………………… 14
5　形態観察 ………………………………… 14
6　比表面積の焼成温度依存性の検討（N_2 ガス吸脱着測定） …………………… 15
7　充放電測定 ……………………………… 18
8　最後に …………………………………… 19

第3章　超分子集合体を基にしたポーラスカーボン材料の創製
生越友樹，山岸忠明

1　はじめに ………………………………… 20
2　従来のポーラスカーボン材料の創製法　―テンプレート法― ………………… 20
3　出発物質「ピラー[n]アレーン」の合成と構造について ………………… 22
4　水素結合により安定化された1次元チャンネルを有するピラー[6]アレーン結晶のガス吸着特性 ……………… 23
5　ヒドロキノンからなるピラー[6]アレーンの化学的酸化による2次元シート集合体の形成 ………………………… 24
6　ヒドロキノンからなるピラー[6]アレーンの電気化学的酸化による基板表面における2次元シート状集合体の形成 ……………………………………… 25
7　2次元シートの焼成による分子レベルで空間を制御したポーラスカーボンの合成 …………………………………… 25
8　終わりに ………………………………… 27

第4章　テレフタル酸Ca塩を原料としたメソポーラス炭素合成

瀬戸山徳彦

1　はじめに ……………………………… 28
2　合成方法の概要 ……………………… 29
　2.1　テレフタル酸カルシウム（TPACa）
　　　塩の合成 ………………………… 29
　2.2　炭素化と多孔化処理 ……………… 30
3　細孔構造と細孔生成機構 …………… 30
　3.1　細孔構造 ………………………… 30
　3.2　メソ細孔の生成機構 …………… 32
4　おわりに ……………………………… 36

第5章　高比表面積と高黒鉛化度を両立した共連続オープンセル型ポーラス炭素の開発

朴　元永, 兪　承根, 加藤秀実

1　はじめに ……………………………… 38
2　金属溶湯脱成分（Liquid metal
　dealloying）法 ……………………… 38
3　金属溶湯脱成分法を用いた共連続オー
　プンセル型ポーラス炭素の作製方法
　…………………………………………… 40
4　作製したポーラス炭素のポーラス構造,
　および, 微細構造の評価 …………… 40
5　脱成分反応によるポーラス炭素の形成
　過程 …………………………………… 43
6　金属溶湯脱成分法の反応設計に伴う多
　様なポーラス炭素の作製 …………… 44
7　おわりに ……………………………… 46

第6章　精密制御可能なミクロ-メソ-マクロ孔の階層構造を有する炭素材料の開発

森　武士

1　はじめに ……………………………… 48
2　ガス賦活法による超高表面積カーボン
　ゲルの合成 …………………………… 49
3　ミクロ-メソ-マクロ孔の階層構造をも
　つカーボンゲルの開発 ……………… 52
4　ミクロ-メソ-マクロ孔の階層構造をも
　つフェノール樹脂由来炭素の開発 …… 56
5　おわりに ……………………………… 57

第7章　氷晶テンプレート法によるマクロポーラスカーボンモノリスの合成　岩村振一郎, 向井　紳

1　はじめに ……………………………………… 59
2　氷晶テンプレート法によるモルフォロジー制御 …………………………… 59
3　氷晶テンプレート法によるカーボンモノリスの作製 ………………………… 62
4　カーボンマイクロハニカムの細孔構造制御 …………………………………… 63
5　カーボンマイクロハニカムの応用 ……… 66
6　おわりに ……………………………………… 68

第8章　ナノ構造化ポーラスカーボンアロイの構築　川島英久, 木島正志

1　はじめに ……………………………………… 70
2　カーボンアロイへのナノ空間構築 …… 70
2.1　賦活型カーボンアロイ ……………… 70
2.2　GIC 型カーボンアロイ ……………… 72
3　ナノ構造化前駆体を用いたカーボンアロイ構築 …………………………………… 73
4　生成過程を利用したナノ構造化カーボンアロイ …………………………………… 75

第9章　ハロゲン不融化を利用した高炭素化収率ポーラスカーボンの合成　宮嶋尚哉

1　はじめに ……………………………………… 80
2　ヨウ素処理による多孔性の発現と高炭素収率化 …………………………………… 82
3　ハロゲン化物を活用した多孔性付与 …………………………………………… 85
4　バルク形態と細孔構造の同時制御 …… 89
5　おわりに ……………………………………… 92

【第2編　ポーラスカーボンの機能と応用】

第10章　多孔質炭素材料への水蒸気吸着　堀河俊英

1　はじめに ……………………………………… 94
2　材料および実験方法 ……………………… 95
3　水蒸気吸着等温線 ………………………… 95
3.1　平滑炭素表面 ………………………… 95
3.2　ミクロポーラス炭素およびメソポーラス炭素 ………………………………… 97
3.3　脱着スキャニングカーブ ………… 99
4　水蒸気吸着理論 …………………………… 101
4.1　Horikawa-Do (HD) モデル …… 101
5　おわりに …………………………………… 103

第11章　ポーラスカーボンに対するハロゲン化物イオンの吸着特性

大久保貴広

1　はじめに ……………………… 105
2　ポーラスカーボンへのイオンの吸着
　 ……………………………………… 105
3　ポーラスカーボンに対するハロゲン化
　物イオンの特異吸着現象 …………… 106
　3.1　Br⁻ の特異吸着現象：RbBr 水溶液
　　のポーラスカーボンへの液相吸着
　　 …………………………………… 106

3.2　Br⁻ の特異吸着に与える溶媒の影響
　 …………………………………… 108
3.3　アニオン種の特異吸着に与える溶媒
　　以外の因子 …………………… 110
4　おわりに ……………………… 112

第12章　疎水化活性炭の合成・吸着特性及び浄水器用途への展開

秋山穫慈，関　建司

1　はじめに ……………………… 114
2　疎水化活性炭の合成 ………… 114
3　浄水器用途への展開 ………… 118

4　疎水化活性炭によるクロロホルム除去
　性能試験 ………………………… 119
5　おわりに ……………………… 121

第13章　気体分離用中空糸カーボン膜の開発　吉宗美紀

1　はじめに ……………………… 122
2　実用型カーボン膜の開発 …… 123
3　カーボン膜の分離特性 ……… 125
4　カーボン膜の応用 …………… 126
　4.1　二酸化炭素／メタン分離 ……… 127
　4.2　有機溶剤の脱水とエステル化反応へ
　　の応用 ………………………… 127

4.3　有機ハイドライドからの水素分離
　 …………………………………… 129
5　カーボン膜のモジュール製造 ……… 129
6　おわりに ……………………… 131

第14章　炭素膜の製膜とガス分離性能　喜多英敏

1　はじめに ……………………… 132
2　炭素膜の製膜 ………………… 133

3　炭素膜の気体分離性能 ……… 136
4　おわりに ……………………… 139

第15章 窒素ドープポーラスカーボン触媒の開発　立花直樹

1 電気化学エネルギーデバイス用カーボン系触媒 …………… 141

2 窒素ドープカーボン系触媒の合成法 …………… 144

3 金属空気電池用窒素ドープポーラスカーボンナノ粒子触媒 …………… 145

4 白金担持窒素ドープポーラスカーボンナノ粒子触媒 …………… 150

第16章 電気化学エネルギーデバイス用シームレスカーボン電極　白石壮志，畠山義清

1 はじめに …………… 152

2 キャパシタ用シームレス活性炭電極 …………… 155

3 空気リチウム電池用シームレス活性炭電極 …………… 158

4 おわりに …………… 159

第17章 MgO鋳型ポーラスカーボンを用いた電気化学キャパシタ　加登裕也

1 はじめに …………… 162

2 MgO鋳型ポーラスカーボンの製造方法 …………… 163

3 MgO鋳型ポーラスカーボンの細孔構造 …………… 163

4 MgO鋳型ポーラスカーボンの電気二重層キャパシタへの応用 …………… 164

5 MgO鋳型ポーラスカーボンのナトリウムイオンキャパシタへの応用 …………… 167

6 おわりに …………… 171

第18章 レドックスフロー電池用ポーラスカーボン電極　丸山　純

1 はじめに …………… 174

2 ポーラスカーボン電極表面への酸素含有官能基付与の効果 …………… 174

3 $Fe-N_4$サイト含有炭素薄膜の被覆によるジオキソバナジウムイオン還元反応の促進 …………… 176

4 3次元網目状構造を有する酸化黒鉛還元体におけるバナジウムイオン酸化還元反応 …………… 179

5 金属酸化物の触媒作用によるポーラスカーボン電極表面へのエッジ面の露出 …………… 181

6 おわりに …………… 184

第19章 リチウム－硫黄二次電池の高容量化のための硫黄/多孔性炭素複合電極
上野和英, 稲垣怜史, 渡邉正義

1 はじめに …………………………… 186
2 Li-S 電池に用いられる電解液 ……… 188
3 Li-S 電池における炭素担体の役割 …… 190
4 溶媒和イオン液体電解液を用いた Li-S 電池における炭素担体の影響 ……… 192
5 おわりに …………………………… 194

第20章 カーボンミクロ空間の特異性と高容量キャパシタ電極開発への展開
瓜田千春, 瓜田幸幾, 森口 勇

1 はじめに …………………………… 197
2 高比表面積カーボン電極材料 ……… 197
3 ミクロ細孔空間の特異性を活用した機能向上 ……………………………… 199
  3.1 ミクロ細孔の制約空間効果 ……… 199
  3.2 脱溶媒和を利用した高容量電極材料モデルの提唱 ……………………… 200
  3.3 カーボンミクロ細孔空間における脱溶媒和現象の観測 ……………… 201
  3.4 脱溶媒和を活かした高容量電極の構造最適化 …………………………… 203
  3.5 表面官能基の影響 ……………… 205
4 おわりに …………………………… 206

第 1 章　ソフトテンプレート法による　　　メソポーラスカーボンの合成

田中俊輔[*1]，西山憲和[*2]

1　はじめに

　現在，活性炭は，木材，果実殻などの植物性原料や石油，石炭，コークスなどの鉱物性原料を用いて，安価に大量に供給されている。最近では賦活技術の開発が進み，ミクロ孔がより発達した高表面積活性炭が製造され，水処理や排ガス処理を中心に広く利用されている。一方で，触媒担体，吸着剤，電極材料など，用途開発の進展が著しく，細孔への分子のアクセス・拡散性に優れた 2〜数十 nm のメソ孔を有するメソポーラスカーボンが注目されている。今日では，多機能・高性能化がますます追求されるようになっており，用途ごとに最適な径の細孔を製造する技術，不必要な径の細孔をできるだけ生成しない技術，および細孔構造を制御する技術の開発が求められている。

　電極材料や吸着剤の高性能化のためには，分子やイオンの拡散速度と保持容量の向上が必要となるが，そのためにはカーボンの細孔径と細孔壁の厚さの両方を均一にする必要がある。その両方が均一になるほど，細孔構造に規則性が出てくることは容易に推測できる。よって，規則性の向上が直接，電極材料や吸着剤の高性能化に寄与するというよりも，むしろ規則構造のもつ均一性に意味がある場合が多い。つまり，均一構造をもつカーボン多孔体の細孔径や細孔構造を自在に制御する手法を開発することが，高性能デバイスの開発に向けて重要となってくる。本稿では，規則性ポーラスカーボンの合成法の開発について，我々が開発を行っているソフトテンプレート法について解説する。

2　規則性ポーラスカーボンの合成

　まず，規則性ポーラスカーボンの研究開発は，無機鋳型（ハードテンプレート）を用いたマクロポーラスおよびミクロポーラスカーボンの合成から始まった。マクロ孔はアルミニウム陽極酸化膜，ミクロ孔はゼオライトを鋳型として，京谷らにより合成された[1〜4]。特に，Y 型ゼオライトを鋳型として用いたカーボンの合成では，分子レベルの 0.7 nm の均一なミクロ孔を導入でき，得られたカーボンは高い比表面積（2000〜3000 m^2/g）を有する。一方，2 nm 以上のメソ孔を有するカーボンの合成は，鋳型として用いる規則性メソポーラスシリカの合成法の開発とともに発

＊1　Shunsuke Tanaka　関西大学　環境都市工学部　エネルギー・環境工学科　教授
＊2　Norikazu Nishiyama　大阪大学　大学院基礎工学研究科　化学工学領域　教授

展してきた。1999 年に Ryoo ら[5~8]および Hyeon ら[9]らは，数 nm のメソ細孔が規則的に配列したメソポーラスシリカ（MCM-48 や SBA-15 など）を鋳型としたメソポーラスカーボンの合成を初めて報告された。彼らは，シリカの細孔内にポリマーを充填し，炭素化し，その後シリカをフッ酸で溶解させることにより，シリカの細孔配列を反映した構造を有するメソポーラスカーボンを合成した。ゼオライトやメソポーラスシリカを鋳型（テンプレート）として用いる手法を無機鋳型法（ハードテンプレート法）と呼ぶ。特徴として，細孔構造の規則性が非常に高く，電気二重層キャパシタへの利用など数多くの報告が行われた。ハードテンプレート法の問題点としては，プロセスが多段階にわたること，およびシリカの溶解除去プロセスのスケールアップが難しいことが挙げられる。

　一方，ポーラスカーボンを合成する手法として有機鋳型を用いる手法が，Dai らによって報告された[10]。彼らは，ブロックポリマーの polystylene–block–poly（4–vinylpyridine）を鋳型に用いることによって細孔径 34 nm のメソ／マクロポーラスカーボンを合成した。その後，我々は，トリブロックコポリマー Pluronic F127 を鋳型とし，レゾルシノール（R）／ホルムアルデヒド（F）樹脂をカーボン源に用いて，数ナノメートルの規則的細孔を有するカーボンの合成に成功した[11]。その後，Zhao らのグループが，トリブロックコポリマーとフェノール樹脂を組み合わせて，メソポーラスカーボンの細孔構造，形態制御に関して幅広い研究成果を報告している[12~15]。以下に合成手法の詳細を述べる。

3　ソフトテンプレート法によるメソポーラスカーボンの合成

　本手法は，無機鋳型を用いずに，鋳型剤有機分子とカーボン源原料分子の有機－有機相互作用を利用してメソ構造体を形成させる手法である。空気焼成することにより，鋳型剤の除去が可能である。無機鋳型を用いる手法をハードテンプレート法と呼ぶのに対し，本手法はソフトテンプレート法と呼んでいる。

　メソ構造体の形成メカニズムについて以下に述べる。本手法が発見されるまでは，ポリマーの複合体が規則的メソ構造体を形成することは知られていなかった。本合成では，鋳型となる樹脂（熱分解性）とカーボンとなる樹脂（熱硬化性）の組み合わせが必要である。トリブロックコポリマーはすでに単独で自己集合することは知られていた。また，その中でも Pluronic F127 は，メソポーラスシリカの鋳型剤として使われていた。上記の SBA-15 シリカ形成の場合は，トリブロックコポリマーの親水部に，加水分解して生成した SiOH が相互作用する。これにヒントを得て，親水性のフェノール性水酸基を有するレゾルシノールが，熱硬化性樹脂の原料として適していると考えた。また，レゾルシノール樹脂の他に，親水性で熱硬化性の樹脂はカーボン源としての候補になる。例えば，メラミン樹脂や尿素樹脂を用いると，窒素を含有することができるためキャパシタ用の電極材料として有望である。

　レゾルシノールおよび架橋剤としてホルムアルデヒド，鋳型剤として Pluronic F127 を，酸触

媒あるいは塩基触媒の存在下，水溶液あるいはエタノール溶媒中で撹拌すると，樹脂が沈殿する。その樹脂は，図1に示すようなレゾルシノール樹脂と Pluronic F127 の複合体である。レゾルシノール樹脂は，図1に示すように折れ曲がったトリブロックコポリマー分子の両端に水素結合により結合しているものと考えられる。この複合体が形成される初期段階として，まず，レゾルシノール分子がトリブロックコポリマーの親水部に結合する。これまでの我々の研究により，トリブロックコポリマー1分子あたり，レゾルシノールが90〜160分子結合することがわかっている。その複合体が自己集合する。Pluronic F127 分子単独で自己集合する条件（濃度，温度）ではないので，レゾルシノールとの複合体が形成された後に自己集合するものと考えられる。自己集合した後に加熱温度を上げていく過程で，重合によりレゾルシノール樹脂が形成される。その後，350〜400℃で，Pluronic F127 の分解が起こり，メソ孔が現れる。さらに高温では，炭化が進む。多層グラフェン構造のものが形成していると思われるが，生成する水蒸気による自己賦活も進むため，メソ孔の壁を形成するカーボンにはミクロ孔が多く残存する。そのためカーボンは，ミクロ孔–メソ孔の2元細孔構造を有する多孔体となる。また，炭化温度は600〜1000℃であるためカーボンの結晶性は低く，粉末X線回折パターンからは，グラファイト結晶構造にはなっていないことがわかる。

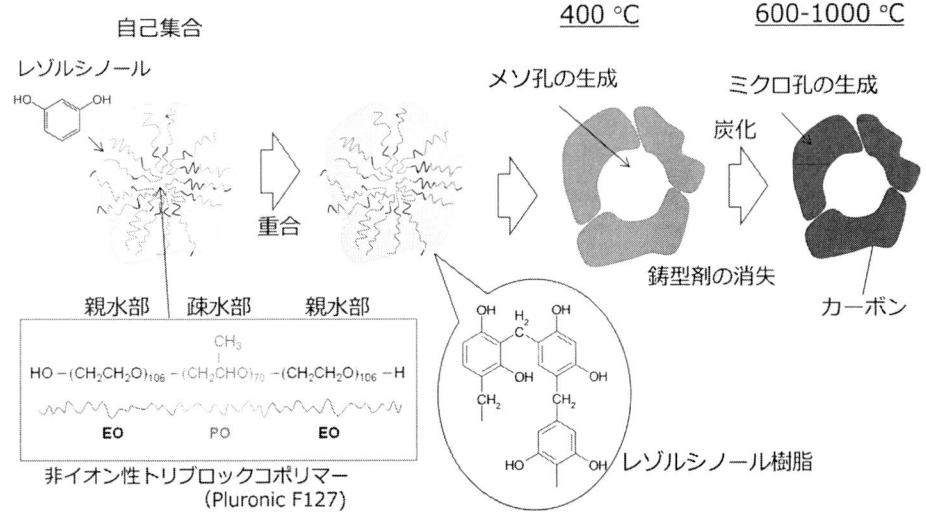

図1　レゾルシノール樹脂と Pluronic F127 の複合体の形成およびメソポーラスカーボンの形成

4 メソポーラスカーボンの細孔制御，細孔構造制御

トリブロックコポリマーの中心部には，レゾルシノール樹脂は存在しないため細孔となる。一方，カーボン源であるレゾルシノールはトリブロックコポリマーの集合体の外側（親水部）に結合する。そのため，トリブロックコポリマーに結合するレゾルシノール分子の数によって，細孔構造および細孔径を制御することが可能であると考え，前駆溶液に含まれるカーボン源／有機鋳型源のモル比を変化させた[16]。

表1に前駆溶液モル比および構造，細孔径を示す。RF-F127（1）と RF-F127（2）の結果から，F127/R のモル比を増加させることによって細孔径が大きくなることがわかった。しかし，さらに F127/R のモル比を増やした RF-F127（3）では，細孔構造が1次元チャネル状細孔構造から3次元 wormhole 状細孔構造に変化した。図2にそれぞれの条件で得られたメソポーラスカーボンの TEM 像を示す。RF-F127（1）はストレートのチャネル状細孔がヘキサゴナル構造に並んだ細孔構造，また RF-F127（3）は3次元に細孔が発達した wormhole 状細孔構造を有していることがわかる。窒素吸着等温線は，メソポーラス物質に特有のIV型に分類され，吸／脱着等温線のヒステリシスが確認された。

鋳型剤のモル比を増加させるとチャネル状細孔から3次元細孔構造に変化したが，それに伴い細孔容積も増加した。相変化の理由としては，細孔の部分に相当する鋳型剤のモル比が大きくなるに従い，鋳型剤の集合体が1次元よりも3次元に連結した構造が立体的要因により安定になる

表1　合成条件と構造，細孔径

サンプル	原料モル比	細孔構造	細孔径 d（BJH）
RF-F127（1）	F127/R = 0.0027	1次元チャネル状	4.7 nm
RF-F127（2）	F127/R = 0.0054	1次元チャネル状	5.8 nm
RF-F127（3）	F127/R = 0.0081	3次 wormhole 状	4.8 nm

RF：レゾルシノール-ホルムアルデヒド，F127：Pluronic F127

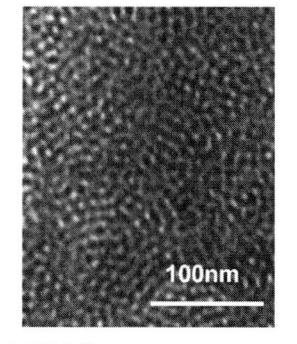

(a) 1次元チャネル状細孔構造　　(b) 3次元wormhole状細孔構造

図2　メソポーラスカーボンの TEM 像

ためであると考えられる。これまで，分子形状（親水部のサイズや分子長）に起因する分子の充填パラメーターが集合体の構造を決定することが報告されているが，本合成でも，レゾルシノールが結合したトリブロックコポリマー複合体を1つの分子と考えれば，同様の理論が適用できる。つまり，トリブロックコポリマーを増加させた場合，1分子あたりに結合するレゾルシノールの分子数が減少し，この複合体の親水部のサイズが小さくなり，棒状（1次元）ミセル構造から3次元構造に相変化したと考えることができる。

5　アルカリ賦活によるミクロ孔の導入と高表面積化

　メソ孔の高拡散性と，ミクロ孔による高表面積化の両方の特徴を持ち合わせたカーボンの需要は高い。本合成で得られるカーボンはメソ孔とミクロ孔の両方を併せ持つが，ミクロ孔容積はそれほど大きくなく，一般的な活性炭のような $1000 \sim 2000 \ \mathrm{m^2/g}$ 程度の高比表面積のものは得られていない。そこで，KOH を用いたアルカリ賦活により，メソポーラスカーボンの表面積を増加させた[17]。

　窒素吸着測定から求めたメソポーラスカーボンおよび市販の活性炭の表面積，細孔径，細孔容積を表2に示す。KOH 賦活した wormhole 状細孔構造メソポーラスカーボンおよび市販の活性炭（AC）をそれぞれ K-COU-2，K-AC とする。AC および K-AC は主にミクロ孔を有する。また，COU-2 と K-COU-2 はどちらも 5.5 nm の均一なメソ孔を有する。KOH 賦活によりメソ孔のサイズは変化しなかったが，ミクロ孔の生成により表面積は増加した。つまり，KOH は細孔壁のカーボンに浸透し，そこで発生した水がカーボンと反応しガス化する。そのため，細孔壁の中にミクロ孔が生成すると考えられる。

　図3に水系（硫酸）および非水系（Et_4NBF_4）の3極式セルを用いて測定した K-AC，COU-2，K-COU-2 それぞれのキャパシタンスと電流密度の関係を示す。測定には，3極式セルを使用したサイクリックボルタンメトリー法を用いた。カーボン質量基準のキャパシタンスは，K-AC < COU-2 < K-COU-2 の順に高い値を示した。細孔径 0.7 nm 以下のウルトラミクロ孔由来の表面積はキャパシタンスへの寄与が少ないと思われるが，K-AC はウルトラミクロ孔表面積の

表2　ポーラスカーボンの比表面積・細孔径・細孔容積

サンプル	全比表面積 （BET） （$\mathrm{m^2/g}$）	比表面積 （$d < 0.7$ nm） （t-プロット） （$\mathrm{m^2/g}$）	メソ孔細 孔径 （BJH） （nm）	メソ孔容積 （$2\,\mathrm{nm} < d < 10\,\mathrm{nm}$） （BJH） （$\mathrm{cm^3/g}$）	全細孔容積 （$p/p_0 = 0.99$ 基準） （$\mathrm{cm^3/g}$）
AC（市販）	1,047	787		0.24	0.75
K-AC（市販，賦活後）	1,464	1,085		0.32	1.03
COU-2	694	264	5.5	0.48	0.54
K-COU-2（賦活後）	1,685	847	5.5	0.75	0.94

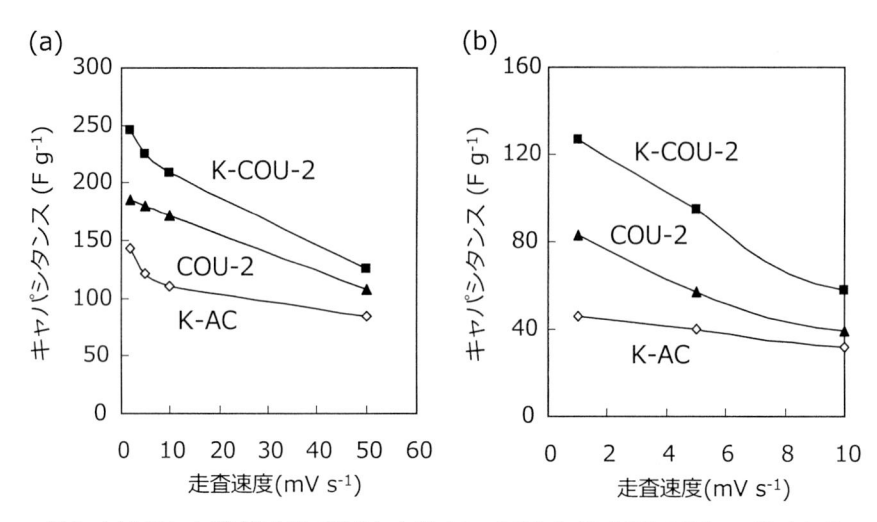

図3 (a)水系および(b)非水系で測定した K–AC，COU-2，K–COU-2 のキャパシタンス
電解液：(a) 1 M 硫酸，(b) 1 M Et₄NBF₄／ポリプロピレンカーボネート溶液

全表面積に対する割合が74％と大きい。一方，COU-2 および K–COU-2 のウルトラミクロ孔の割合はそれぞれ38％，50％と小さく，メソ孔由来の表面積がイオンの拡散性の向上に寄与しているものと推察される。また，メソ孔の存在により，イオンの拡散抵抗を減少させることによって，高いキャパシタ性能を示したと考えられる。K–COU-2 は COU-2 に比べ，ミクロ孔由来の（ウルトラミクロ孔よりは大きい）細孔を有するため，高いキャパシタンスを得たと考えられる。

6 メソポーラスカーボンの形態制御

ソフトテンプレート法では，メソポーラスカーボンの前駆体をゾル-ゲル溶液として取り扱えるため，直接的に形態を制御することもできる。シリコン基板上または多孔質アルミナ支持体（平均細孔径 100 nm，空孔率 40％）上に作製したメソポーラスカーボン薄膜の FESEM 観察像とアルミニウム陽極酸化皮膜の細孔内に作製したロッド状メソポーラスカーボンの TEM 観察像を図4 に示す。薄膜の膜厚は，塗布条件によって数百 nm から数 μm の範囲で制御できる。また，ロッドの直径は，陽極酸化被膜の細孔径によって制御できる。

　一般的に，平滑基板上に作製したメソポーラス薄膜は，その規則構造が基板面に対して平行に配向することが知られている。粉末 X 線回折（PXRD）法では，X 線の入射面に対して平行な格子面間隔（配向性薄膜試料における面外規則性）を評価することはできるが，薄膜試料の面内規則性を評価することは困難である。一方，微小角入射 X 線散乱（GISAXS）法を用いれば，試料面内方向と法線方向の散乱パターンを測定し，異方性を含めた構造情報が得られる。GISAXS パターンから，シリコン基板上に作製したメソポーラスカーボン薄膜の内部構造は基板に対して

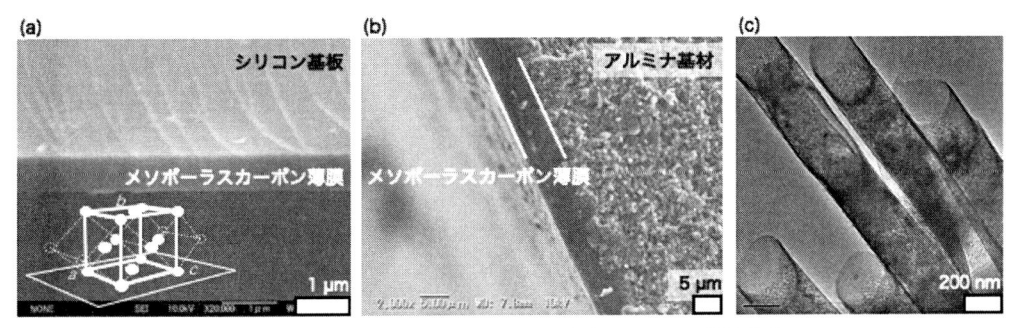

図4　(a), (b)メソポーラスカーボン薄膜の FESEM 観察像と
(c)ロッド状メソポーラスカーボンの TEM 観察像

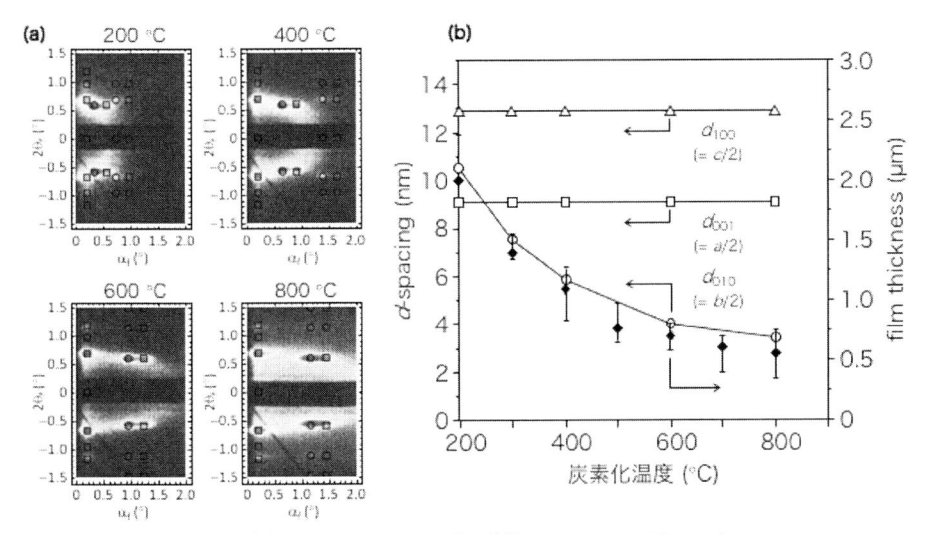

図5　(a)メソポーラスカーボン薄膜の GISAXS パターンと
(b)炭素化温度と格子定数および膜厚の関係

(010)面が配向した斜方昌系 *Fmmm* に属し，長距離秩序性を有することが確認された（図5）。また，より高温で炭素化処理すると，薄膜法線方向 α_f 軸の散乱角度は広角側にシフトするのに対して，面内方向 $2\theta_f$ 軸の散乱角度は変化せず，メソポーラスカーボン薄膜は膜厚方向にのみ収縮し，膜面内方向には収縮していないことが確認された。これは，薄膜と基板との良好な密着性に起因していると考えられる。多孔質アルミナ支持体上に作製したメソポーラスカーボン薄膜は，平滑基板上に作製した場合に比べて，短距離秩序性の構造を有しており，支持体表面の凹凸がメソ構造形成に影響を与えていると考えられる。アルミナ支持体の窒素ガス透過係数は圧力依存性を示し，粘性流が支配的である。一方，支持体上に作製したメソポーラスカーボン薄膜の窒素ガス透過性はクヌーセン拡散支配であり，メソ細孔よりも大きなピンホールやクラックなどの欠陥がないことが確認された。図6に分子量の異なるポリエチレングリコール（PEG）に対する

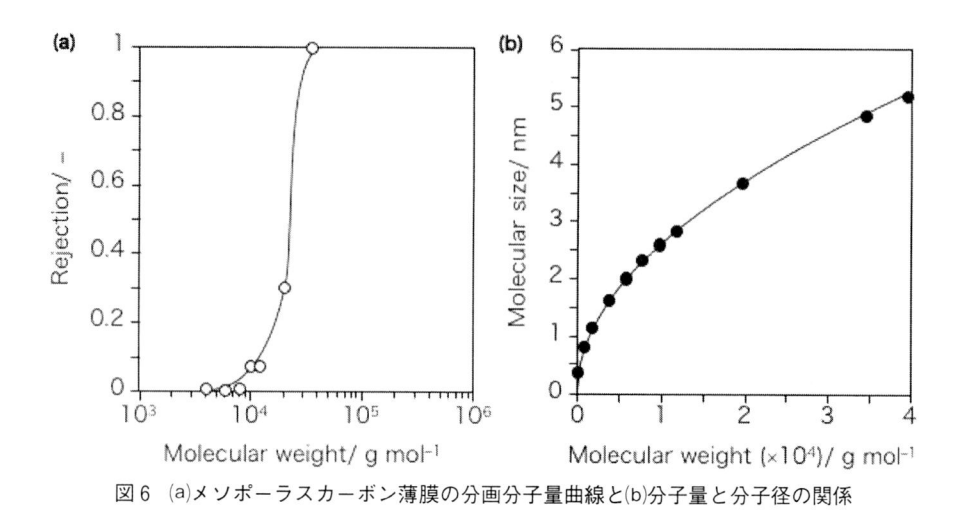

図6 (a)メソポーラスカーボン薄膜の分画分子量曲線と(b)分子量と分子径の関係

カーボン膜の阻止率を示す。分画曲線から製膜したカーボンの分画分子量は30000であり，細孔径は4.5 nm であると推算される。メソポーラスカーボン薄膜は均一な細孔を有するだけでなく，耐溶剤性，耐水熱性，耐酸・アルカリ性に優れるため，高分子膜やシリカ膜などでは使用困難な分離系への応用が期待できる。

7　無溶媒合成プロセスの開発

　上記で述べた溶媒法による合成過程では，トリブロックコポリマーとレゾルシノール樹脂の複合体が沈殿する。その沈殿物を分離・回収し炭化することによってメソポーラスカーボンが得られる。一方で，合成プロセスの単純化およびプロセスの時間短縮を目的として，溶媒を用いない固相法（無溶媒法）の開発に取り組んだ[18]。無溶媒法は，固体の原料を混合・混錬し，その後炭化するシンプルな手法である。

　合成手順は図7に示すように，固体原料の混合混錬と加熱のみである。また，アルカリ賦活プロセスにおいても KOH 粉末を混錬し加熱するシンプルなプロセスを開発した。固体のカーボン源としてレゾルシノール，架橋剤としてヘキサメチレンテトラミン（HMT），鋳型剤としてPluronic F127 を混合・混錬し，窒素雰囲気下で加熱を行った。図8に加熱過程での写真を示す。Pluronic F127／HMT／レゾルシノールの混合物は，90〜100℃で溶融することがわかる。110℃以上では，混合物は赤色に変化し，さらに高温では黒色に変化した。これは，110℃以上で，レゾルシノール樹脂の重合が徐々に進行することを示している。規則性メソ構造を形成するための自己組織化は，レゾルシノールの重合が進んだ後では起こらないため，90〜110℃以下での溶融状態のときに，分子レベルの混合と自己組織化が起こっていると推察される。

　表3に無溶媒法で得られたメソポーラスカーボンおよび KOH 賦活したメソポーラスカーボン

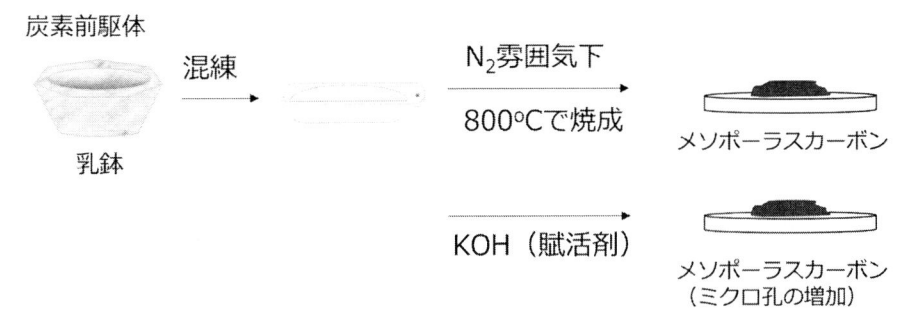

図7　無溶媒法によるメソポーラスカーボンの合成

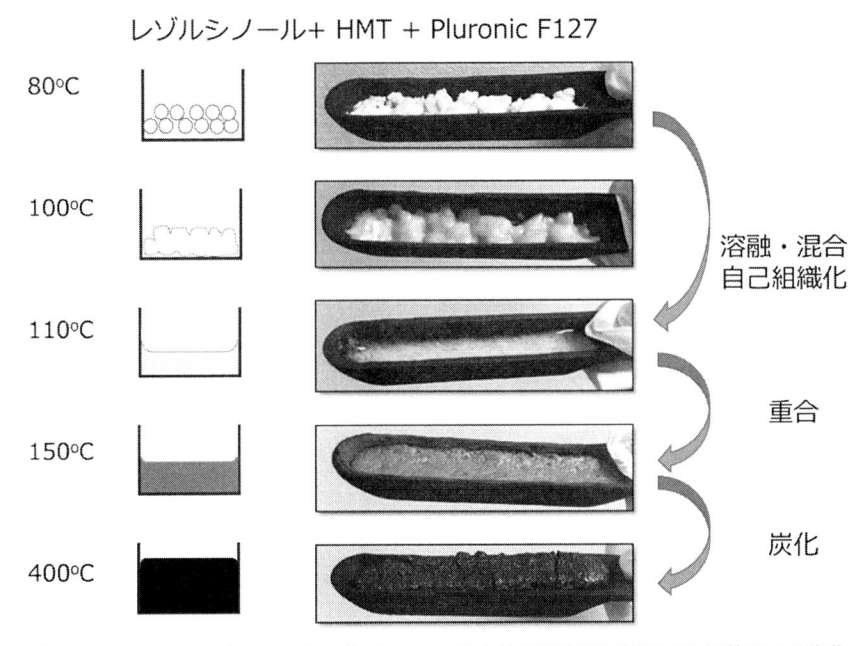

図8　Pluronic F127／ HMT ／レゾルシノール混合物の窒素雰囲気下での加熱による変化

の比表面積，細孔径，細孔容積を示す。細孔容積を溶媒法と比較すると，ほぼ同等であり均一性の高いメソポーラスカーボンが合成できることがわかった。メソ孔の細孔径は，KOH 賦活前後でともに 6.2 nm であり溶媒法に比べ若干大きいが，用いた原料や組成が若干違うことが原因であると思われる。

　応用の一例として，有機溶媒電解液を用いた放電容量の測定について紹介する。合成したカーボンを用いてコインセルを作製し，放電容量の測定を行った。電解液には有機溶媒電解液 SBP-BF_4/PC（日本カーリット㈱）を用いた。表4に電流密度 0.4 mA/cm^2 の定電流法で測定を行ったときの単位質量あたり，および単位比表面積あたりの放電容量を示す。比較のため，市販のミクロポーラスカーボン YP50F のデータも併記した。

　賦活を行ったカーボンは市販カーボンの YP50F と比較して，大きな放電容量を示すことがわかった。また，比表面積あたりの放電容量をみると，メソポーラスカーボンは高い放電容量を示すことがわかった。これはメソ孔の存在により，ミクロ孔を通してミクロ孔へのイオンの拡散性が向上し，比表面積が有効に使われたためである。

　次に，さらに高い電流密度の条件（2〜100 mA/cm^2）で測定した結果を図 9 に示す。ミクロポーラスカーボンである YP50F に比べ，メソ孔とミクロ孔の 2 元構造をもつメソポーラスカーボンの方が高い性能を示すことがわかった。これは，メソ孔が存在することで，イオンが拡散しやすくなったためであると考えられる。これにより，イオンの拡散抵抗を減少させることが，キャパシタを高レートで使用する場合により重要となることがわかった。

表 3　無溶媒法で合成したメソポーラスカーボンの比表面積・細孔径・細孔容積

サンプル	比表面積 （BET） [m^2/g]	メソ孔 細孔径 [nm]	細孔容積 （$d < 2$ nm） [cm^3/g]	細孔容積 （$d = 2-50$ nm） [cm^3/g]	細孔容積 （$d > 50$ nm） [cm^3/g]	全細孔 容積 [cm^3/g]
賦活前	396	6.2	0.137	0.201	0.00439	0.342
賦活後	1,520	6.2	0.616	0.454	0.0174	1.09

表 4　無溶媒法で合成したメソポーラスカーボンの放電容量

サンプル	放電容量		比表面積
	[mA h/g]	[μA h/m^2]	[m^2/g]
1 次元細孔（賦活後）	55.2	36.3	1,520
3 次元細孔（賦活後）	58.7	38.4	1,530
YP-50F（市販）	31.1	24.7	1,260

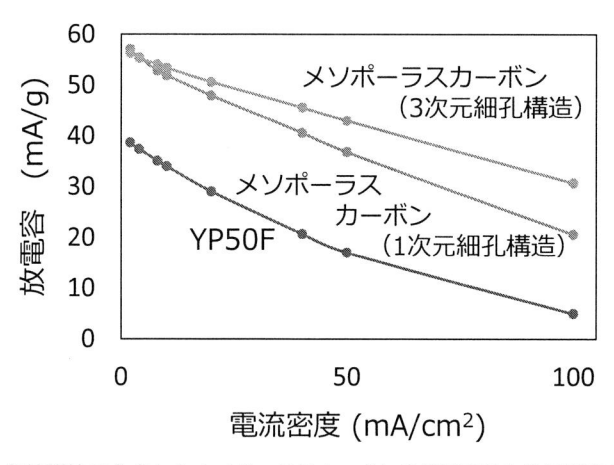

図 9　無溶媒法で合成したメソポーラスカーボンの放電容量と電流密度の関係

8　おわりに

　本稿では，ソフトテンプレート法を用いた規則性メソポーラスカーボンの合成について述べた。本手法は，ハードテンプレート法に比べ，コストと手間の両方の面で優位となるプロセスになると思われる。ただ，現状の安価な活性炭に比べると，鋳型剤を用いているため高コストである。しかしながら，細孔径や細孔壁が均一なカーボンの需要は，多機能・高性能化の要求とともに高くなってくると思われる。

　炭素源および有機-有機相互作用のバリエーションを考えると，有機-有機複合体を利用したカーボン多孔体の合成はこれから大きく展開する可能性を秘めている。今後，メソポーラスカーボン合成に関わる「サイエンス」とそれらを用いた材料開発に関わる「テクノロジー」の発展に期待したい。

謝辞

　本研究の溶媒法に関する研究は，科研費（No. 19860074, No. 25289228）の助成を受けた。また，無溶媒合成に関する研究は，TOC キャパシタ㈱の研究助成により行われた。心より感謝致します。

文　　　　献

1)　T. Kyotani *et al.*, *Chem. Mater.*, **7**, 1427（1995）
2)　T. Kyotani *et al.*, *Chem. Mater.*, **9**, 609（1997）
3)　Z. Ma *et al.*, *Chem. Commun.*, 2365（2000）
4)　Z. Ma *et al.*, *Chem. Mater.*, **13**, 4413（2001）
5)　R. Ryoo *et al.*, *J. Phys. Chem. B*, **103**, 7743（1999）
6)　S. Jun *et al.*, *J. Am. Chem. Soc.*, **122**, 10712（2000）
7)　S. H. Joo *et al.*, *Nature*, **412**, 169（2001）
8)　J. S. Lee *et al.*, *J. Am. Chem. Soc.*, **124**, 1156（2002）
9)　J. Lee *et al.*, *Chem. Commun.*, 2177（1999）
10)　C. Liang *et al.*, *Angew. Chem. Int. Ed.*, **43**, 5785（2004）
11)　S. Tanaka *et al.*, *Chem. Commun.*, 2125（2005）
12)　F. Zhang *et al.*, *J. Am. Chem. Soc.*, **127**, 13508（2005）
13)　Y. Meng *et al.*, *Angew. Chem. Int. Ed.*, **44**, 7053（2005）
14)　Y. Meng *et al.*, *Chem. Mater.*, **18**, 4447（2006）
15)　Y. Huang *et al.*, *Chem. Asian J.*, **2**, 1282（2007）
16)　J. Jin *et al.*, *Micropor. Mesopor. Mater.*, **118**, 218（2009）
17)　J. Jin *et al.*, *Carbon*, **48**, 1985（2010）
18)　N. Yoshida *et al.*, *Micropor. Mesopor. Mater.*, **272**, 217（2018）

第2章 HPCからのミクロ孔を主とした多孔質炭素の調製

豊田昌宏*

1 はじめに

　エネルギー消費量は，経済発展と人口の増加により，増加の一途をたどっている。それにともない，石油や石炭，天然ガスなどの化石燃料の枯渇が将来的に懸念されている。その中で石炭は安価なエネルギー源，かつ供給安定性に優れていることから，日本では発電電量の約3割を担い，また，発電だけではなく製鉄においても不可欠なものとなっている。石炭には，亜炭，褐炭，瀝青炭，無煙炭があり，瀝青炭は粘結炭と非粘結炭に分けられる[1]。そのコークスの原料として用いられている良質な粘結炭は鉄鋼需要の増大を受け，枯渇傾向にあり，価格が高騰化している。そこで，コークス原料として，原料範囲を拡大するため，低品位な石炭を利用することが行われており，石炭から灰分を取り除いた無灰炭であるハイパーコール（HPC）の製造が行われている。HPCは軟化溶融性を持たない劣質炭から製造され，高い軟化溶融性を示すことから，コークス原料として使用することができなかった劣質炭を粘結炭の代替として用いることが可能である[2]。また，このHPCは，ピリジンなどの有機溶媒に可溶であることから，粘稠溶液として使用が可能で，新たな応用が検討されている。

　ここでは，瀝青炭由来のHPCをピリジンに溶解させ，電界紡糸装置を用いて炭素繊維前駆体を調製し，それを熱処理・炭素化することで炭素繊維を作製した。得られた炭素は，賦活処理を施すことなく，ミクロ孔を主とする細孔を有する多孔質炭素で，これまでの炭素材料と異なる特徴を示した。この多孔質炭素の調製と表面特性，エネルギー貯蔵材料の電極への適用について報告する。

2 HPC

　一般にHPCの製造は主に，スラリー調製，抽出，固液分離，溶剤回収の四つの工程から構成される[2]。図1にHPC製造の概略図を示す。粉砕された石炭はメチルナフタレン系化合物を主成分とした混合溶媒中で予熱され，高圧の抽出層に送られ350〜400℃程度で石炭抽出を行う。この過程において，石炭の一部が溶けることにより，溶剤可溶成分であるHPC溶液と，灰分を含む溶剤不溶成分が濃縮した懸濁スラリーに分けられる。この抽出液スラリーは重力沈降法を用いることにより，比重の大きい溶剤不溶成分が下部から，HPC溶液を上澄みから取り出すこと

＊　Masahiro Toyoda　大分大学　理工学部　共創理工学科　教授

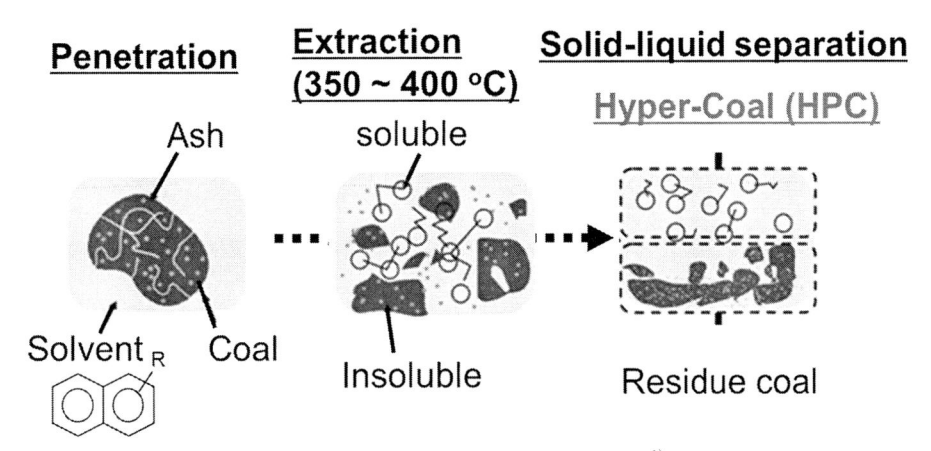

図 1　Principl of Hyper-Coal production[1]

ができる。得られたそれぞれを溶剤で分離回収し，固体として HPC と副生炭が得られる[3]。

　この HPC の製造プロセスは，水素を添加することで石炭を可溶化させる従来の石炭溶媒抽出法とは異なり，水素を用いないことから水素製造および水素化設備へのコストを必要としない。また，溶媒としてメチルナフタレン系溶媒を用いることで，溶剤の回収が容易であることや，抽出条件によっては石炭の一部が解重合し，ナフタレン類を主成分とする油分を 2 ％前後生成することが確認されており，溶媒ロスが生じた場合においても溶媒を追加することなく製造を継続できる特徴を有する。このように HPC は比較的安価な製造プロセスで構築されている。

　この HPC は軟化流動性を有していない石炭を原料とした場合においても，高い流動性を示すことから，コークス粘結材への応用も可能である。また，無灰化処理を行うことで，石炭のエネルギー密度が増加し，熱効率が向上するため原料に用いた石炭よりも約 10 ％高い発熱量を示すことも報告されている[3]。さらに，副生炭は灰分が濃縮しているものの着火性が良く，自家発電用燃料などに用いることも可能である。

3　電界紡糸と不融化・炭素化

　電界紡糸装置［㈱ MECC 社製］を用い，HPC 溶液から炭素繊維前駆体を作製した。得られた炭素繊維前駆体は基板上に堆積され，不織布状態で得た。それを基板から剥がし膨張黒鉛シートで挟み，炉心管内に保持し，不融化・炭素化処理を行った。不融化処理条件は，大気雰囲気下において 300℃ まで 1℃/min で昇温し，1 h 保持した後，自然冷却した。炭素化処理条件は，炉心管内を窒素雰囲気にした後，500〜1100℃ まで 200℃/h で昇温し，30 min 保持した後，自然冷却した。

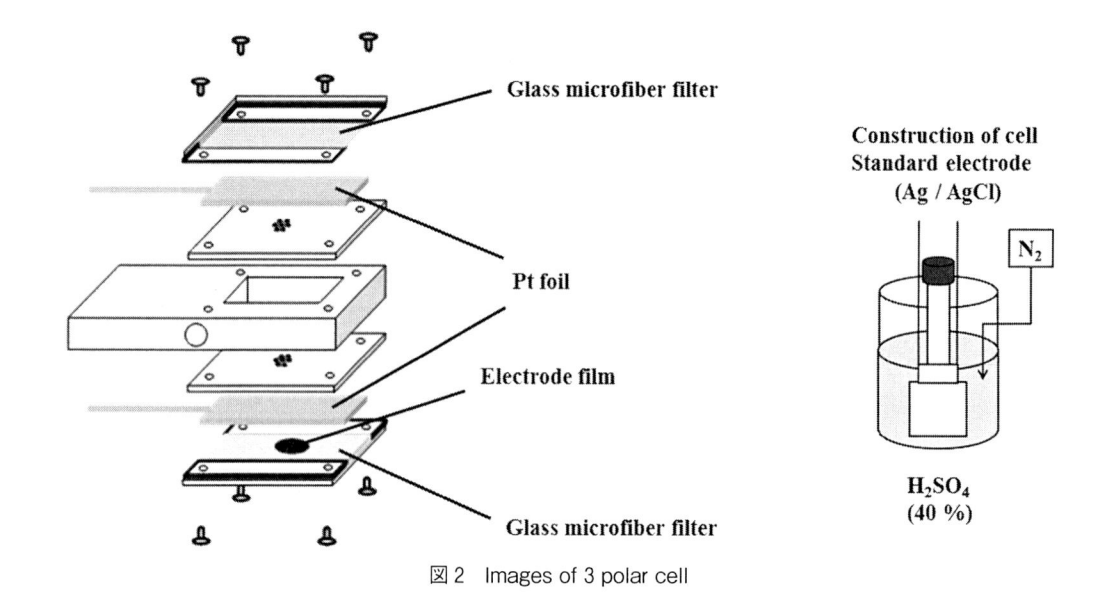

図2　Images of 3 polar cell

4　充放電測定

　充放電測定は三極式セルを用いた。作用極には炭素化後の電界紡糸フィルムを直径 1 cm に打ち抜いた炭素箔，作用極および対極の集電体には白金箔，参照電極には飽和 KCl 銀塩化銀参照電極（BAS Inc. RE-1C）を用いた。電解液には，40% 硫酸を使用した。図2にそのセルの概略図を示す。セルを組み立てた後セルをビーカーに入れ，それをセパラブルフラスコへ入れた。セパラブルカバーをし，クランプで固定した後，真空ポンプで 30 分間真空引きを行った。その後，円筒分液ロートを用いて，セパラブルフラスコ内のビーカーに 40% 硫酸を注いだ。そのセパラブルフラスコ内に窒素ガスを送り込んだ後，さらに 40% 硫酸を注いだ。その後，セパラブルカバーを外し，中のビーカーを取り出し，穴空きの蓋をし，セルの中央部分に参照電極を設置した。作用極に＋電流および＋電圧，対極に－電流，参照電極に－電圧をつなぎ測定を行った。測定条件は電位範囲を 0～1 V とし，電流密度は 50 mA/g，100 mA/g，500 mA/g，1000 mA/g のそれぞれ 3 サイクルずつ行った。静電容量は，得られた放電曲線の勾配を 0.2～0.8 V の範囲において算出した。

5　形態観察

　溶液粘度が 500 mPa·s の HPC 溶液を用い，紡糸条件として，流量を 1.0×10^{-3} dm³/h と固定し，印加電圧を 15～21 kV の間で変化させ，電界紡糸を行った。図3に 17 kV の印加条件で紡糸した繊維を窒素雰囲気下で 900℃ で炭素化した後の繊維の形態観察結果を示す。繊維径，形態への印加電圧依存性，あるいは紡糸時の流量依存性について検討を行ったところ，印加電圧を

図 3　Morphologies of carbonized fibers
（Applied Voltage: 17 kV, Heat treatment temperature: 900℃）

大きくすることにより，繊維をアース側に強く引っ張ることになり，その結果，より繊維が引き伸ばされ，さらに液滴の形成も抑制され，より繊維径の細い繊維を紡糸できることを明らかにした。また，電界紡糸時の印加電圧を 17 kV に固定し，流量を 0.8×10^{-3} dm^3/h～1.2×10^{-3} dm^3/h に変化させ，流量の影響について検討を行ったところ，得られた繊維の形態に顕著な差異はなく，液滴の形成も確認されなかったことから，流量の繊維形態に対する影響は小さいと考えられた。

6　比表面積の焼成温度依存性の検討（N$_2$ ガス吸脱着測定）

500～1100℃ で熱処理炭素化した各試料の N$_2$ ガス吸脱着測定を図 4 に示す。熱処理温度が 600℃ を越える試料では相対圧 0 での吸着量が 50～150 cc/g を示し，ミクロ孔の形成を確認することができた。炭素繊維前駆体から，加熱のみで賦活処理を行っていないことから，ミクロ孔は炭素化過程における炭素のガス化反応で形成する，あるいは電界紡糸時に含有される有機溶媒（ここではピリジン）が揮発する際に形成されたミクロ孔が残存していることが推察された。そこで，α_S 解析により低圧部の解析を詳細に行ったところ図 5 に示したように，相対圧 10^{-3} 付近で HPC-600 および HPC-800 の吸着量は 100 cc/g，HPC-900 の吸着量は 150 cc/g の吸着が確認され，ミクロポアフィリングの影響により，N$_2$ 分子の吸着が相対圧 10^{-3} 以下で開始していることが認められた。

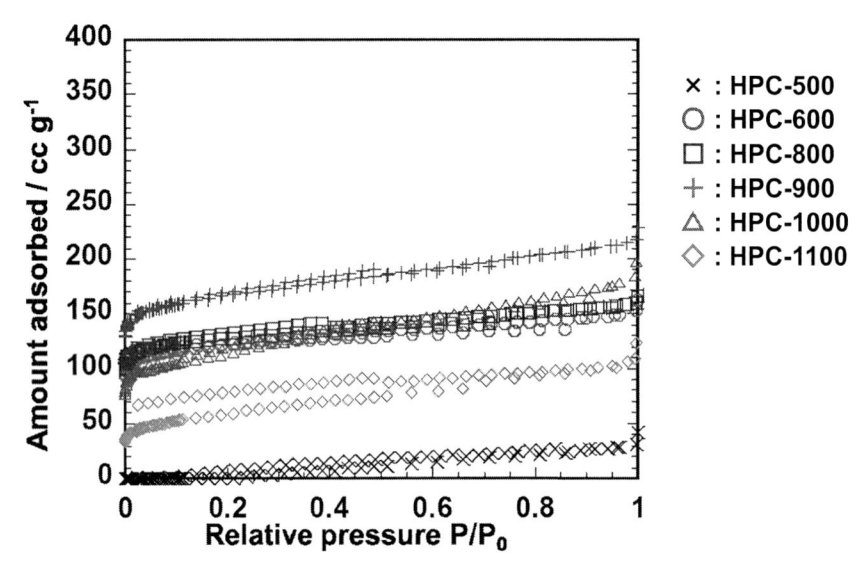

図 4　N₂ adsorption and desorption isotherms of carbon fibers sheet

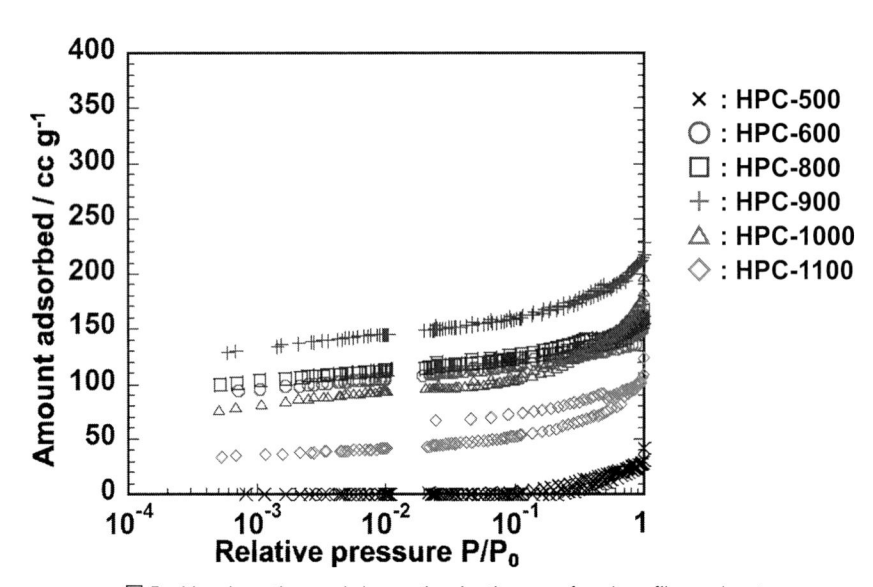

図 5　N₂ adsorption and desorption isotherms of carbon fibers sheet

　全比表面積値の比較を図 6 に示す。BET の総比表面積（BET-S_{total}）は，相対圧 0.03〜0.5 の範囲で BET 解析から算出された全比表面積値を示す。α_S-S_{total} は，α_S 解析で算出した全比表面積を示す。α_S-S_{total} を BET-S_{total} と比較したところ，いずれの熱処理温度でも α_S 解析から得られた表面積で大きな値を示し，最大で大凡 200 m^2/g 大きな比表面積値を示した。BET 法と比較して α_S 解析はミクロ孔構造の解析において，より正確な比表面積値の算出が可能で，α_S-S_{total} では 900℃熱処理で大凡 700 m^2/g の比表面積を示した。また，α_S でより大きな値が得られたこと

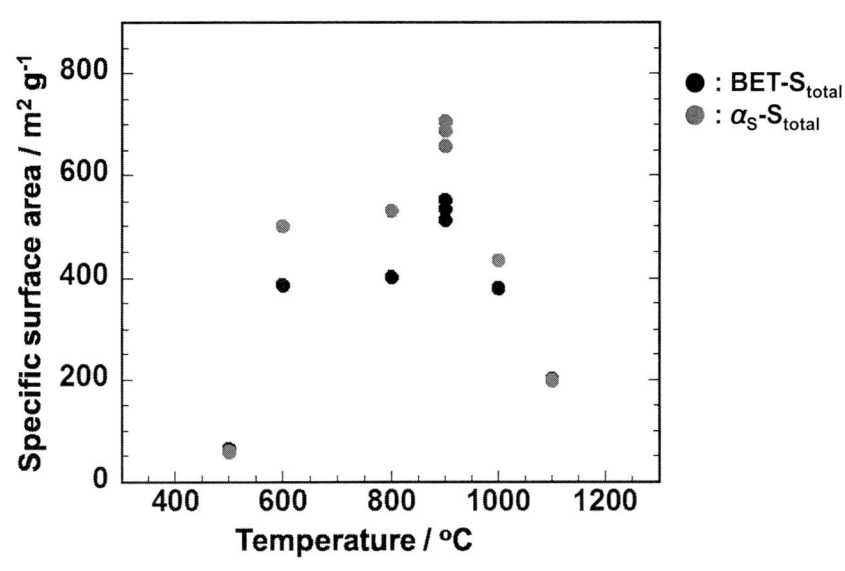

図6　Temperature dependence of total specific surface area

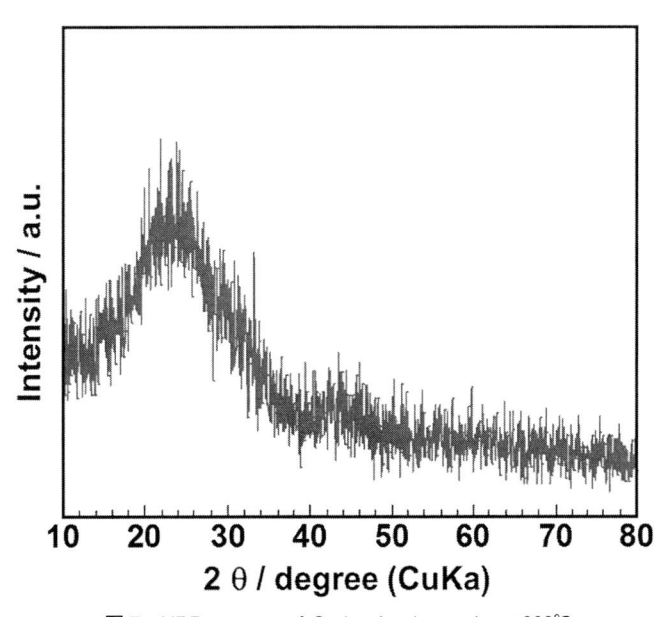

図7　XRD pattern of Carbonized sample at 900℃

から，BET 解析では 0.76 nm 以下の細孔を過小評価していると考えられた。言い換えれば，BET 解析では評価できなかったウルトラミクロ孔の存在が示唆された。900℃で熱処理された試料の XRD パターンを図7に示す。$2\theta = 20\sim30°$ にブロードのピークが観察された。熱処理温度が低いことから結晶性は上がらず，無定型炭素であると考えられた。得られた試料の TEM 観察の結果を図8に示す。繊維は炭素六角網面が2ないし3層積み重なった構造で，ミクロ孔はその

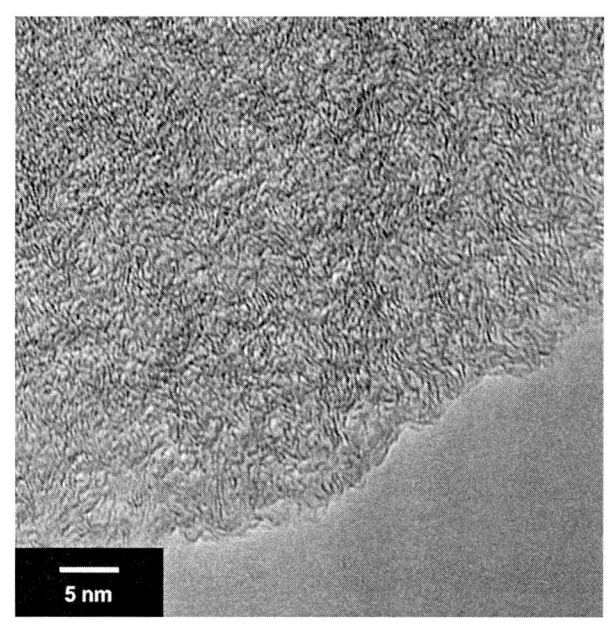

図8　Surface and interior morphology observation by

炭素六角網面の微小積層構造の間隙で形成されていると考えられた。繊維表面および内部の構造を比較観察したところ、そのミクロ孔は繊維の表面および内部、いずれでも観察され、それらに顕著な違いは観察されなかった。熱処理温度が低く結晶が発達しないことから、形成されたウルトラミクロ孔は、炭素化後も維持できると考えられた。このミクロ孔の形成は、電界紡糸時にピリジンが揮発される際、あるいは炭素化過程のガス化反応により形成されたミクロ孔が、炭素化後でも維持されていると推察された。

7　充放電測定

図9に粘度 500 mPa·s の溶液を用いて、印加電圧 17 kV、流量 1.0×10^{-3} dm³/h の条件で紡糸し、炭素化した繊維の充放電曲線を示す。測定条件は、電位範囲を 0～1 V とし、電流密度は 50 mA/g, 100 mA/g, 500 mA/g, 1000 mA/g のそれぞれ 3 サイクルずつ行った。それぞれの容量は、287, 264, 251, 245 F/g で、従来の活性炭などの高比表面積の試料と比較して大きな容量が得られた。活性炭と比較して決して大きくない比表面積（700 m²/g）で高容量の得られた要因としては、0.76 nm 以下のウルトラミクロ孔が水系キャパシタにおいて吸着サイトとして活用されているためと考えられた。

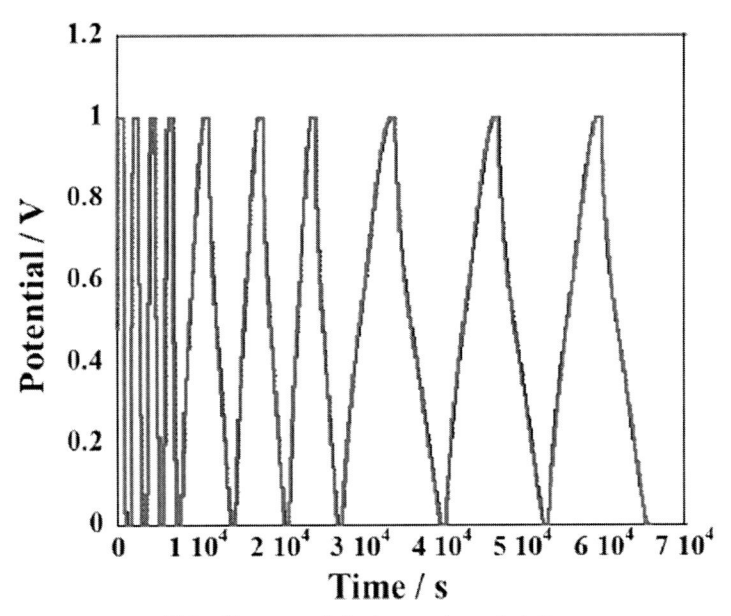

図 9　Charge and discharge characteristics

8　最後に

　HPC から電界紡糸により得られた炭素繊維の BET 比表面積（BET-S_{total}）と，α_S 解析で算出した全比表面積（α_S-S_{total}）を比較したところ，後者では比表面積値が大きく，ウルトラミクロ孔の形成が確認され，その細孔径は，0.76 nm 以下の孔であると考えられた。このウルトラミクロ孔は，電界紡糸時の溶媒（ここではピリジン）の揮発時に形成，あるいは炭素化過程における炭素のガス化反応により形成されると考えられた。炭素化温度が低く，黒鉛化に至らない無定形炭素であることから形成されたウルトラミクロ孔は，炭素化後も維持できると考えられた。ウルトラミクロ孔が最も多く形成された熱処理温度 900℃ で処理（700 m^2/g）した炭素材を用いて，40％硫酸を電解液として，電気二重層容量を求めたところ，大凡 290 F/g（50 mA/g）を示した。

文　　　　献

1)　H. Honda, TANSO, **1962**(27), 11-17 (1960)
2)　N. Komatsu, M. Hamaguchi, N. Okuyama *et al.*, R&D KOBE STEEL ENGINEERING REPORTS, **60**(1), 62-66 (2010)
3)　N. Okuyama, M. Hamaguchi, TANSO, **2012**(257), 149-156 (2012)

第3章　超分子集合体を基にした ポーラスカーボン材料の創製

生越友樹[*1]，山岸忠明[*2]

1　はじめに

　90％以上がカーボンから構成され，マイクロ及びメソスケールの空孔を有するポーラスカーボン材料は，空孔を有していることから，様々な基質を空孔内部に取り込み，分離，貯蔵することが可能である。またカーボンであるがゆえの特有，例えば機械的強度，化学的安定性，耐熱・耐摩耗特性，高い伝導性を示すために，吸着剤，触媒の担持材料，電極材料など幅広い用途がある。そのため，これまでに様々な手法によりポーラスカーボン材料の創製が検討されてきた。しかしながら，これまでのポーラスカーボン材料は，ナノメータースケールでの空孔制御にとどまっており，オングストローム・分子スケールで空孔を制御することは困難であった。またこれまでのポーラスカーボン材料の創製法は，出発原料の有機物を，どのような加熱速度，不活性ガス下で焼成するかといった，カーボン化の最適条件を検討することで，均質な空孔を有したポーラスカーボン材料の合成が達成されてきた。出発原料の有機物を設計し，制御されたポーラスカーボン材料を得ようという試みもなされてきたが，設計通りのポーラスカーボン材料を得ることは困難であった。その中で筆者らは，分子スケールの空孔を有するリング状分子「ピラー[n]アレーン」を出発原料に用い，それらを集積化させた超分子集合体を焼成によりカーボン化することで，元のリング分子の空子サイズを保持したオングストロームレベルで均質なポーラスカーボン材料の創製に成功した。カーボン化の出発原料・集積構造を制御することで，分子レベルで均一なポーラスカーボン材料を得ることができるため，これまでの焼成条件の最適化による手法とは一線を画しているといえる。本章では，筆者らが独自に開発し，出発原料に用いたリング状分子「ピラー[n]アレーン」，またピラー[n]アレーンの分子構造を利用したポーラスカーボン材料を得る前段階の超分子集合体の形成，及び得られたポーラスカーボン材料について詳細を概説する。

2　従来のポーラスカーボン材料の創製法　―テンプレート法―

ポーラスカーボン材料を合成する従来からの有力な手法の1つとして，テンプレート法があげ

＊1　Tomoki Ogoshi　京都大学　大学院工学研究科　合成・生物化学専攻　教授；
　　　　金沢大学　ナノ生命科学研究所　特任教授

＊2　Tada-aki Yamagishi　金沢大学　理工研究域　物質化学系　教授

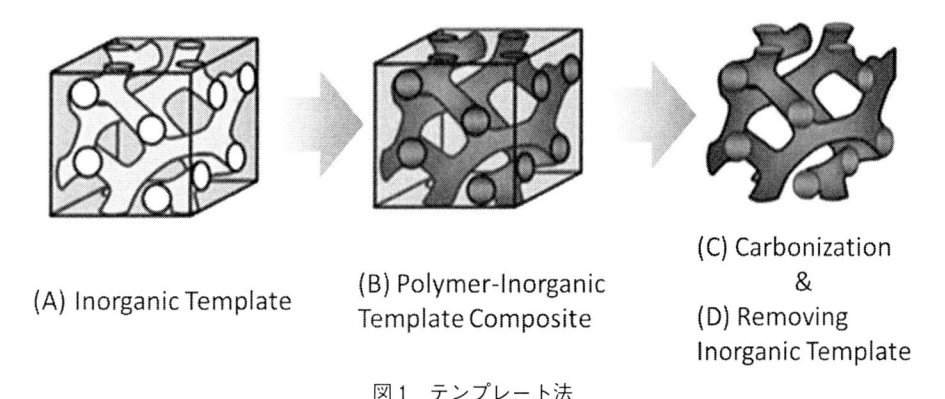

(A) Inorganic Template

(B) Polymer-Inorganic Template Composite

(C) Carbonization & (D) Removing Inorganic Template

図1　テンプレート法

られる（図1）[1~3]。

　テンプレート法とは，(A)明確な規則構造を有する無機鋳型中に，カーボンソースとなるポリアクリロニトリル（PAN系）やフェノール樹脂（ピッチ系）といった高分子をロードし，(B)高分子−無機鋳型複合体を得る。その後に，複合体を不活性ガス下で焼成することで，(C)高分子をカーボンへと変換する。最後に，(D)無機鋳型を複合体から除去することで，ポーラスカーボン材料を得るという手法である。この手法では，無機鋳型の型抜きをした逆構造の形状，空間を有したポーラスカーボン材料を得ることができる。しかしながら，無機鋳型を用いたテンプレート法では，テンプレートに用いる無機鋳型の構造制御はナノレベルが限界であり，分子レベル，オングストロームレベルで構造が制御されたポーラスカーボンを得ることは困難である。また無機鋳型の合成，カーボン化後の複合体から無機鋳型を除くことは非常に困難であり，多くのエネルギー，コストがかかるといった問題点もある。有機化合物である両親媒性の界面活性剤が形成するメソスケールの構造をテンプレートとしたポーラスカーボン材料の合成も報告されているが，ポアサイズは数ナノスケールであり，オングストロームレベルで空間が制御されたポーラスカーボン材料の合成には至っていない。

　これらの問題点を克服するために，分子レベルのポーラス構造体である金属有機構造体（MOFs）/ポーラス配位高分子（PCPs）または共有結合性有機構造体（COFs）をカーボン化する試みも報告されている[4~6]。しかしながら多くの場合，焼成により配列構造が壊れてしまい，元のオングストロームレベルの空隙サイズを保持したポーラスカーボン材料を得ることは困難であった。またMOFs/PCPsを用いた場合の問題点として，無機鋳型を用いたテンプレート法と同様，ポーラスカーボン材料を得るためにカーボン化後に無機成分を取り除く必要がある。

　本研究では，正多角柱リング状分子ピラー[n]アレーンを基にすることで，オングストロームレベルで空間サイズがコントロールされたファイバー状のポーラスカーボンを得ることができた。

3　出発物質「ピラー[n]アレーン」の合成と構造について

　筆者らは，1,4-アルコキシベンゼンとパラホルムアルデヒドとの反応において，1,2-ジクロロエタンを溶媒とした場合，正五角柱リング分子「ピラー[5]アレーン」が高収率で得られることを見出した（図2）[7,8]。

　リング分子を形成するには，直線状分子の末端と末端をつなぎ合わせなければならない。そのためリング分子の形成は難しく，低収率であることが多い。一方でピラー[5]アレーンの合成は，五員環ピラー[5]アレーンがほぼ定量的に得られた（図2(a)）。この理由は，溶媒に用いた1,2-ジクロロエタンがリング分子形成のテンプレートとして働くためである。ピラー[5]アレーンは，直線状であり電子求引性基を両末端に有する分子をゲストとして強く取り込む。溶媒に用いた1,2-ジクロロエタンは，直線状の分子であり電子求引性基である塩素原子を両末端に有しているため，ピラー[5]アレーンのゲストとなる。そのため，1,2-ジクロロエタンを取り囲むように1,4-ジメトキシベンゼンがメチレン結合により連結し，高効率でリング形成反応が進行したといえる。このことはクロロホルムを溶媒に用いた実験からも裏付けられる。クロロホルムを溶媒に用いた場合は，五員環のみではなく六員環以上のピラー[n]アレーンと直線状のオリゴマーの混合物が得られた（図2(c)）[9]。クロロホルムは，塩素原子を3つ有しているために分岐した構造であり，特定のピラー[n]アレーンのテンプレートにはならないためである。1,2-ジクロロエタンを溶媒に用いた系を最適化することにより，安価な試薬から短時間（3分）で簡便な精製法（再結晶）により70％以上の高収率でピラー[5]アレーンを得ることができた。そのためピラー[5]アレーンは2014年に試薬として販売され，世界中の化学者に利用される新たな鍵化合物となっている。さらに筆者らは，用いる溶媒が重要であることに注目し，嵩高いクロロシクロヘキサン

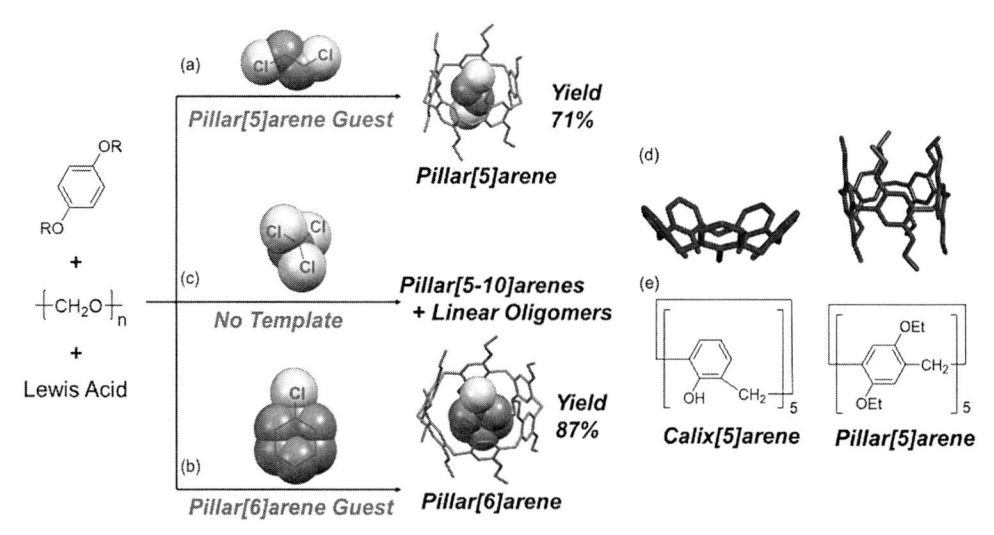

図2　(a)〜(c)溶媒に依存したリング状分子ピラー[n]アレーンの形成
　　　(d), (e)カリックス[5]アレーンとピラー[5]アレーンの結晶及び化学構造

を溶媒として用いると，正六角柱リング状分子"ピラー[6]アレーン"が高収率で得られることも見出した（図2(b)）。クロロシクロヘキサンがピラー[6]アレーンの空孔サイズに適合するためテンプレートとして働いたためである[10]。

　一般にフェノール性の化合物を用い，同様の試薬を反応させると，ベンゼン環の斜め下の位置（メタ位）でユニットが連結したお椀状のカリックス[n]アレーンが得られる場合が多い（図2(d)，(e)）。一方筆者らが合成したリング状ホスト分子は，真横（パラ位）でベンゼン環がメチレン結合により連結していることから，カリックス[n]アレーンのように杯状"Calix"ではなく，柱状"Pillar"である。正多角柱リング状ホスト分子は筆者らが初めて発見したため，筆者らはこの分子を新たに"ピラー[n]アレーン"と名付けた。

4　水素結合により安定化された1次元チャンネルを有するピラー[6]アレーン結晶のガス吸着特性

　ピラー[n]アレーンのアルコキシ基を脱保護することで，上下に2n個の水酸基を有するピラー[n]アレーンを得ることができる（図3）。

　12個の水酸基を有するピラー[6]アレーンは，水酸基が互い違いに分子内水素結合を形成し，6角形の骨格が非常に安定化されている。さらにその6角形の骨格がヘキサゴナルな2次元シートを形成し，2次元シートが積みあがった1次元チャンネル構造を形成している。1次元チャンネルの直径はピラー[6]アレーンの空孔サイズ6.7 Åであり，その構造は水素結合で安定化されていることから，結晶化に用いたアセトンを除いても1次元チャンネル構造は安定であることが分かった。そこでガス・蒸気吸着材料として検討を行った。その結果，空孔サイズよりも小さなガス分子である二酸化炭素（3.3 Å），窒素（3.7 Å），n–ブタン（4.3 Å）を吸着できることが分かった。そこでさらに分子直径の大きなn–ヘキサン（4.9 Å），シクロヘキサン（6.7 Å）の蒸気吸着を行ったところ，これらの蒸気も吸着できることが分かった。吸着質のサイズに依存した吸着量変化をプロットしたモレキュラープローブ法からは，サイズの小さな二酸化炭素やエタンの吸着量は大きく，サイズの大きなn–ヘキサンやシクロヘキサンの吸着量は小さく，その変曲点から1次元チャンネル構造の空孔サイズは4.10 Åと見積もることができた[11]。

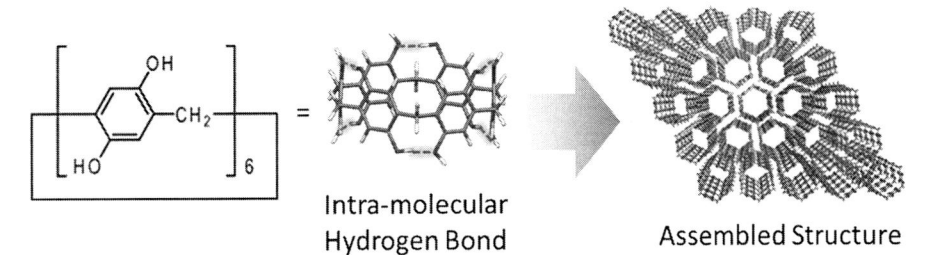

Intra-molecular
Hydrogen Bond

Assembled Structure

図3　ヒドロキノンからなるピラー[6]アレーンが形成する集積構造

5 ヒドロキノンからなるピラー[6]アレーンの化学的酸化による2次元シート集合体の形成

　対称性に優れた多角形分子は，分子を敷き詰めることで緻密な集合構造を形成することができる（図4）。

　例えば，三角形，四角形構造の分子は，その対称性の高さから緻密に分子を敷き詰めることができる。一方で五角形構造の分子は，対称性が低いことから緻密に敷き詰めることができない。六角形構造の分子では，六角形の対称性の高さから緻密に敷き詰めることができる。この考えは，分子をタイルのように並べて緻密な構造を得ることから，分子タイリングとよばれている。この考えを正多角柱分子であるピラー[n]アレーンにあてはめると，正五角柱のピラー[5]アレーンでは，緻密に敷き詰めることができないが，正六角柱のピラー[6]アレーンを用いれば，その対称性の高さから2次元的にこの分子を敷き詰めた2次元ヘキサゴナルシート構造を得られることとなる。分子を敷き詰める駆動力には，ヒドロキノンとベンゾキノンとの電荷移動錯体を利用した（図5）。

　ヒドロキノンは酸化によりベンゾキノンへと変換され，生じたベンゾキノンは残存するヒドロキノンと電荷移動錯体を形成する。電荷移動錯体の形成が分子間で進行すれば，六角柱構造が集積化した2次元ヘキサゴナルシートを得られることになる。実際に，均一に溶解しているヒドロキノン体のピラー[6]アレーン溶液に，酸化剤を添加すると，瞬時に沈殿が生じた。分子間での電荷移動錯体の形成により，2次元超分子重合が進行したためだと考えられる。得られた沈殿物のPXRD測定を行うと，ヘキサゴナルパッキングに由来するピークが観測された。ピラー[6]アレーンは六角形の構造であるためと考えられる。一方で，正五角形ピラー[5]アレーンを用いると，得られた集合体はアモルファスであった。分子の形状が大きく集合構造に影響を与えることが明らかとなった。六角形ピラー[6]アレーンの超分子集合体の空孔サイズをモレキュラープ

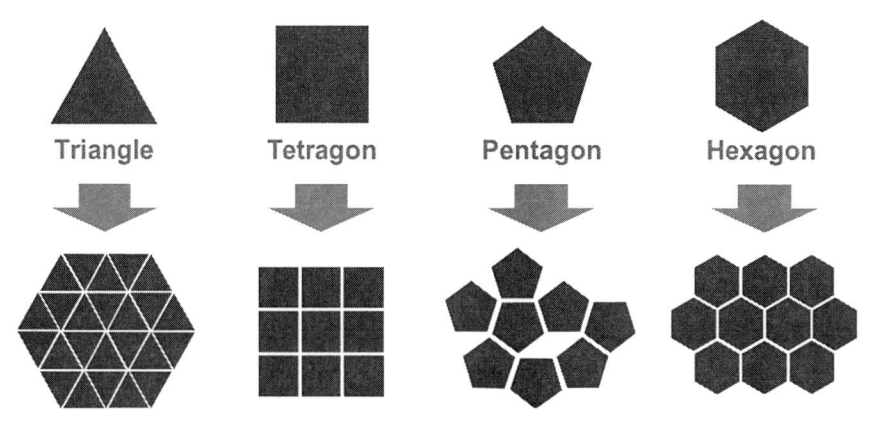

図4　分子タイリング法

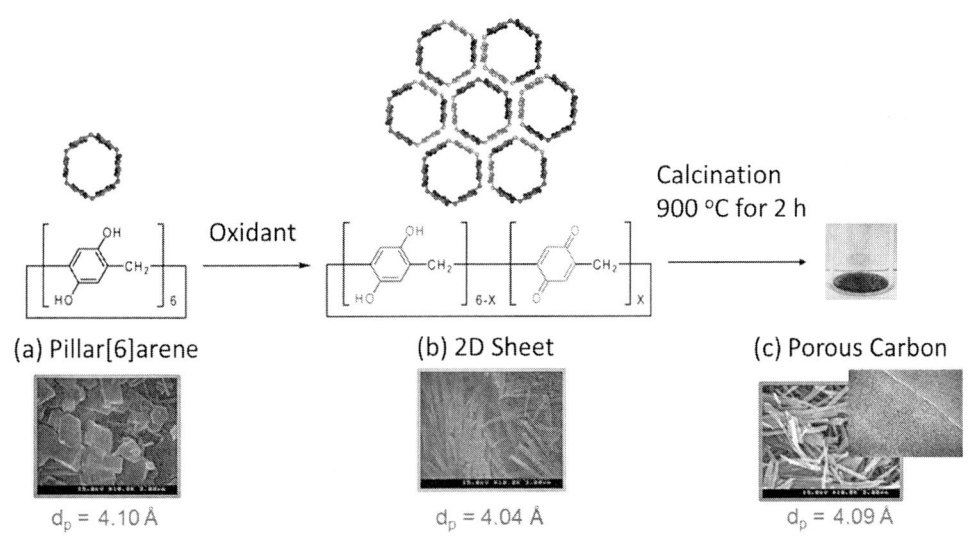

図5　(a)ピラー[6]アレーン，(b)電荷移動錯体形成を駆動力とした超分子集合体及び
(c)ポーラスカーボン材料

ローブ法から算出した結果，2次元シートは 4.04 Å の空孔サイズを有していた。モノマーである
ピラー[6]アレーン結晶の空孔サイズ（4.10 Å）を保持した2次元シートを形成していること
が分かった[12]。

6　ヒドロキノンからなるピラー[6]アレーンの電気化学的酸化による基板表面における2次元シート状集合体の形成

　ピラー[6]アレーンの2次元シート構造を基板表面に構築できれば，電極材料などへの応用が
期待される。そこで電気化学的な手法による基板表面での2次元シート構造形成を試みた。その
結果，サイクリックボルタンメトリーから，ヒドロキノンからベンゾキノンへの酸化波が観測さ
れた。電流量から，6ユニット中，平均3ユニットが酸化されていることが分かった。一方で還
元波は観測されなかった。これより不可逆な系であることが分かった。サイクリックボルタンメ
トリーを行った後の基板表面を測定した。その結果，基板表面に柱状の集合体を形成しているこ
とがわかった（図6）。また，そのサイクル数を増やすと，基板表面に密にファイバー構造を形
成し，ファイバーの長さも成長することが分かった[13]。

7　2次元シートの焼成による分子レベルで空間を制御したポーラスカーボンの合成

　上記で得られた2次元シートは，カーボンソースとして用いられるピッチ系フェノール樹脂骨

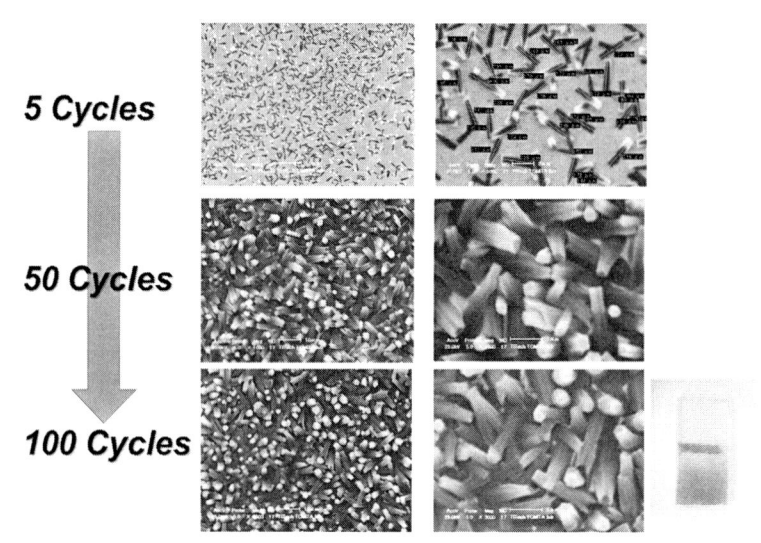

図6　電気化学的手法による基板表面における2次元シート構造の形成

格からなっている。そのため，得られた2次元シート構造を焼成すれば，ポーラスカーボンシートが得られると予測して，2次元シートの焼成を行った。900℃で2時間焼成した結果，54％という比較的高いカーボン化収率でカーボンが得られた。一方で，構成単位であるヒドロキノン，ベンゾキノン，もしくはヒドロキノンとベンゾキノンの電荷移動錯体を同条件で焼成した場合は，ほとんどカーボンは得られなかった。これより柱状構造が高いカーボン化効率には必要であるといえる。元素分析から，焼成によりカーボンの割合が65％から93％に向上したことから，カーボン化が進行していることが分かった。ラマン測定を行ったところ，グラファイト構造由来のGバンドと欠損由来のDバンドが観測された。これより得られたカーボンは，グラフェンシートの集合体であることが明らかとなった。またDバントとGバンドに加え，200〜530 nmにブロードなバンドが確認された。これは，湾曲したカーボンであるカーボンナノチューブに見られるRBM（Radial Breathing Mode）バンドに対応しており，得られたカーボンのグラフェンシートは直径2〜3 nm 程度の湾曲構造を有していることが分かった。リング状ピラー[6]アレーンを用いているためであると考えられる。さらに焼成前の2次元シート構造のマクロスケールの集積構造はファイバー状（図5(b)）であったが，焼成後もそのファイバー形状が保持されていることが分かった（図5(c)）。これより，焼成によりカーボンファイバーが得られていることが分かった。モレキュラープローブ法からカーボンファイバーの空孔サイズを算出した結果，4.09 Å の空孔サイズを有していた。焼成後もモノマーであるピラー[6]アレーン結晶（4.10 Å），集合構造である2次元シート（4.04 Å）と同様の空孔サイズを保持していることが分かり，元のリング構造を反映したポーラスカーボン材料ができることが分かった。

8　終わりに

　一般的に有機物を焼成すると元の構造は崩壊してしまい，無定形のカーボンが得られる場合が多い。一方本研究では，リング状分子ピラー[6]アレーンを集積化させ，焼成することで，リング分子由来の空孔を有するポーラスカーボン材料を得ることができた。またリング状構造に由来する湾曲したグラフェンシート構造を有していることが分かった。ビルディングブロックとして，優れたカーボンソースであるフェノール樹脂骨格を用いていること，また強度・耐熱性に優れたヘキサゴナルパッキングを形成させた後に焼成していることが，元のポーラス構造を維持したポーラスカーボン材料創製へとつながったと予想される。また最近，東北大学の西原らにより，有機結晶体を焼成することで，元の結晶性を保持したカーボン材料の合成も報告されている[14]。現在までに分子から構造の明確なカーボンを合成された例は少ない。今後，分子を適切にデザインし集積化させ，その集積体の焼成を行うことで，構造の明確なカーボンを得ることが一般化されれば，構造の明確なカーボン材料という新たな機能性物質群の創出につながるといえ，その可能性は無限である。

文　　　　献

1)　D. Wu *et al.*, *Chem. Rev.*, **112**, 3959（2012）
2)　D. V. Wagle *et al.*, *Acc. Chem. Res.*, **47**, 2299（2014）
3)　H. Nishihara *et al.*, *Adv. Mater.*, **24**, 4473（2012）
4)　L. Radhakrishnan *et al.*, *Chem. Mater.*, **23**, 1225（2011）
5)　W. Zhang *et al.*, *J. Am. Chem. Soc.*, **136**, 14385（2014）
6)　F. Zou *et al.*, *Adv. Mater.*, **26**, 6622（2006）
7)　T. Ogoshi *et al.*, *J. Am. Chem. Soc.*, **130**, 5022（2008）
8)　T. Ogoshi *et al.*, *Chem. Rev.*, **116**, 7937（2016）
9)　X. B. Hu *et al.*, *Chem. Commun.*, **48**, 10999（2012）
10)　T. Ogoshi *et al.*, *Chem. Commun.*, **50**, 5774（2014）
11)　T. Ogoshi *et al.*, *Chem. Commun.*, **50**, 15209（2014）
12)　T. Ogoshi *et al.*, *Angew. Chem. Int. Ed.*, **54**, 6466（2015）
13)　C. Tsuneishi *et al.*, *Chem. Commun.*, **53**, 7454（2017）
14)　H. Nishihara *et al.*, *Nat. Commun.*, **8**, 109（2017）

第4章　テレフタル酸Ca塩を原料とした メソポーラス炭素合成

瀬戸山徳彦*

1　はじめに

　Pekala らによるカーボンエアロゲル[1]の報告を端緒として，メソポーラス炭素のメソ細孔を利用した電気化学デバイスへの応用検討が進展している。一例として，燃料電池の電極触媒への利用では，メソ細孔内部におけるプロトン伝導及び酸素拡散などの物質移動促進による性能向上が報告されており[2]，また酵素バイオ燃料電池においては，酸化還元酵素（オキシダーゼ）とメソ細孔のサイズフィット効果に起因する，直接型電子移動活性の向上によるデバイスの高出力化，更に担持された酵素の長寿命化[3]など，メソ細孔構造に固有の機能が発現するとされている。これらの応用検討の拡大に伴い，メソポーラス炭素のより普遍的な利用を可能とすべく，大量かつ安価な合成技術のニーズが高まっている。しかし，前出のカーボンエアロゲルの合成においては，力学的に脆弱な水和ゲル構造により構築される多孔構造の破壊を抑制するため，二酸化炭素による超臨界乾燥や凍結乾燥などの特殊な乾燥工程が必要となり，低コスト化や大量合成の実現には未だ課題が多い。

　一方で，無機物を炭素細孔の鋳型として用いる鋳型炭素化法[4]が，メソポーラス炭素の新たな合成手段として近年注目を集めている。例えば MCM-48 や SBA-15 に代表される規則細孔性メソポーラスシリカ[5]，あるいは無孔性の酸化マグネシウム[6]などを細孔鋳型に用いることで，多様な細孔径や比表面積を有するメソポーラス炭素が合成されている。鋳型となる無機材料の入手の容易さやコストに依存するものの，大量合成への技術的な障壁は比較的低く，今後は合成コストの低減が普及に向けての課題になると予想される。

　これらの状況に鑑み，テレフタル酸（Terephthalic acid：以下 TPA）を原料としたメソポーラス炭素の合成について検討を進めている[7~9]。TPA は汎用樹脂である PET（ポリエチレンテレフタレート）の原料であり，安価かつ大量に入手可能であるため，大量合成及びコスト低減に好適な材料であると期待される。その一方で，TPA を炭素源に用いる場合，炭素化が容易ではないことが課題となる。これは TPA の昇華温度が約 300℃であるため，熱処理による炭素化が進行する前に，殆どの TPA が昇華により逸散するためである。ところが，昇華の抑制を目的としてカルシウム塩（Calcium terephthalate：以下 TPACa）を形成してから熱処理を行ったところ，炭素化物が得られ，更に熱処理後の炭素化物にはメソ細孔が生成することが明らかとなった。本章では，TPACa 塩を炭素原料とするメソポーラス炭素の合成，及びその細孔構造の特徴と細

＊　Norihiko Setoyama　㈱豊田中央研究所　環境・エネルギー2部　反応制御研究室　主任研究員

孔生成機構について，これまでに得られた知見を紹介する。

2　合成方法の概要

2.1　テレフタル酸カルシウム（TPACa）塩の合成

　炭素多孔体の原料である TPACa 塩は，主に以下に示す 2 種の方法で合成される。第 1 の方法は，TPA と水酸化カルシウム $Ca(OH)_2$ をイオン交換水中で，酸塩基の中和反応により塩を生成する方法である。ただし，TPA 及び TPACa 塩の水への溶解度は低く，均一な水溶液から蒸発乾固などを用いて結晶化することは難しい。そのため等量の TPA と $Ca(OH)_2$ をイオン交換水に分散した懸濁液を，加熱撹拌し続けることによって TPACa 塩を合成する。完全な中和塩を得るには加熱温度にもよるが長い反応時間を必要とする。図 1 に原料 TPA，及び TPACa 塩の SEM 画像を示した[7]。TPACa 塩は，短辺 $10\,\mu m$ 程度の柱状の微結晶が，緻密に凝集した形態となる。また微結晶集合体の大きさは，原料 TPA の粒子サイズとほぼ同じであった。このような凝集様態を示す理由は，TPA と TPACa 塩の溶解度が共に低いことによるものと考えられる。即ち，TPA 粒子表面のごく近傍で，塩基の作用により溶出したテレフタル酸アニオンが Ca^{2+} カチオンと直ちに塩を形成することで，逐次的に結晶化が進行し，最終的に原料 TPA 粒子の粒子サイズを維持した状態で TPACa 塩へと転換したものと推察する。

　第 2 の方法は，溶解度の高い TPA のアルカリ金属塩（Na, K など）の水溶液を調製し，そこへ塩化カルシウム $CaCl_2$ や硝酸カルシウム $Ca(NO_3)_2$ などの Ca^{2+} イオンを含む水溶液を混合することで，不溶性の TPACa 塩を析出する方法である。均一溶液から TPACa 塩を析出するため，上記の酸塩基反応に比べ微粒子を形成しやすい傾向にあり，また溶液濃度や混合方法の調整により TPACa 結晶の粒子サイズや形状を制御することが可能である。その反面，NaCl などの副生物の入念な洗浄が必要となり，また微粒子であるために分離操作が煩雑となることが難点として挙げられる。それぞれの合成法に一長一短はあるが，用途に応じ適宜選択することが望ましい。

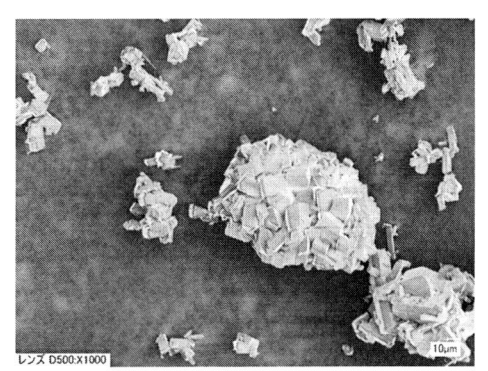

テレフタル酸（TPA）　　　　　　　　テレフタル酸Ca（TPACa）

図 1　テレフタル酸およびテレフタル酸 Ca の SEM 写真

2.2 炭素化と多孔化処理

一般的な炭素化処理と同様に，雰囲気制御可能な電気炉内にTPACa塩を設置して，窒素やヘリウム，アルゴンなどの不活性ガスの流通下で熱処理を行うことにより，前駆体である炭素－Ca複合体を得ることができる。炭素化の終了後，炭素－Ca複合体をイオン交換水に分散し，ここへ塩酸や硝酸などを加えて複合体中のCa成分を溶解除去することで，目的のメソポーラス炭素を得ることができる。

3 細孔構造と細孔生成機構

3.1 細孔構造

図2(a)に480～700℃での熱処理後に，酸処理を行った試料についての窒素吸着等温線（測定温度77 K）を示した。480℃熱処理試料を除き，吸着等温線の形状はIUPAC分類のⅣ型となり，またH1型の吸脱着ヒステリシスが観察されたため，メソ細孔が存在することがわかる。吸着等温線から求めたBET比表面積と細孔容量，及び平均細孔径を表1にまとめた。熱処理温度が550～700℃で炭素化した試料の比表面積は1000 m^2/g を超えており，また細孔容量も1.9 mL/g以上であるため，高い多孔度を有しているといえる。細孔の形状をシリンダー型と仮定して幾何計算から求めた平均細孔径は5.3～7.5 nmであり，メソ細孔の領域にある。また，熱処理温度の上昇に伴い細孔径は拡大する傾向にあった。熱処理温度の上昇により細孔径が拡大するメカニズムについては，後ほど考察を行う。比表面積は1000 m^2/g 以上であるが，単層のグラフェン1枚分の理論比表面積が2630 m^2/g であることから，メソ細孔構造を形成する炭素骨格の厚みはグラフェン2層程度の積層に相当し，非常に薄いグラフェン様積層体（炭素六角網面）によってメソ細孔構造が形成されていると考えられる。

熱処理温度が480℃の場合には，充分な多孔構造が得られなかった。処理温度が低温であると，細孔を形成する炭素六角網面が未発達であるため，炭素骨格の強度が低下すると考えられる。そ

表1　細孔構造パラメータ

炭素化温度 ℃	BET比表面積 m^2/g	細孔容量[†] ml/g	平均細孔径[*] nm
480	170	0.28	---
500	811	1.07	5.3
550	1253	1.97	6.3
600	1150	1.99	6.9
700	1013	1.90	7.5

[†] P/Po = 0.95の窒素吸着量から換算
[*] 平均細孔径 ＝ 4 ×細孔容量 ÷ BET比表面積

の結果，酸処理による工程でカルシウムを除去する際に，細孔が圧潰することで多孔構造が失われたものと考えられる。

　また，500℃熱処理試料においても，比表面積と細孔容量は 550℃以上で熱処理した試料群のそれに比べ小さくなった。これも 480℃熱処理試料と同様に，炭素六角網面の発達が不十分であることで，細孔の一部が酸処理に伴い圧潰したものと考えられる。ただし，比表面積がある程度維持されていることから，全ての細孔が完全に圧潰したわけでは無いようである。このとき，細孔が潰れることによって一部の細孔が細孔径 2 nm 以下のミクロ細孔へと転ずる可能性も考えられるが，IUPAC 分類の I 型等温線の如くミクロ細孔の有無を吸着等温線から直接的に判断することができない。したがって，吸着等温線解析からミクロ細孔構造の存在を議論することとする。吸着等温線の解析手法には，種々の方法が提案されているが，今回は比較プロット法の一種である α_s プロット法により解析を行った。α_s プロット法の詳細については成書[10]を参照されたい。

　吸着等温線をもとに作成した α_s プロットを図 2 (b) に示す。550℃以上で熱処理した試料群のプロットをみると，原点付近からの直線的な吸着量増加が横軸 $\alpha_s < 1$ の領域でみられる。この特性はカーボンブラックなどのノンポーラス炭素でしばしば観察されるもので，ミクロ細孔が存在しないことを示唆している。また，$\alpha_s > 1$ の領域で吸着量が急激に立ち上がるが，これはメソ細孔への毛管凝縮過程に起因するものである。これらの結果から，550℃以上で熱処理された試料についてはミクロ細孔が存在せず，メソ細孔のみから細孔構造が構成されていると考えられる。

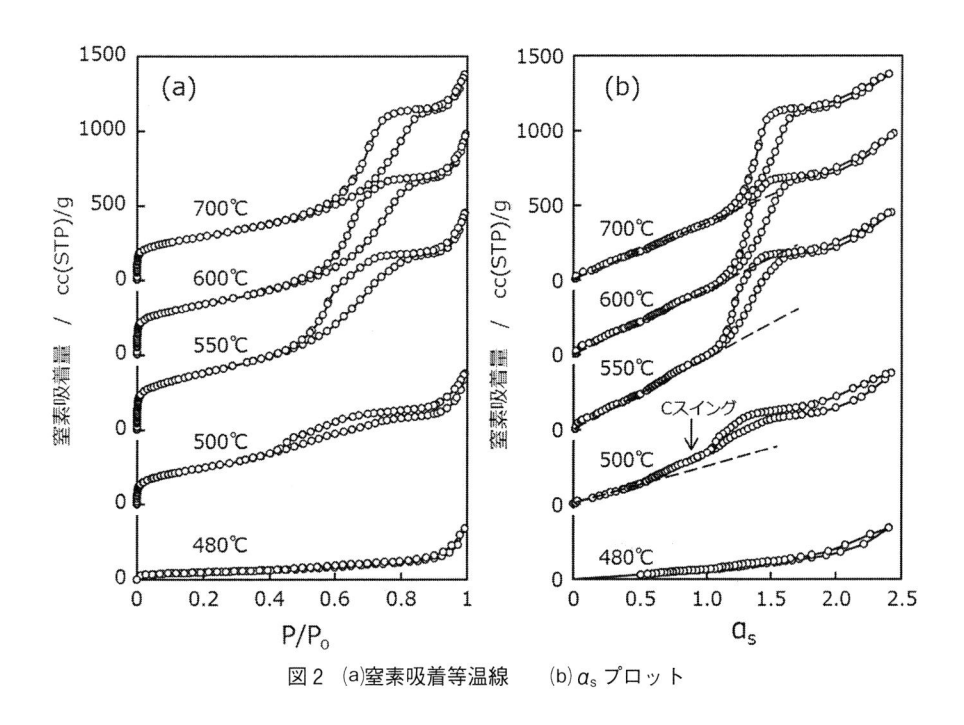

図2　(a)窒素吸着等温線　　(b) α_s プロット

　固体中にミクロ細孔が存在する場合，細孔径が分子サイズオーダーであることに起因する吸着力の増強効果（ミクロポアフィリング）が発現する。このミクロポアフィリングの影響により，α_s プロットは $\alpha_s < 1$ の領域で「スイング」と呼ばれるプロットの歪み（図中の原点からの直線破線からの逸脱）を生ずることが，計算機シミュレーションによる検証で示されている[11,12]。熱処理温度が 550℃ 以上の試料では，先述の通り $\alpha_s < 1$ の領域でミクロポアフィリングによるスイング構造がみられず，これらの炭素多孔体にはミクロ細孔が含まれていない。これに対し，500℃ 熱処理試料の場合，図中の矢印で示される「C スイング」が観察された。これは細孔径 1.3〜2 nm のミクロ細孔の存在に由来するものである[11]。先に述べた通り，炭素骨格の発達が不十分であるために，酸処理によってメソ細孔の一部が圧潰し，細孔径が縮小することにより生成したミクロ細孔の存在によるものと予想される。また，480℃ 熱処理試料では，メソ細孔やミクロ細孔による吸着増大及びスイング構造が観察されなかった。これは酸処理によって細孔がほぼ完全に圧潰したため，ノンポーラス炭素になったことを示している。

3.2　メソ細孔の生成機構

　以上の結果より，PTACa 塩から合成される炭素多孔体は比較的シンプルな合成手法であるものの，生成する細孔のほとんどがメソ細孔からなり，特に高温で炭素化したものはミクロ細孔を全く含まないという，ユニークな細孔構造を有していることがわかった。これに対し，活性炭などの炭素多孔体を得る場合には，賦活処理と呼ばれるガス化反応による炭素骨格の損耗に由来するミクロ細孔の生成が不可避である。本合成法においては，炭素−Ca 複合体に残留するカルシウムの溶出により細孔が形成されるため，いわゆる鋳型炭素化法に類する機構によって細孔が生成するものと考えられる。次項からは，本合成法におけるメソ細孔生成機構について考察を行う。

3.2.1　炭素化 TPACa の形態

　550℃ で炭素化した TPACa 塩（炭素−Ca 複合体）の SEM 画像を図 3 に示す[8]。炭素化前の TPACa 塩の柱状結晶の形態（図 1 参照）が保持されており，固相炭素化していることがわかる。また，結晶の短辺方向に沿ってクラックが生成しており，炭素化に伴い結晶内部に応力が発生し

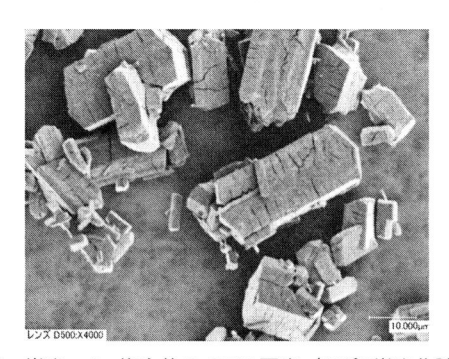

図 3　炭素−Ca 複合体の SEM 写真（550℃炭素化試料）

たことが推定される。後述するが，TPACa 塩は層状結晶であるため，恐らく短辺方向と平行に層結晶面が存在しており，炭素化に伴い劈開した可能性がある。また，固相炭素化することから，炭素化過程における TPACa 結晶内部の物質移動（拡散）は，抑制された状態にあると考えられる。すなわち，炭素化により生成した炭素－Ca 複合体中の炭素六角網面及びカルシウム成分は，粒子内に偏在することなく均一分散した状態にあると予想される。

3.2.2　炭素化 TPACa 中の生成物

　TPACa 塩及び炭素－Ca 複合体，また酸処理後の試料についての XRD プロファイルを示す（図4）。TPACa 塩は図中に示す如く，TPA アニオンと Ca カチオンが層状に結合した結晶となる[13]。炭素化により TPACa 塩に由来する回折ピークは消失し，ブロードなピークが新たに得られた。550℃炭素化試料には炭酸カルシウム $CaCO_3$（カルサイト及びバテライト）に帰属されるピークが得られ，また 700℃炭素化試料にはバテライト及び水酸化カルシウム $Ca(OH)_2$（ポルトランダイト）の存在が示唆された。XRD のピーク幅からシェラー式を用いて結晶子サイズを求めたところ，550℃炭素化試料で検出されたカルサイトでは 10 nm，700℃炭素化試料のポルトランダイトでは 9 nm と算出された。炭素化過程が固相炭素化であることを併せて考えると，炭素－Ca 複合体中には $CaCO_3$ 又は $Ca(OH)_2$ のナノ結晶が，炭素骨格と共に均一に分散した状態で存在するものとみられる。

　酸処理後の試料では明瞭なピークは得られず，20°付近にブロードなピークが観察されたのみであった。この特性は 550℃で熱処理した試料についても同様であった。このようなブロードなピークは活性炭類では良く観察され，アモルファスの炭素積層体の回折に由来している。特に高

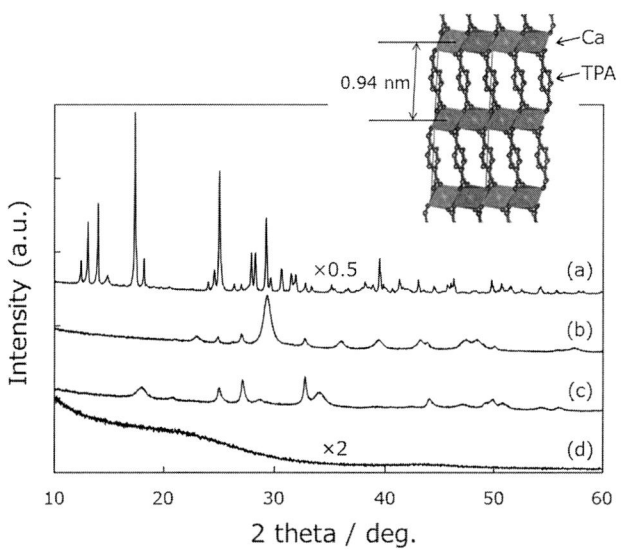

図4　TPACa と熱処理品の XRD プロファイル
(a) TPACa 塩　(b)炭素－Ca 複合体（550℃熱処理）　(c)炭素－Ca 複合体（700℃熱処理）
(d)酸処理後試料（700℃熱処理）

度に賦活された活性炭類で観察される特徴に近いものである[14]。比表面積から推算した炭素積層体の積層数がグラフェンの2層分程度であるとしたが、この回折ピーク形状からもそのことが伺える。

3.2.3 $CaCO_3$ と $Ca(OH)_2$ の生成機構

炭素－Ca複合体中に生成する $CaCO_3$ と $Ca(OH)_2$ は、低温では $CaCO_3$ のみが生成し、高温になるに従い $Ca(OH)_2$ へと転換するようである。吉岡らによる PET 樹脂と $Ca(OH)_2$ 混合物の熱分解特性の検討によれば、500℃から CO, CO_2 及びベンゼンが分解ガスとして発生する[15]。発生開始温度は CO や CO_2 が500℃以上、ベンゼンは550℃以上である。500℃以上から、TPA 分子中のカルボキシ基（$-COO^-$）が熱脱離してラジカルを生成し、それにより TPA 中のベンゼン環がラジカルの作用による縮合を繰り返すことで、炭素六角網面が成長してゆき、炭素骨格が形成されると考えられる。先で述べた、480℃の熱処理で多孔構造が得られなかった理由は、この温度では官能基（カルボキシ基）の熱分解が開始しないため、それに続く炭素六角網面の成長へと至らなかったことが原因と考えられる。

カルボキシ基の熱分解により生成した CO_2 と Ca から、$CaCO_3$ が生成すると考えられる。またカルシウムには炭素の酸化を触媒する作用があり、540℃以上では以下の反応により炭素と $CaCO_3$ が反応する[16]。

$$CaCO_3\text{-}C \quad \rightarrow \quad CaO\text{-}C(O) \quad + \quad CO \uparrow$$

550℃以上の炭素化条件では、炭素化の進行と並行して、既に生成した $CaCO_3$ と炭素骨格が反応することで、CO を発生しながら酸化カルシウム CaO を生成すると考えられる。700℃炭素化試料の XRD で観察された $Ca(OH)_2$ のピークは、上記反応で生成した CaO が、試料取出し時に空気中の水分と反応して生成したものであろう。

3.2.4 メソ細孔生成機構

酸処理前後の550℃及び700℃炭素化試料の窒素吸着等温線を図5に示す。酸処理前の窒素吸着量からは、メソ細孔がほとんど存在しないことが見て取れる。これを酸処理することで窒素吸着量は劇的に増大する。炭素－Ca複合体中のカルシウム（$CaCO_3$ または $Ca(OH)_2$）を酸により溶出することで、カルシウムの存在した領域がメソ細孔となったためと考えられる。

酸処理前の炭素－Ca複合体の窒素吸着等温線をみると、熱処理温度700℃試料において、メソ細孔への毛管凝縮に対応する吸着量が若干ではあるが増加している。これは上述の炭素骨格の損耗反応により、新たに細孔が生成したことを示唆している。酸処理後の試料のメソ細孔径は、熱処理温度が高温となるにしたがい拡大する傾向にあるが（表1）、これは $CaCO_3$ と炭素骨格との損耗反応に起因するものと考えられる。炭素損耗反応によりミクロ細孔が生成する可能性も考えられるが、α_s プロット解析からはミクロ細孔の存在は確認されなかったことから、炭素－Ca複合体内に包埋されたナノサイズの $CaCO_3$ による炭素損耗反応では、理由は定かではないがミクロ細孔は生成しないものと考えられる。

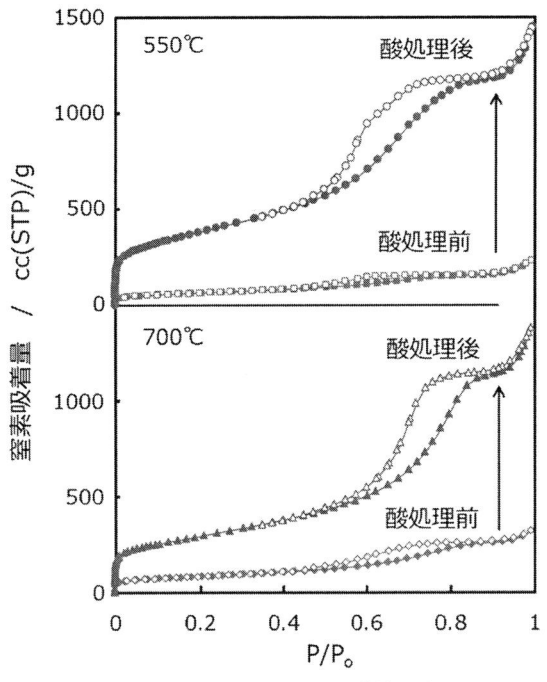

図5　酸処理前後の窒素吸着等温線

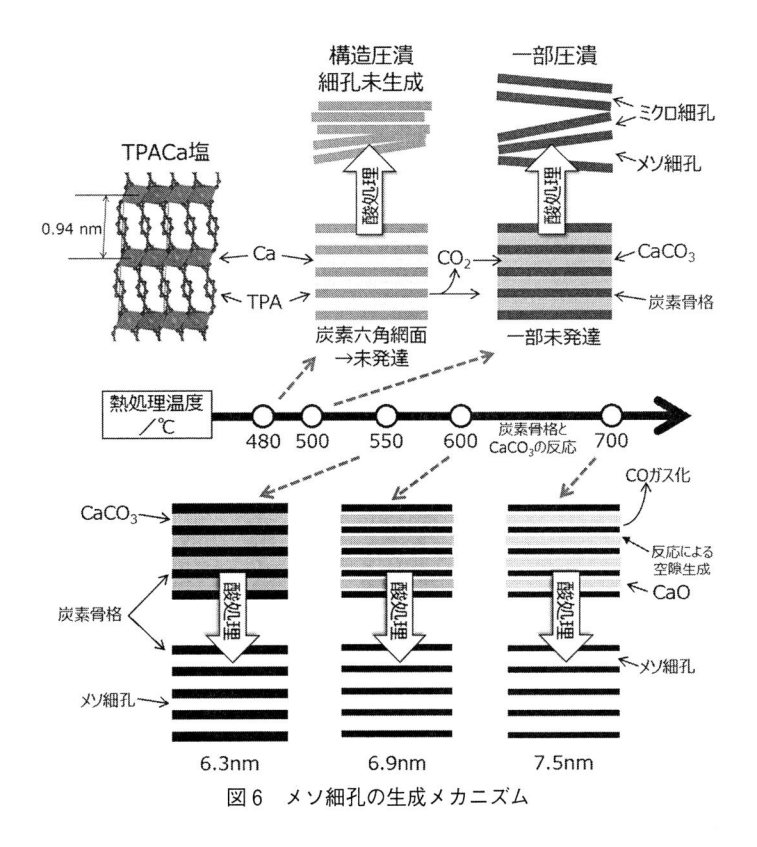

図6　メソ細孔の生成メカニズム

　以上の結果に基づき，TPACa 塩の炭素化物から得られるメソ細孔の生成メカニズムを図 6 にまとめた。本手法で得られるメソポーラス炭素は，TPACa 塩の固相炭素化により生成する炭素－Ca 複合体中に均一に分散したカルシウム成分（$CaCO_3$ または CaO）のナノ結晶が細孔鋳型となることで，メソ細孔が生成する。処理温度の増大に伴いメソ細孔径が拡大する理由は，$CaCO_3$ と炭素との反応により炭素骨格が損耗することで細孔が拡大したものと考えられる。この損耗反応でミクロ細孔が生成しない理由については不明であるが，TPACa 塩の炭素化（熱分解），及び炭素骨格と $CaCO_3$ との反応の全過程を通じ，不活性雰囲気中で反応を行っているため，従来の賦活反応に比べ炭素骨格の損耗が微少であるために，ミクロ細孔が生成しなかったのではないかと考えている。

4　おわりに

　テレフタル酸カルシウム TPACa 塩を炭素原料とした，メソポーラス炭素の合成方法，及び細孔構造の特徴と生成機構についての概要を紹介した。本手法では比較的簡便な手法によりメソポーラス炭素を得ることが可能であり，またこれまでの無機鋳型炭素化法と同様の手法に基づいた大量合成が可能と考えている。また従来のメソポーラス炭素と同じく，メソ細孔を利用した電気化学デバイスへの応用展開[17]についても検討を進めている。その一方で，合成により得られるメソ細孔径は限られた範囲（およそ 5～7 nm 程度）であるため，今後はより広範囲の細孔径領域にわたる，精密な細孔構造制御手法を構築することが不可欠であると考えている。

謝辞
　岸田佳大氏（豊田中央研究所分析部）には，XRD の解析と PTACa 塩の構造図作成に協力をいただいた。ここに謝意を表する。

文　　　献

1)　R. W. Pekala *et al.*, *J. Non-Cryst. Sol.*, **225**, 74 (1998)
2)　H. J. Kim *et al.*, *CARBON*, **46**, 1393 (2008)
3)　辻村清也，炭素，**2014**(265)，195 (2014)
4)　京谷隆，炭素，**2001**(199)，176 (2001)
5)　R. Ryoo *et al.*, *J. Phys. Chem. B*, **103**, 7743 (1999)
6)　森下隆広ほか，炭素，**2010**(242)，60 (2010)
7)　瀬戸山徳彦，特許第 6327053 号 (2015)
8)　瀬戸山徳彦ほか，第 29 回日本吸着学会研究発表会 講演要旨集，日本吸着学会 (2015)

9）　瀬戸山徳彦ほか，第 44 回炭素材料学会年会　講演要旨集，炭素材料学会（2017）

10）　F. Rouquerol *et al.*, "Adsorption by Powders and Porous Solids", p. 176, Academic Press（1999）

11）　瀬戸山徳彦ほか，炭素，**179**，159（1997）

12）　N. Setoyama *et al.*, *CARBON*, **36**, 1459（1998）

13）　L. Wang *et al.*, *Electrochimica Acta*, **173**, 235（2015）

14）　K. Kaneko *et al.*, *CARBON*, **30**, 1075（1992）

15）　S. Kumagai *et al.*, *Chem. Lett.*, **43**, 637（2014）

16）　京谷隆ほか，日本エネルギー学会誌，**73**，1005（1994）

17）　瀬戸山徳彦，荻原信宏，特開 2016-163023（2016）

第5章　高比表面積と高黒鉛化度を両立した共連続オープンセル型ポーラス炭素の開発

朴　元永[*1], 兪　承根[*2], 加藤秀実[*3]

1　はじめに

　ポーラス炭素材料は，ガス分離，浄水，触媒担体，および，電気化学二重層キャパシタ，燃料電池，リチウムイオン電池用の電極などの広い分野で適用されてきた。近年においては，特にエネルギー変換や貯蔵分野へのポーラス炭素の役割に注目が集まっている。このようなポーラス炭素材料は様々な方法によって合成され，作製方法によって異なる特性を呈する。その代表的な作製方法としては化学的・物理的賦活処理，金属塩または有機金属化合物を用いた炭素前駆体の触媒活性化，ポリマーなどの有機材料の熱分解および炭化処理などがある。これらの方法を用いて多くのポーラス炭素材料が開発されてきたが，均一な構造を有するポーラス炭素材料の合成は一般的に容易ではない。また，これらのポーラス炭素材料においては，低い結晶性を示しながら比表面積が大きい，或いは，高結晶性を持ちながら比表面積は小さいといったように，結晶性と比表面積とは互いにトレードオフの傾向がある。本章では，金属溶湯脱成分法を紹介し，これを用いた共連続オープンセル型ポーラス炭素の高結晶性，および，大比表面積の特性を概説する。さらに，金属溶湯中での脱成分メカニズムやポーラス構造形成について考察を述べる。

2　金属溶湯脱成分（Liquid metal dealloying）法

　ポーラス材料を作製する方法の一つとして水溶液を用いる従来の脱成分法が知られる。これは酸，あるいは，アルカリ水溶液中に前駆体である多元合金を浸漬することにより，前駆合金から一つ，または，複数の元素を選択的に溶出させ，非溶出な残存成分元素による自己組織化にまかせてポーラス材料を作製する方法である[1]。例えば，金－銀（Au-Ag）前駆合金を硝酸，および，過塩素酸などの適切な水溶液に浸漬すれば，イオン化傾向が金より大きい銀の原子のみが前駆合金の表面から選択的に溶出する。それに対して溶出しない金の原子は銀の原子の脱離によって不安定な状態になるため，固液界面上を拡散し，他の不安定な金原子と凝集し安定化する。このような銀の原子の溶出，金の原子の拡散と凝集反応を繰り返し，前駆合金全体においてこの反応が

＊1　Won-Young Park　東北大学　大学院工学研究科　博士課程後期3年

＊2　Seung-Geun Yu　東北大学　金属材料研究所　非平衡物質工学研究部門　ポストドクター；
　　　　　(現)サムスン電子

＊3　Hidemi Kato　東北大学　金属材料研究所　非平衡物質工学研究部門　教授

進行する結果，最終的にポーラス金が自己組織形成される[2]。しかし，この方法を用いてポーラス材料を作製するにはいくつか前提条件があり，溶出する元素と残存する元素間に明確な溶出速度差があること，残存成分が水溶液中で酸化や変質を伴わないなどが挙げられる。言い換えれば，貴金属や標準電極電位の高い金属類の多孔質化に限定されており，卑金属や半金属元素といった多種の元素群には適用できない短所がある。そこで，水溶液の代わりに金属溶湯を脱成分媒体に用いた金属溶湯脱成分法が開発され，様々なポーラス材料の作製に関する研究が報告された[3～5]。金属溶湯脱成分法は，物質の混合と分離について冶金学的な観点から説明され，二元系もしくは多元系について物質を混合する時の自由エネルギーの変化，$\Delta G_{mix} = \Delta H_{mix} - T \Delta S_{mix}$ を用いて設計される。ここで，ΔH_{mix} は混合熱，あるいは，混合エンタルピー（kJ/mol）であり，ΔS_{mix} は混合エントロピー（kJ/mol·K），T は絶対温度（K）である。一般的に，異なる物質を混合すると，エントロピーは増大するので ΔS_{mix} は正の値を持つ。よって，混合エンタルピーが物質の組み合わせによって負の値である場合は，$\Delta G_{mix} < 0$ となるため，エネルギー的には混合状態が安定である。一方，混合エンタルピーが正の場合は，$\Delta H_{mix} > T \Delta S_{mix}$ となるような温度 T の範囲において $\Delta G_{mix} > 0$ となり，混合反応は起こらず分離状態が安定となる。これらの関係を用いて，前駆体と金属溶湯間の脱成分反応を設計すれば，従来の水溶液を用いた脱成分法のように目的元素だけ選択的に溶出させ，非溶出元素はポーラス構造を形成することができる。図1に金属溶湯脱成分法の反応設計，および，その原理を示す。AとBの元素で成し

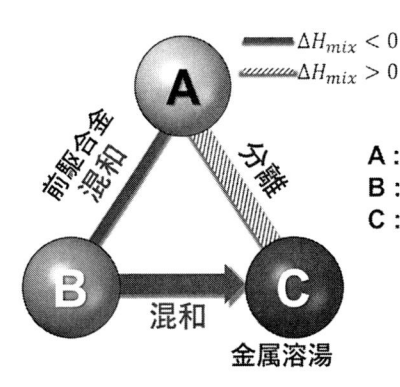

A：ポーラス体作製の目的元素
B：A元素と混和関係で前駆合金化する元素
C：A元素とは分離の関係，B元素とは混和の関係である元素

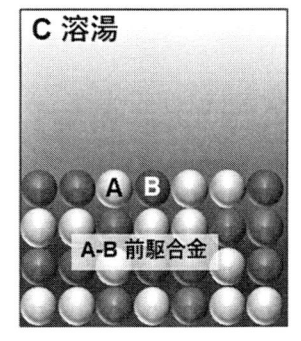
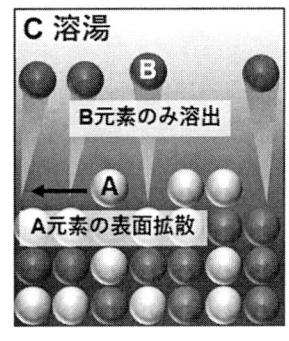
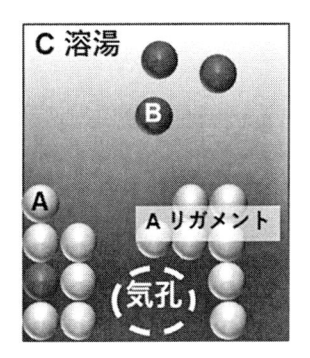

図1　金属溶湯脱成分法の反応設計，および，原理

ている二元系の前駆体を C 元素の金属溶湯に浸漬すると，C 元素と B 元素は混和である一方，A 元素とは分離系であるので，B 元素だけが溶湯中に溶出される。残存する A 元素は前駆体と C 元素成分溶湯との界面上で拡散する。そのような溶出，および，拡散が繰り返し，C 元素成分溶湯中で，A 元素がポーラス構造を自己組織形成する。このプロセスで形成したポーラス体は，A-B 系前駆合金中の A 成分濃度を適切に選択すれば，形成気孔が共連続的に連結する，逆を考えれば，リガメントも共連続的に結合する特異な構造を有することが大きな特徴である[6]。

3　金属溶湯脱成分法を用いた共連続オープンセル型ポーラス炭素の作製方法

　金属溶湯脱成分法を用いた共連続オープンセル型ポーラス炭素の作製工程図を図 2 に示す。本章では，高周波溶解炉を用いて作製した $Mn_{85}C_{15}$（at.%）合金塊を粉砕し，粉末状前駆合金として用いた場合を主に紹介する[7]。この前駆合金粉末を 800℃ の Bi 溶湯に 10 min 間浸漬して金属溶湯脱成分を施す。脱成分処理後の試料の内部や周囲には，溶媒成分である Bi や溶出した Mn が付着しているので，これを硝酸水溶液中で腐食除去し，ろ過処理を行うことによりポーラス炭素を得るに至る。

4　作製したポーラス炭素のポーラス構造，および，微細構造の評価

　図 3 は脱成分処理を行って得られたポーラス炭素の(a)外観，および，(b)，(c)SEM 像である。この SEM 像から作製したポーラス炭素はそのポーラス構造が共連続オープンセル型ポーラス体を維持しているが，気孔率が異なる二種類のポーラス構造が存在していることが分かった。脱成分反応によって生成されるポーラス材料の気孔率は，前駆合金中の組織の比体積の変化や溶出元素の濃度などの因子に加えて，脱成分処理の温度や時間の因子にも依存する。後者の因子はポーラス体のリガメントの成長に直接的な影響を及ぼす因子であるが，同じ温度と時間で脱成分した場合，後者の因子は関係ないと考えてよい。したがって，組織の比体積，または，溶出元素の濃度によって気孔率の差が生じたと考えられる。$Mn_{85}C_{15}$（at.%）前駆合金は Mn と炭素の二元系

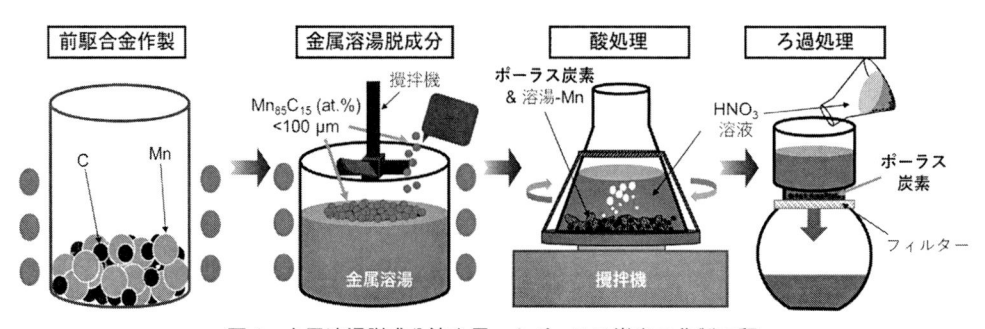

図 2　金属溶湯脱成分法を用いたポーラス炭素の作製工程

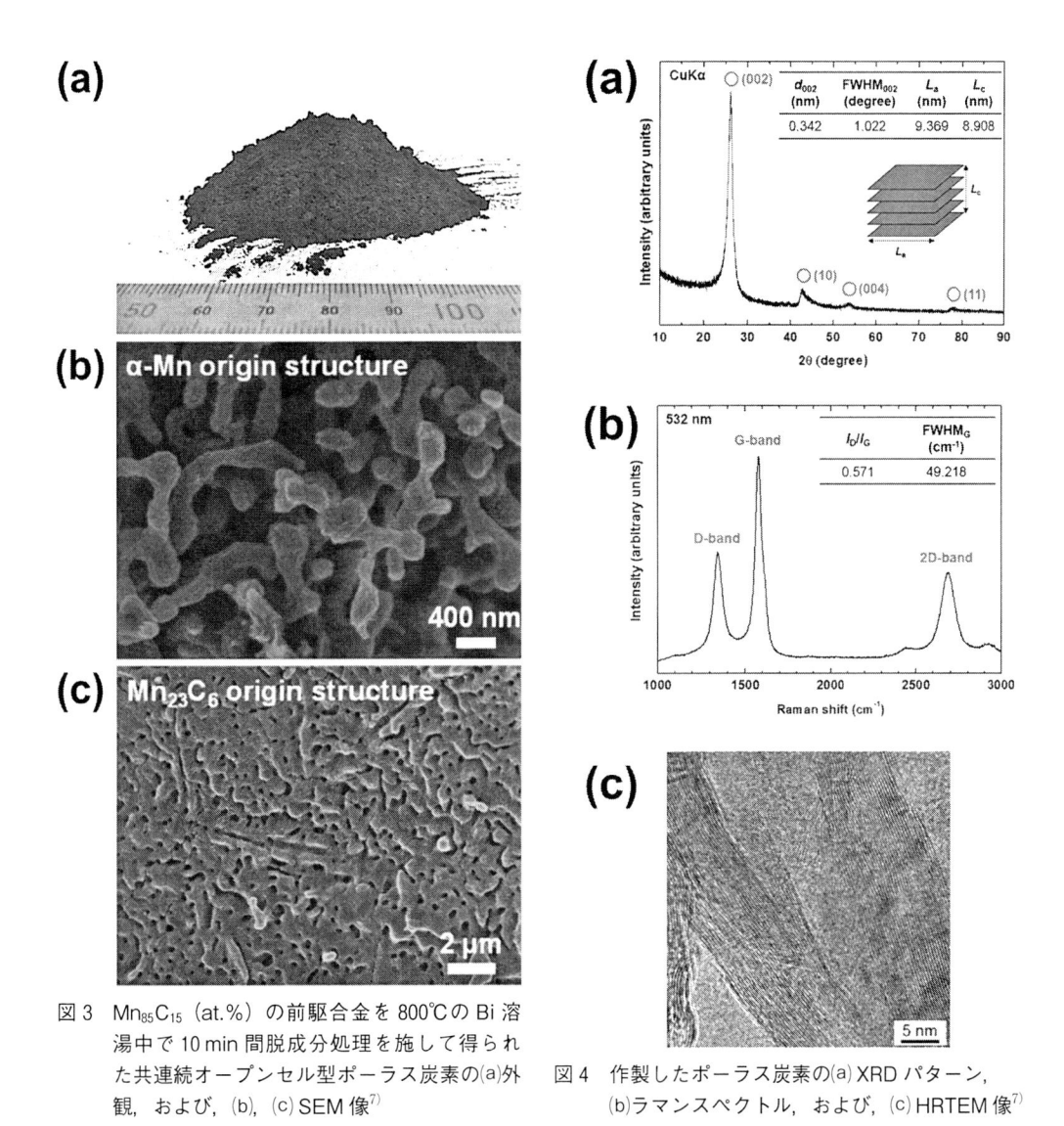

図3　$Mn_{85}C_{15}$（at.%）の前駆合金を 800℃の Bi 溶湯中で 10 min 間脱成分処理を施して得られた共連続オープンセル型ポーラス炭素の(a)外観，および，(b)，(c)SEM 像[7]

図4　作製したポーラス炭素の(a) XRD パターン，(b)ラマンスペクトル，および，(c)HRTEM 像[7]

平衡状態図が示すとおり，$Mn_{23}C_6$ 化合物と α-Mn 固溶体の二つの相が共存していた。それぞれの相の密度はおよそ 7.45 g/cm^3（α-Mn）と 7.46 g/cm^3（$Mn_{23}C_6$）で両相間の密度の差はほとんどないことがわかる。したがって，各相での溶出元素である Mn の濃度が異なることに起因して，異なる気孔率を持つポーラス相（領域）が形成される。つまり，より高い気孔率のポーラス体（図 3 (b)）は α-Mn 固溶体に由来し，より低い気孔率のポーラス構造（図 3 (c)）は $Mn_{23}C_6$ 化合物に由来して形成したと考えられる。

　図 4 は，作製したポーラス炭素の結晶性を示す(a) XRD パターン，および，(b)ラマンスペクトル，更に，ポーラス炭素の積層構造を観察した(c) HRTEM 像である。XRD パターン図 4 (a)中の表は，作製したポーラス炭素と標準シリコン粉末（Standard Reference Material 640d）を 10

mass％で混合した試料を用いて学振法に基づき算出した面間隔（d_{002}），（002）ピークの半値幅（FWHM$_{002}$），および，結晶子のサイズ（L_a, L_c）を示している[8]。また，ラマンスペクトル図4 (b)中にはR値とも呼ばれ，黒鉛化度の指標となるD-バンドとG-バンドの強度比（I_D/I_G），および，G-バンドの半値幅（FWHM$_G$）を表で示した。一般的に知られている人造黒鉛や天然黒鉛のXRDパターンと比べ，本研究で作製したポーラス炭素のXRD結果には違いがある。完全な黒鉛であれば，（002），（004），および，（110）面のピークのみならず，（102），（103），（112），および，（006）面に起因する回折ピークも観察される。特に，高結晶性を持つ黒鉛は，（100）と（101）方向のピークが明確に分離されるが，作製したポーラス炭素には積層構造が発達しているもののXRDパターンからは（100）と（101）方向のピークは分離するまでの黒鉛化度に至っていないことが分かった。

　作製したポーラス炭素の黒鉛結晶子の平均面方向長さL_a，および，平均積層方向長さL_cはそれぞれ，9.369 nmおよび8.908 nmであり，d_{002}は0.342 nm（黒鉛のd_{002} = 0.335 nm）であった。図4 (b)に示したラマンスペクトルから炭素のsp^2結合の伸縮振動から起因され1582 cm^{-1}付近にピークを有するG-バンドと炭素材料の微細構造内に存在する欠陥に起因され1350 cm^{-1}付近にピークを有するD-バンドがあり，さらに，これらの倍音である2D-バンドが2700 cm^{-1}付近で明確に確認できる[9]。この結果からI_D/I_Gは0.571を示し，G-バンドの半値幅は49.218 cm^{-1}であることがわかった。また，作製したポーラス炭素に約9 nm前後の厚みを持つ積層構造があり，これは20～30枚程度のグラフェン層から成されているのが図3 (c)のHRTEM像から分かった。これは実際にL_c値に良く対応することが確認される。このようなXRDパターン，ラマンスペクトル，および，HRTEM像から作製したポーラス炭素は一般炭素材料の作製温度範囲においては比較的に低い温度で形成したにもかかわらず，高い結晶性（黒鉛化度）を有することがわかった。通常，高結晶性を有する炭素材料を作製するには黒鉛化処理と呼ばれる高温（2000℃以上）での熱処理が必要である。つまり，黒鉛質の積層構造は超高温で形成される。そのため，様々な研究グループは低温で黒鉛化度を上げる手法に関して研究を行ってきた。その中で，Fe，Ni，また，Coなどの金属触媒を用いた触媒黒鉛化が代表的な手法として挙げられる。触媒黒鉛化では，金属触媒に吸着した炭素原子と触媒金属との相互作用によって得られる炭素原子の高拡散性によって黒鉛化が促進される[10]。その際，炭素の表面拡散活性化エネルギーが低くなるため，低温でも黒鉛化が進行される[7,11]。金属溶湯脱成分法においても，脱成分反応中の非溶出元素である炭素の固液界面拡散は，三次元ポーラス体を形成するために重要な役割をすることが先行研究で示されている[12,13]。したがって，金属溶湯脱成分法を用いて作製したポーラス炭素では，800℃の低い温度であったにも拘わらず，金属溶湯と前駆合金固体との界面で起こる炭素原子の界面拡散が，金属元素と炭素間相互作用によって促進される結果，積層構造を有するリガメントによる三次元ポーラス構造が発達し易いものと考えられる。

　ポーラス炭素の細孔構造を窒素ガス吸着法を用いて評価を行い，その結果を図5に示した。図5 (a)は吸脱着等温線，図5 (b)はBarrett-Joyner-Halenda（BJH）法から求めた微分細孔分布であ

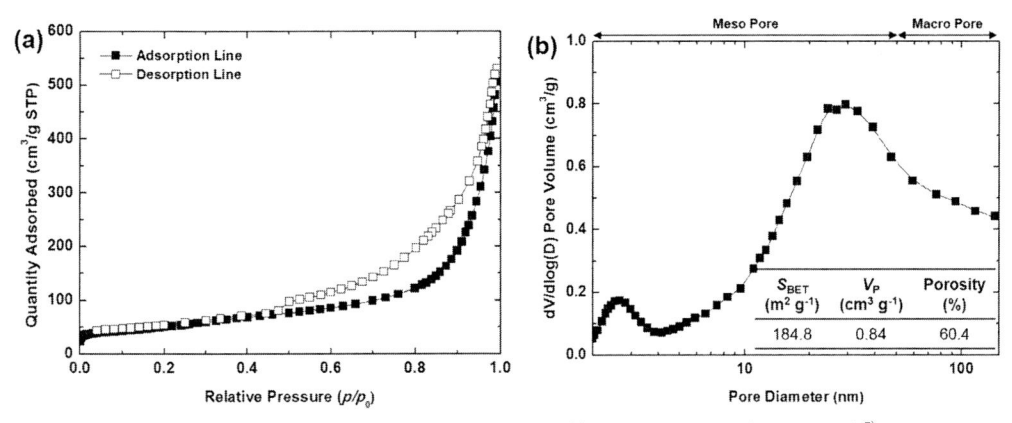

図 5　作製したポーラス炭素の(a)窒素ガス吸脱着等温線と(b) BJH 微分細孔分布[7]

る。吸脱着等温線は，ⅠからⅥの 6 種類でわかれる IUPAC 分類の中でⅣ型に分類ができる。このような等温線は吸着量と脱着量が一致しないヒステリシス現象が特徴である。ヒステリシス現象は気体分子の毛管凝縮が原因で，吸着平衡圧が順次的に増加する吸着過程で得られる吸着量と，平衡圧を順次減少させる脱着過程で得られる吸着量が異なる時に現れる[14]。また，材料の内部にメソ孔がある場合にヒステリシス現象が起こるため，作製したポーラス炭素中にはメソ孔が存在することが分かった。BJH 微分細孔分布（図 5(b)）から，ポーラス炭素は，約 3 nm 直径のメソ孔と約 30 nm 直径のメソ・マクロ孔の二種類の細孔分布を有しており，Brunauer-Emmett-Teller（BET）法を用いて導出した比表面積（S_{BET}）は 184.8 m^2/g，全細孔容積（V_p）は 0.84 cm^3/g であり，炭素の密度を 1.8 g/cm^3 と仮定して算出した気孔率は 60.4%であることがわかった。

5　脱成分反応によるポーラス炭素の形成過程

金属溶湯脱成分反応によるポーラス炭素の形成過程を調査するため，粉砕前の Mn$_{85}$C$_{15}$（at.%）塊状前駆体を温度 800℃ の Bi 金属溶湯に 5 min 間浸漬した後，その切断面表層に見られる反応層を観察した。用いた塊状の前駆体は，5 min 間の脱成分処理後に Mn が既に溶出されポーラス炭素が生成された領域と，脱成分反応途中であった領域，そして，未反応の前駆合金ままの領域が観察された。図 6(a)にその結果として BSE 像と Bi，Mn，炭素の EPMA マッピング結果を示す。BSE 像から 800℃ の Bi 金属溶湯に 5 min 間浸漬した試料にはコントラストの差から区別できる三つの領域があり，最も黒いコントラストを示す領域（未反応の前駆合金領域）から表面方向に順に A，B，C 領域と命名する。また，図 6(b)は各領域から得られた XRD パターンである。EPMA マッピング結果から Bi は試料の外部から内部方向に徐々に侵入し拡散する一方，Mn は試料内部から外部方向に徐々に拡散する逆の傾向を示した。そして，各領域から得られた XRD パターン（図 6(b)）を見ると，前述したように A 領域は未反応の前駆合金であり，Mn$_{23}$C$_6$ 化合

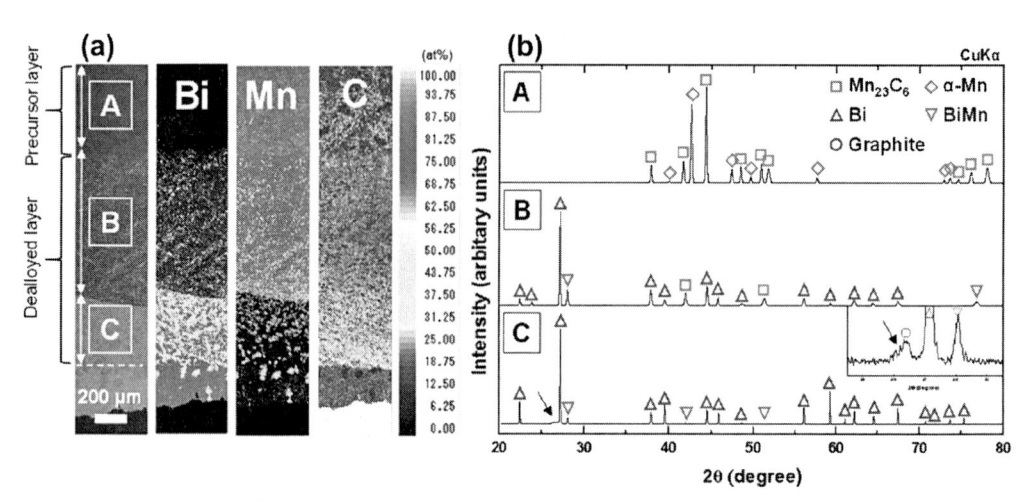

図6　$Mn_{85}C_{15}$（at.%）の塊状前駆合金を800℃のBi溶湯に5 min間浸漬した後，切断して得られた断面の(a) BSE像，および，Bi，Mn，および，炭素のEPMAマッピング結果と(b) BSE像からコントラストの差がある各領域のXRDパターン[7]

物とα–Mn固溶体のみの回折ピークが観察できる。しかし，B領域においてα–Mnピークは存在せず，Mnの溶出を証拠付けるBi-Mn化合物の回折ピークが確認できる。一方，他の前駆合金の相である$Mn_{23}C_6$のピークは，α–Mnの場合とは異なって，確認できることが分かった。C領域のXRDパターンからは前駆体の組織は全く同定されず，Bi-Mn化合物，Bi，および，微弱な炭素の（002）ピークが確認できる。このような反応過程中に起こる各元素の分布変化をまとめ，次のような考察が導出される。$Mn_{23}C_6$とα–Mnからなる前駆合金をBi金属溶湯に浸漬すると，まず，Mnの濃度が高いα–Mn相から一次脱成分反応が起こり，α–Mn由来のポーラス炭素が形成される。その一次脱成分反応に遅れて，Mnの濃度が比較的に低い$Mn_{23}C_6$相から二次脱成分反応が起こり，最終的には前駆合金内の全てのMn成分が脱成分反応により，Bi金属溶湯中に溶出される。つまり，$Mn_{85}C_{15}$（at.%）前駆体からポーラス炭素に変化する過程は，

前駆合金（$Mn_{23}C_6$とα–Mnの混相組織）をBi（液体）に浸漬する →
反応中の前駆合金（$Mn_{23}C_6$とα–Mn由来のポーラス炭素）＋ Bi（Mn）（液体）→
ポーラス炭素（$Mn_{23}C_6$およびα–Mn由来）＋ Bi（Mn）（液体）

のように記述される。その後，冷却された試料はポーラス炭素（$Mn_{23}C_6$およびα–Mn由来）の気孔部分にBi（Mn）（固体）が充填した凝固相となって，酸処理に伴うBi（–Mn）成分の除去によって最終的にポーラス炭素として回収されるに至る。

6　金属溶湯脱成分法の反応設計に伴う多様なポーラス炭素の作製

金属溶湯脱成分法は原子の拡散速度に影響を及ぼすパラメータを用いた反応設計が一般的であ

り，溶湯温度や前駆合金の浸漬時間が仕上がるポーラス材料の形態や性質制御の重要なパラメータとなる。しかし，前駆合金の組成や溶湯の種類によっても作製できるポーラス材料の形態や性質の調節が可能であると考えられるが，これに関してはまだ報告がなされていない。ここでは，金属溶湯成分の変化に伴うポーラス炭素の形態・性質変化に関して調査した結果を紹介する。

　金属溶湯脱成分法の反応設計では，元素間相互作用を混合熱表や平衡状態図を用いて検討している（Mn-C 前駆合金と Bi を用いた金属脱成分反応設計では Bi と炭素の二元系平衡状態図がないので混合熱表のみを参考にした）。混合熱表では Bi と炭素間の混合熱が－12 kJ/mol と負の値（混合の関係）をとるが，これは炭素の半金属/金属間遷移熱 180 kJ/mol の半分（C：Bi ＝ 1：1 と想定）の 90 kJ/mol 分が含まれた小さい値となっている。したがって，実際の混合熱は－12 ＋ 90 ＝ ＋78 kJ/mol と考えてよく，Bi と炭素が合金化しないことがわかる。これらの関係から，幅広い範囲で Bi 以外に他の溶湯でも金属溶湯脱成分法を用いてポーラス炭素の作製が可能であると考えられる。そこで，多量の Mn を固溶できる Ag は，二成分系混合熱の表から炭素と－32 kJ/mol で混合ができる組み合わせであるが，これに関しても Bi－炭素のように半金属状態から金属状態に遷移するのに必要な遷移熱の半分（Ag：C ＝ 1：1 の組成比を想定）である 90 kJ/mol だけ小さい値を記している。よって，これを考慮しない Ag－炭素間の混合熱は－32 ＋ 90 ＝ ＋58 kJ/mol と正の値（分離の関係）であり，Ag と炭素の二元系状態図のように混和し難いことが分かる[15]。図 7 に前節と同じ $Mn_{85}C_{15}$（at.%）の粉末前駆合金を 1100℃ の Ag 溶湯に 10 min 間浸漬して脱成分処理を施した後，回収したポーラス炭素の SEM 像と XRD パターン，および，BJH 微分細孔分布をそれぞれ(a)，(b)と(c)，および，(d)に示す。SEM 像から Bi を脱成分溶湯としたポーラス炭素と同様に二つの気孔率が異なるポーラス構造が観察できることが分かった。これは Mn の濃度が高い α-Mn 由来のポーラス構造と（図 7(a)），Mn の濃度が低い $Mn_{23}C_6$ 由来のポーラス構造（図 7(b)）であり，これらの結果から $Mn_{85}C_{15}$（at.%）の粉末前駆合金の Ag 溶湯中での脱成分過程は，Bi 溶湯と同様であると考えられる。図 7(c)の XRD パターンから Ag 溶湯を用いて作製したポーラス炭素は Bi 溶湯で作製したものと比べて（002）ピークの半値幅が小さく，狭い面間距離（d_{002}）や大きな結晶子（L_c）を有することから黒鉛化度が高いことが分かった。これはより小さい R 値（I_D/I_G ＝ 0.53）からも確認できる。しかし，図 7(d)の細孔分布をみると，Bi 溶湯を用いたポーラス炭素より約 3 nm 直径のメソ孔の量は減少し，約 40〜50 nm にピークを有しておりメソ孔のサイズが大きくなったことが分かった。量が少なく，また孔径の大きいメソ孔の存在によって S_{BET} は 120 m^2/g，V_P は 0.74 cm^3/g であり，比表面積と全細孔容積が低減していることが分かった。したがって，Bi 溶湯ではより大比表面積を有するポーラス炭素が，Ag 溶湯ではより高黒鉛化度を有するポーラス炭素が作製できることが分かった。Ag の融点が高い（約 962℃）ことから 800℃ の Bi 溶湯を用いたポーラス炭素と直接的な比較は難しいが，1100℃ の Bi 溶湯を用いたポーラス炭素（S_{BET} ＝ 145 m^2/g，I_D/I_G ＝ 0.6）と比較してもこの傾向は変わらない[16]。このように溶湯成分の金属種の変化によってもポーラス炭素の形態と性質を調節することができることがわかったが，その理由や原理の解明にはさらな

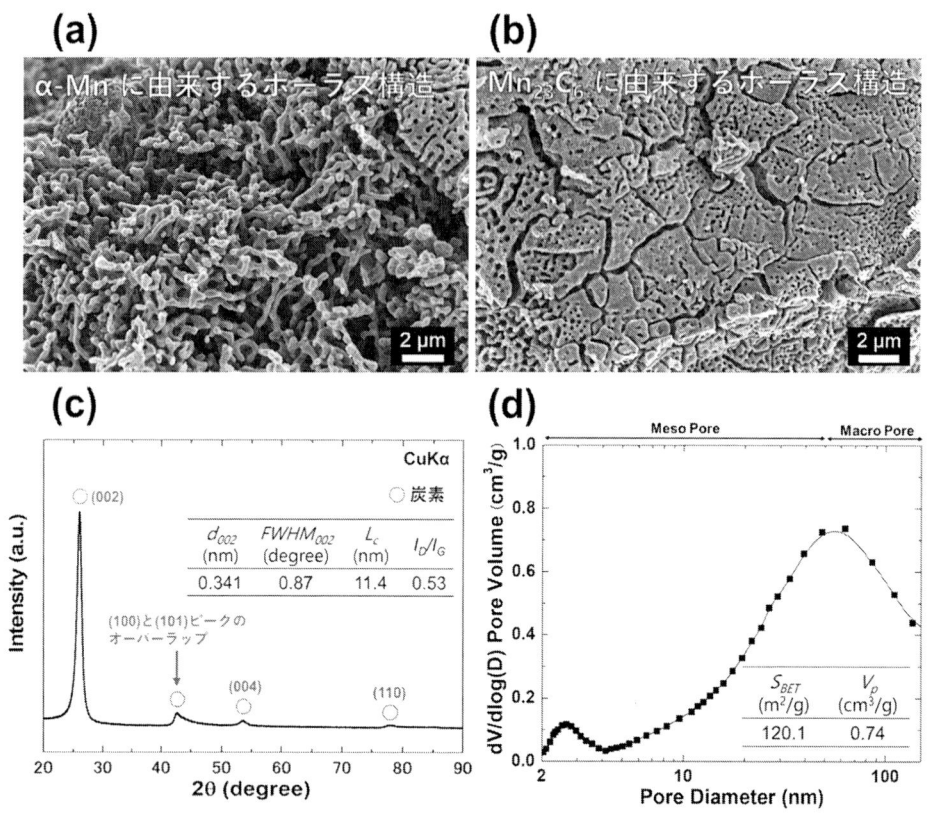

図7　Mn₈₅C₁₅（at.%）前駆体を1100℃のAg溶湯中に10 min浸漬して得られたポーラス炭素の
（a），（b）SEM像，（c）XRDパターンと(d)BJH微分細孔分布

る研究が必要である。

7　おわりに

　本章では，金属溶湯脱成分法を用い共連続オープンセル型ポーラス炭素の作製とその特性ととも に反応設計によるポーラス炭素の特性変化に関して述べた。世の中の多くのポーラス炭素の合成 法とは異なり，金属溶湯脱成分法を用いたポーラス炭素は高い次元で大比表面積と高結晶性を 両立することが特徴であり，今後，エネルギーデバイスに留まらず様々な分野において幅広い応 用展開が期待される。

文　　献

1)　中野貴由，吉川秀樹，ポーラス金属を用いた生体材料設計，中嶋英雄監修，マクロおよび
　　ナノポーラス金属の開発最前線，p. 184-193，シーエムシー出版（2011）

2)　J. Erlebacher *et al.*, *Nature*, **410**, 450（2001）

3)　加藤秀実，和田武，津田雅史，まてりあ，**52**，395-403（2013）

4)　T. Wada *et al.*, *Nano Lett.*, **14**, 4505-10（2014）

5)　T. Wada and H. Kato, *Scripta Materialia*, **68**, 723-726（2013）

6)　T. Wada, K. Yubuta, A. Inoue, and H. Kato, *Materials Letters*, **65**, 1076-1078（2011）

7)　S.-G. Yu *et al.*, *Carbon*, **96**, 403-410（2016）

8)　日本学術振興会 第117委員会，炭素，**221**，52-60（2006）

9)　A. Ferrari and J. Robertson, *Physical Review B*, **64**, 075414（2001）

10)　R. Wang *et al.*, *Langmuir*, **32**, 8583-8592（2016）

11)　Japan Institute of Metals, "Metal data book", Maruzen Tokyo（1993）

12)　M. Tsuda, T. Wada, and H. Kato, *Journal of Applied Physics*, **114**, 113503（2013）

13)　J. W. Kim *et al.*, *Acta Materialia*, **84**, 497-505（2015）

14)　P. I. Ravikovitch and A. V. Neimark, *Colloids Surf. A Physicochem. Eng. Asp.*, **187**, 11-21
　　（2001）

15)　A. Takeuchi and A. Inoue, *Materials Transactions*, **46**, 2817-2829（2005）

16)　兪承根，"金属溶湯脱成分法を用いた高結晶性・大比表面積ポーラス炭素の作製とその性
　　質"，博士後期課程，工学研究科，東北大学（2016）

第6章　精密制御可能なミクロ-メソ-マクロ孔の階層構造を有する炭素材料の開発

森　武士[*]

1　はじめに

　多孔質炭素材料は，化学工業（食品・薬品の精製，溶剤の回収，窒素ガス分離など），環境工学（家庭用浄水器，空気清浄機，自動車用キャニスタなど），エネルギー貯蔵（電気二重層キャパシタ，燃料電池，水素・メタン貯蔵など）をはじめとする分野において広く利用されている。様々な大きさの細孔と，それに起因する大きな比表面積を有していることが特徴である[1]。

　国際純正・応用化学連合（IUPAC）は，多孔質材料の細孔を幅（サイズ）により分類することを推奨している[2]。この分類では，幅が2 nm以下の細孔をミクロ孔，幅が2 nmから50 nmの範囲内にある細孔をメソ孔，幅が50 nm以上の細孔をマクロ孔と定義している。ミクロ孔は，比表面積に対する寄与がもっとも大きい。比表面積が大きいほど，より多くの吸着スペースや反応場が存在することになり，上述した用途での性能が向上する場合が多い。そのため，ミクロ孔のサイズや容積は性能に直結する。一方，ミクロ孔内では分子の拡散速度が遅い。ミクロ孔だけからなる多孔質材料では，材料内での拡散が律速となり，分子が吸着スペースや反応場へ容易にアクセスできず，材料全体を効率よく利用できないことがある。そのため，良好な動的特性（応答性やレート特性など）が求められる用途においては，ミクロ孔よりもサイズが大きく，分子が迅速に拡散できるメソ孔やマクロ孔をもつ材料を用いる。他にも，メソ孔はサイズの大きな分子（色素や酵素など）の吸着スペースとして機能することがある[3,4]。また，処理流体を低圧力損失で通過させる目的でマクロ孔を導入している例もある[5]。このように，多孔質材料の細孔構造はその性能に大きく影響する。用途に応じて細孔構造を適切に設計・導入する必要がある。

　ところが，多孔質炭素材料の細孔構造だけを精密に制御することは容易ではない。一般的に，多孔質炭素材料は，炭素含有率の高い原料（木材，ヤシ殻，石炭など）を不活性ガス中で熱処理することにより製造される[6~8]。多孔質炭素材料の細孔構造は，この原料の種類に依存する[9]。本章では，この原料を「炭素前駆体」と呼ぶ。これらの性能を比較することで，細孔構造の設計方針を立てるのが一般的である。しかし，前駆体炭素の種類を変えてしまうと，細孔構造以外の性質も変わる。異なる前駆体炭素から調製した活性炭の性能を比較しても，これらの性能の差が細孔構造に起因するものなのか，それとも他の性質によるものなのかを判断することは容易ではない。細孔構造による影響を調査するためには，同質の炭素前駆体から細孔構造だけが異なる多

＊　Takeshi Mori　（地独)北海道立総合研究機構　産業技術研究本部　工業試験場
材料技術部　高分子・セラミックス材料グループ　研究職員

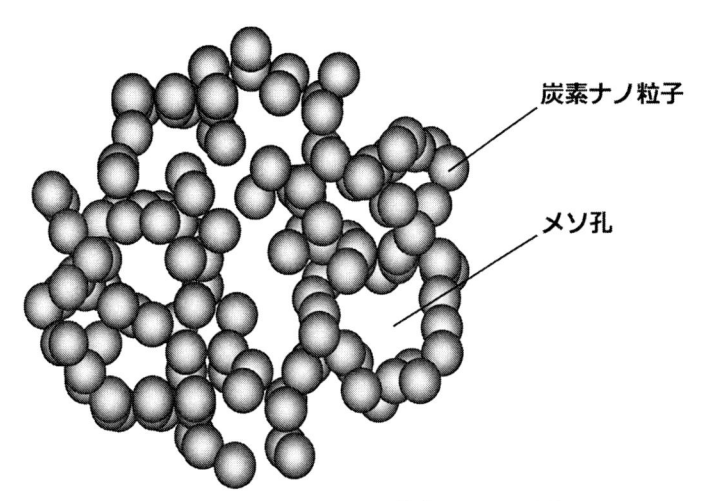

炭素ナノ粒子

メソ孔

図1 カーボンゲルのナノ構造のイメージ図

孔質炭素材料を作り分け，これらの性能を比較することが理想的である。

　カーボンゲルは，Pekala らにより発見された多孔質炭素材料である[10,11]。直径が数十ナノメートルの炭素ナノ粒子が凝集・結合した特殊な構造を有しており，これらの間隙にメソ孔が発達している（図1）。さらに，この炭素ナノ粒子の内部にミクロ孔が発達している[12~14]。カーボンゲルの前駆体であるレゾルシノール-ホルムアルデヒド（RF）ゲルは，水溶液中でレゾルシノールとホルムアルデヒドを塩基触媒（炭酸ナトリウム）で重合することにより調製される[10,11]。RFゲルは，RF 樹脂のナノ粒子が凝集・結合した構造を有している。調製時の塩基触媒の濃度を変えることで，RF 樹脂のナノ粒子のサイズを制御できる。RF ゲルの構造はそのままカーボンゲルの構造に反映される。そのため，塩基触媒の濃度を変えることで，カーボンゲルの炭素ナノ粒子のサイズを制御できる。これにより，メソ孔のサイズを制御することができる[15]。

　我々は，このカーボンゲルの製造方法に，ミクロ孔の制御方法であるガス賦活法，およびマクロ孔の制御方法である鋳型法を組み合わせることで，3種類の階層の細孔（ミクロ孔，メソ孔，マクロ孔）をもち，これらの特性を任意かつ独立に制御できる炭素材料を開発した（図2）[16,17]。本章では，それぞれの階層の細孔の導入方法および制御方法について解説する。

2　ガス賦活法による超高表面積カーボンゲルの合成

　賦活とは，炭素材料の細孔を発達させる操作である。反応性の高い炭素原子を酸化剤（賦活剤）でガス化することで，主にミクロ孔を発達させる。賦活処理の条件（温度，時間など）を変えることで，ミクロ孔容積を制御することができる。本節では，ミクロ孔の発達の度合いを表す指標として比表面積（BET 表面積）を用いる。なお，本章では，賦活の原料に用いる炭素化物を「前駆体炭素」と呼ぶ。

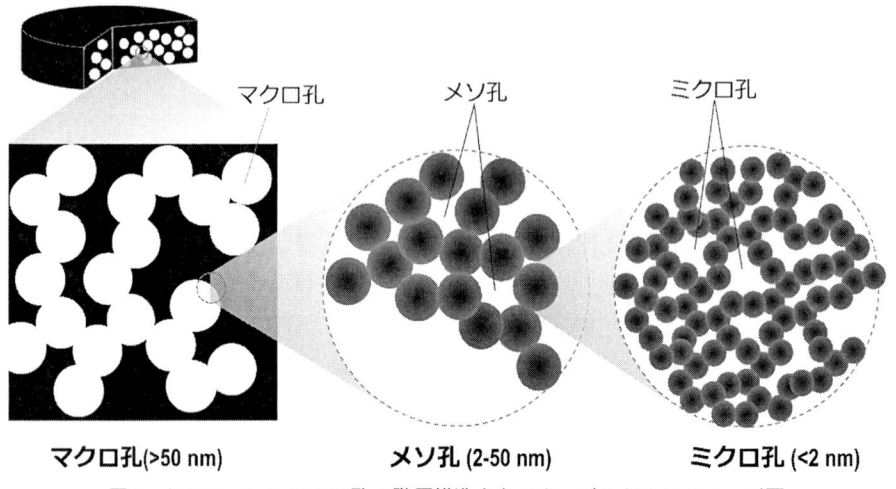

マクロ孔

メソ孔

ミクロ孔

マクロ孔(>50 nm)　　**メソ孔 (2-50 nm)**　　**ミクロ孔 (<2 nm)**

図2　ミクロ–メソ–マクロ孔の階層構造をもつカーボンゲルのイメージ図

　使用する賦活剤の種類により，賦活法は大きく二種類に分けられる。一つ目が，薬品賦活と呼ばれる手法である。炭素化物に賦活剤（りん酸，酸化亜鉛，水酸化カリウムなど[18〜20]）を含浸させる。これを熱処理すると，賦活剤により前駆体炭素がガス化され，細孔が発達する。賦活剤は前駆体炭素全体に分布しているので，全体で均一にガス化反応が進行する。そのため，比表面積の大きな活性炭を高収率で製造できる。特に，水酸化カリウムを賦活剤として製造される「スーパー活性炭」は，通常の活性炭よりもはるかに大きい比表面積（BET 表面積換算で 2000 m^2/g 以上）をもつ[20]。しかし，製造コストが汎用品と比較して数倍ほど高くなる[21]。賦活剤に由来する不純物（アルカリ金属など）が含まれるので，酸による洗浄とそこから生じる廃液の中和処理が必要である。二つ目が，ガス賦活法と呼ばれる手法である。前駆体炭素を高温の炭酸ガスや水蒸気などに接触させることでガス化し，細孔を発達させる手法である[22〜24]。賦活剤に由来する不純物が発生しないので洗浄工程が不要であり，製造コストを低く抑えられる。一方で，多孔質でない炭素（フェノール樹脂由来炭素など）を前駆体炭素に用いる場合，比表面積が大きくなりにくいという問題点がある[25]。このような前駆体炭素では，ガス状の賦活剤が内部まで拡散することができない。外表面近傍の炭素だけがガス化されてしまうので，全体で均一に賦活が進行しない。

　そこで，我々はカーボンゲルを前駆体炭素に用いれば，ガス賦活法でも高表面積な多孔質炭素材料が得られるのではないかと考えた。前項で説明したとおり，カーボンゲルは炭素ナノ粒子の間隙に由来するメソ孔を有している。このメソ孔は三次元的に繋がっているため，ガス状の賦活剤が材料内部まで容易に拡散できることが推測できる。

　前駆体炭素に用いるカーボンゲルは次の手順で調製した。原料であるレゾルシノールとホルムアルデヒドを蒸留水で希釈し，これに触媒である炭酸ナトリウムを加えた。この原料液を調製する際に用いられるパラメータとして，レゾルシノールとホルムアルデヒドのモル比（R/F），レ

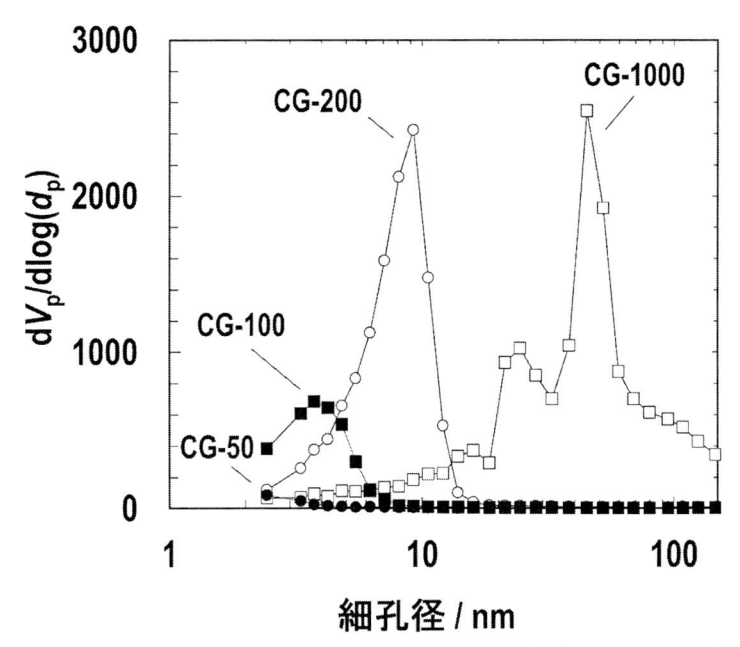

図3　異なる R/C で調製されたカーボンゲルの細孔径分布（Dollimore–Heal 法）

ゾルシノールの質量と蒸留水の体積の比（R/W），そしてレゾルシノールと炭酸ナトリウムのモル比（R/C）がある。今回は，R/F を $0.5\,\mathrm{mol\,mol^{-1}}$，R/W を $0.5\,\mathrm{g\,cm^{-3}}$ に固定し，R/C を 50，100，200，1000 $\mathrm{mol\,mol^{-1}}$ と変えて原料液を調製した。まず，この原料液を 25℃で安置し，ゲル化させる。この湿潤ゲルに含まれる水を t–ブタノールで置換し，熱風乾燥して炭素前駆体（RF ゲル）を得た。RF ゲルを窒素雰囲気下 1000℃で 4 h 加熱することで炭素化し，前駆体炭素（カーボンゲル）を調製した。前駆体炭素のカーボンゲルを CG-R/C と表記する。得られたカーボンゲルの細孔径分布を窒素吸着法により評価したところ，R/C が大きくなるにつれ，カーボンゲルの平均細孔径も大きくなっていることが確認できた（図3）。

　平均細孔径の異なるこれらの 4 種類のカーボンゲルを前駆体炭素とし，炭酸ガス流通下 1000℃で所定の時間加熱しガス賦活を行った。賦活の際にはガス化による重量減少が起こる。この重量減少の割合（百分率）を賦活の進行度合いの指標として，賦活度（burn-off）と定義する。図4に，各サンプルの burn-off に対する BET 表面積 S_{BET} を示す。CG-50 を前駆体炭素に用いた場合，S_{BET} はほとんど増加せず，最大で約 $500\,\mathrm{m^2\,g^{-1}}$ までしか向上しなかった。CG-100 では，賦活度とともに S_{BET} は増加したものの，最大 $1900\,\mathrm{m^2\,g^{-1}}$ までしか向上しなかった。これに対し，CG-200 では，S_{BET} を $2400\,\mathrm{m^2\,g^{-1}}$ まで増加させることができた（burn-off：79%）。さらに，CG-1000 では，$3000\,\mathrm{m^2\,g^{-1}}$ もの高い BET 表面積を達成できた（burn-off：83%）。この値は，スーパー活性炭の一つである MSC-30 の値（$2600\,\mathrm{m^2\,g^{-1}}$）に匹敵する。当初の狙い通り，カーボンゲルの連続したメソ孔がガス賦活剤である炭酸ガスの物質移動を促進し，材料全体で均一にガス化反応が進行したことで，効率的に賦活反応が進行したものと考えられる。特に，細孔径が

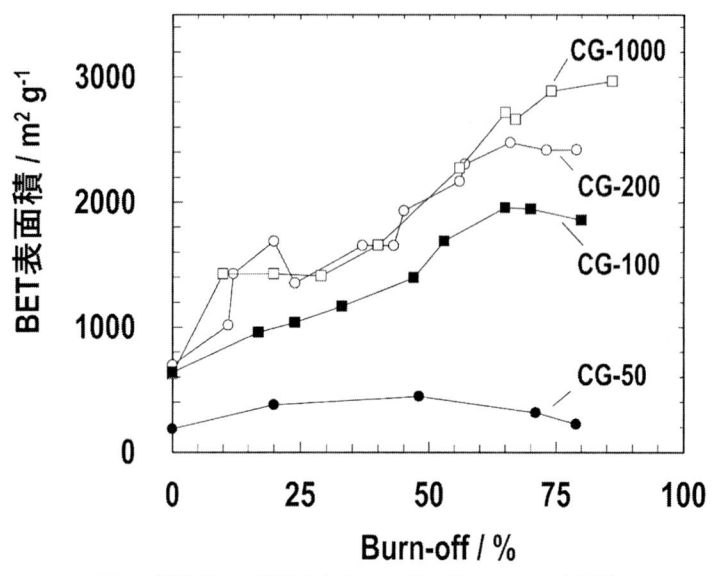

図4　炭酸ガスで賦活されたカーボンゲルの BET 表面積

約 10 nm 以上の連続したメソ孔が前駆体炭素に導入されていれば，ガス賦活により薬品賦活品に匹敵する「超高表面積」化が可能である。

3　ミクロ–メソ–マクロ孔の階層構造をもつカーボンゲルの開発

　カーボンゲルは細孔サイズを容易に制御できる多孔質炭素材料であるが，その制御範囲はメソ孔の領域に限られている。よりサイズの大きな階層の細孔であるマクロ孔を導入するためには，他の手法を組み合わせる必要がある。

　鋳型法とは，鋳型と炭素前駆体の複合体を調製し，鋳型のみを除去することで細孔を導入する手法である。カーボンゲルは液相から出発して合成されるため，カーボンゲルと鋳型の複合化が可能である。そのため，鋳型法を利用して容易に細孔を導入できるのではないかと考えた。鋳型法を用いた多孔質炭素材料の製造方法の一つに，金属酸化物（コロイダルシリカ，規則性メソポーラスシリカなど）を鋳型とする方法がある[26,27]。均一なサイズの細孔を導入できる反面，フッ酸や濃アルカリなどを用いて鋳型を除去する工程が余分に必要である。一方，ポリスチレンやポリメタクリル酸メチル（PMMA）などの熱可塑性樹脂を鋳型とする製造方法もある[28,29]。炭素前駆体の炭素化温度よりも低温で熱分解するものが多いので，炭素化と同時に鋳型を除去できる。

　PMMA の熱分解温度は約 300℃であり，カーボンゲルの一般的な炭素化温度（700〜1000℃）よりも低温である[30]。不活性雰囲気で熱分解しても PMMA 由来の残渣がほとんど残らないため[30]，カーボンゲルにマクロ孔を導入するための鋳型として利用できる可能性がある。そのう

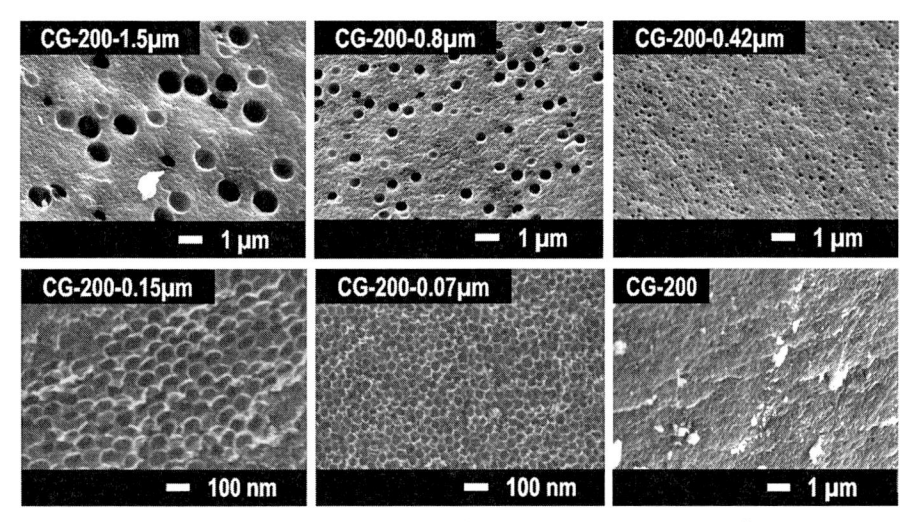

図5　PMMA 粒子でマクロ孔を導入したカーボンゲルの SEM 像

え，粒子径の揃った PMMA 粒子を量産する手法も確立されている[31~33]。工業的に利用可能な PMMA 粒子のサイズが数十ナノメートルから数十マイクロメートルと幅広く，鋳型として使用する PMMA 粒子のサイズをパラメータとしてマクロ孔径を広範に制御できることが期待できる。これらの長所から，本研究では PMMA 粒子を鋳型に採用した。RF ゲルと PMMA 粒子の複合体を調製し，これを窒素雰囲気下 1000℃ で熱処理しカーボンゲルにマクロ孔を導入した。サンプル名は，CG-R/C-（PMMA 粒子の平均粒子径）-（burn-off）と表記する。

　まず，マクロ孔径だけを独立して制御できるか検討した。CG-200-1.5 μm，CG-200-0.8 μm，CG-200-0.42 μm，CG-200-0.15 μm，CG-200-0.07 μm のいずれのサンプルにも，鋳型として添加した PMMA 粒子に由来する球状の空隙（マクロ孔）が導入されていた（図5）。SEM 像からこれらのマクロ孔の平均細孔径を算出したところ，それぞれ 1.0 μm，0.43 μm，0.17 μm，0.09 μm，0.04 μm であった。いずれも PMMA 粒子の平均粒子径の 40~60% の値であった。若干の収縮を伴うものの，PMMA 粒子の粒子径を変えることでおよそ 0.05 μm から 1 μm の範囲で自在にマクロ孔径を制御することができた。また，CG-200-1.5 μm，CG-200-0.8 μm，CG-200-0.42 μm の窒素吸着等温線は，CG-200 のそれとほぼ同じ形状であった（図6）。PMMA 粒子の添加は，カーボンゲル固有のミクロ孔 – メソ孔の階層構造にほとんど影響を与えないことがわかった。このことから，PMMA 粒子の粒子径を変えることで，マクロ孔径だけを独立して制御できることがわかった。

　次に，メソ孔径だけを独立して制御できるか検討した。R/C だけが異なるサンプル（CG-200-1.5 μm と CG-1000-1.5 μm）の細孔径分布から平均細孔径を算出したところ，それぞれ 9 nm，44 nm であった（図7）。これら値は，PMMA 粒子を添加せずに調製したサンプル（CG-200，CG-1000）の値とそれぞれ一致している。また，CG-200-1.5 μm と CG-1000-1.5

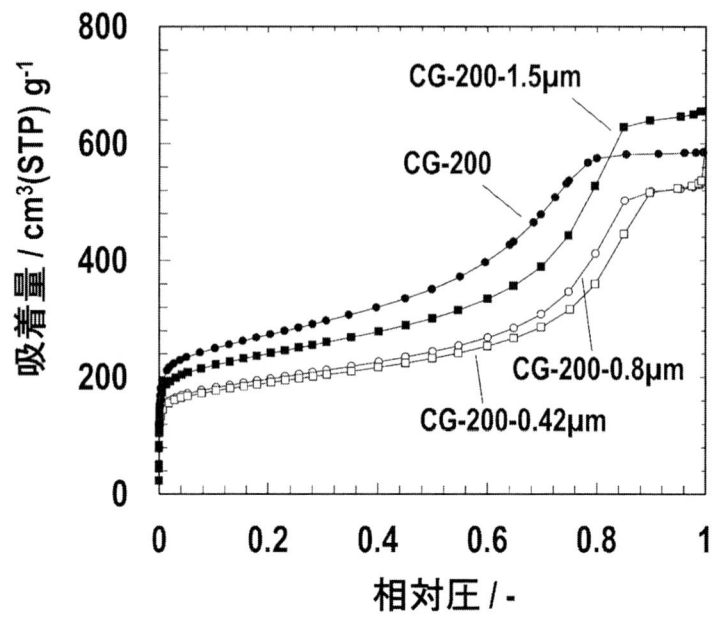

図6　PMMA 粒子でマクロ孔を導入したカーボンゲルの窒素吸着等温線（77 K）

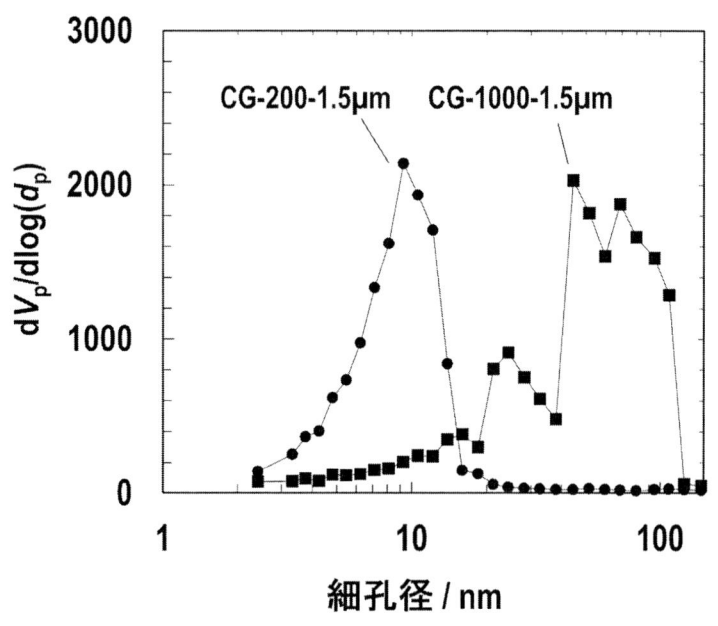

図7　R/C を変えて調製したマクロ孔導入カーボンゲルの細孔径分布
　　（Dollimore–Heal 法）

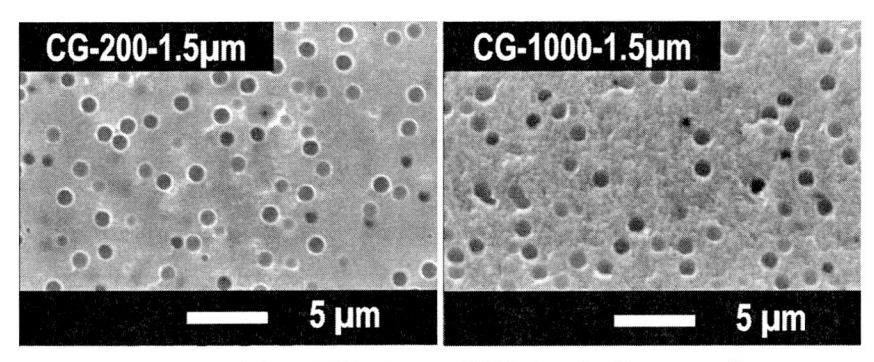

図 8　R/C を変えて調製したマクロ孔導入カーボンゲルの SEM 像

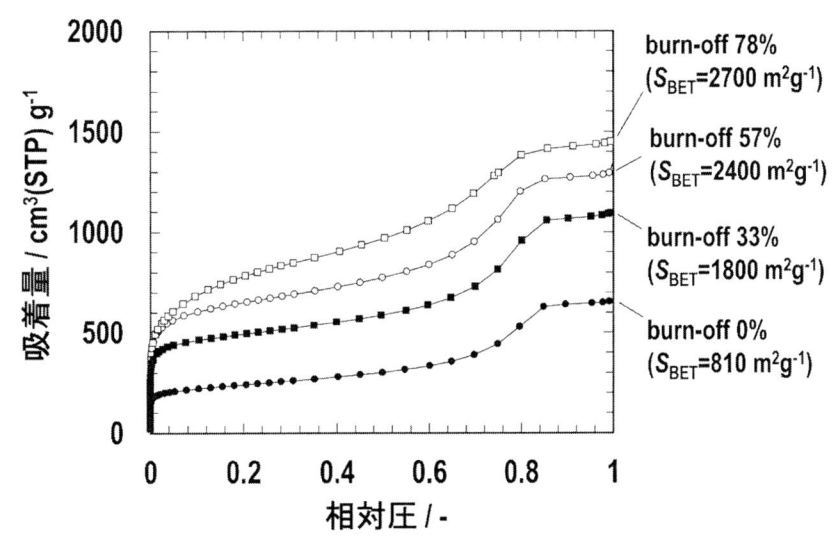

図 9　賦活度を変えて調製したマクロ孔導入カーボンゲル（CG-200-1.5 μm）の
窒素吸着等温線（77 K）と BET 表面積

μm のマクロ孔の平均細孔径はいずれも 1 μm であり，R/C はマクロ孔特性に影響を与えないことがわかった（図 8）。R/C を変えることで，メソ孔径だけを独立に制御することができた。

　最後に，ミクロ孔特性だけを独立して制御できるか検討した。賦活度を変えて調製したサンプル（CG-200-1.5 μm，　CG-200-1.5 μm-33%，　CG-200-1.5 μm-57%，　CG-200-1.5 μm-78%）の窒素吸着等温線および BET 表面積から，賦活度とともに低相対圧域での立ち上がりおよび BET 表面積が増加していることがわかる（図 9）。BET 表面積は最大で 2700 $\mathrm{m^2\,g^{-1}}$（burn-off：78%）であり，カーボンゲル単独の場合と同様に超高表面積化が可能であった。また，細孔径分布と SEM 像より，賦活度はメソ孔構造およびマクロ孔構造にほとんど影響を与えていないことが確認された（図 10，図 11）。賦活度を変えることで，ミクロ孔容積だけを独立して制御することが可能である。

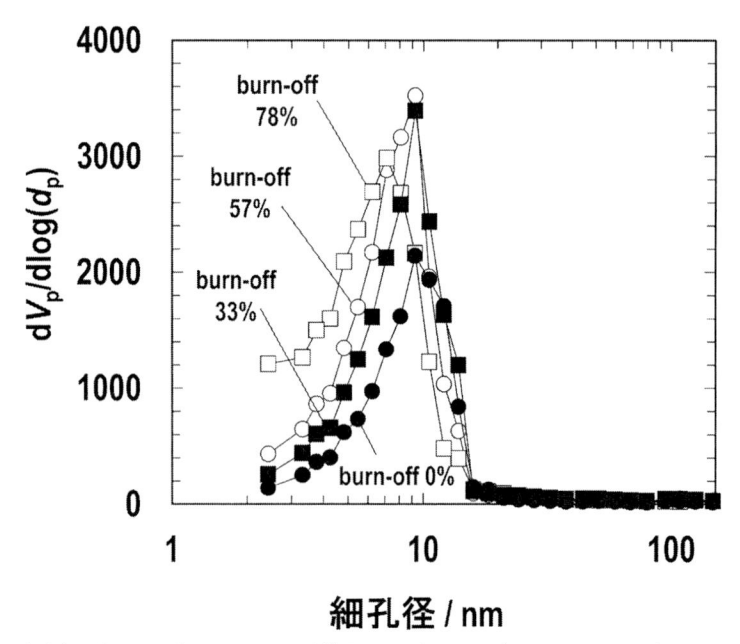

図10　賦活度を変えて調製したマクロ孔導入カーボンゲル（CG-200-1.5 μm）の細孔径分布
　　　（Dollimore-Heal 法）

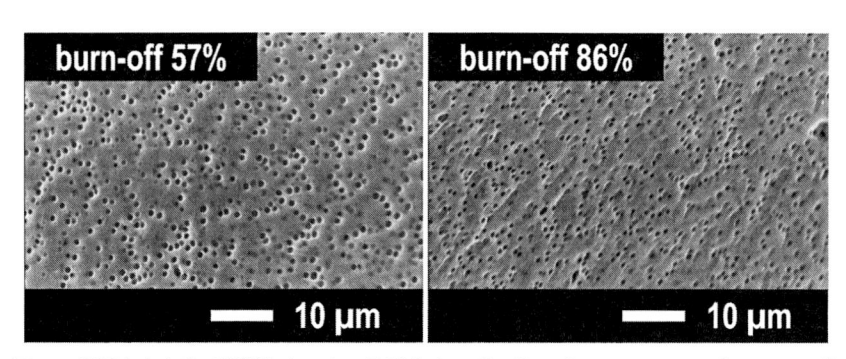

図11　賦活度を変えて調製したマクロ孔導入カーボンゲル（CG-200-1.5 μm）の SEM 像

　以上より，本手法を用いると，製造工程中のパラメータ（PMMA 粒子の粒子径，R/C，賦活度）
によって，3 種類の階層の細孔をそれぞれ独立に制御することができると言える。

4　ミクロ-メソ-マクロ孔の階層構造をもつフェノール樹脂由来炭素の開発

　これまで解説してきたカーボンゲルをベースとした多孔質炭素材料は，細孔構造を設計するた
めの「モデル物質」としては有用である。一方，原料の一つであるレゾルシノールの価格が高い
ことが，普及に向けた妨げになっていた[34]。

　我々は，汎用的な活性炭の原料であり安価なフェノール樹脂由来炭素に着目し，RF ゲルと代替できないか検討を行った。結果，PMMA 粒子を鋳型とすることで，カーボンゲルと同様にフェノール樹脂由来炭素にも細孔構造の制御性を持たせることに成功した[35,36)]。PMMA 粒子のサイズによりメソ孔〜マクロ孔の領域にある細孔のサイズを制御できること，2 種類の PMMA 粒子を同時に添加することによりメソ孔−マクロ孔の階層構造をもつ細孔を導入できること，ガス賦活法により超高表面積化が可能であることを確認している。

5　おわりに

　本章では，ゾルゲル法によるカーボンゲルの製造方法と，賦活法および鋳型法を組み合わせ，ミクロ−メソ−マクロ孔の階層構造をもつ炭素材料の製造方法を紹介した。各階層の細孔構造が独立に制御可能であるため，用途に応じて細孔構造を適切に設計・導入することができる。また，カーボンゲルよりも安価なフェノール樹脂由来炭素を原料としても，同様の階層構造をもつ炭素材料を製造できることがわかった。カーボンゲルの普及を妨げる要因の一つであった製造コストの問題を克服できる可能性があり，細孔構造を設計するための「モデル物質」以外の用途で利用できる可能性が出てきた。

　多孔質炭素材料は様々な場面で利用されており，蓄電デバイス用の電極材料をはじめ今後も用途が広がっていくものと考えられる。引き続き多孔質炭素材料に関する研究を行い，少しでも当該分野の発展に貢献できれば幸甚である。

文　　　献

1)　2.4　物質と機能の設計・制御，研究開発の俯瞰報告書，ナノテクノロジー・材料分野 (2019)，https://www.jst.go.jp/crds/pdf/2018/FR/CRDS-FY2018-FR-03/CRDS-FY2018-FR-03_01.pdf

2)　K. S. W. Sing, D. H. Everett, R. A. W. Haul, L. Moscou, R. A. Pierotti, J. Rouquérol, T. Siemieniewska, *Pure & Appl. Chem.*, **57**, 603-619 (1985)

3)　T. Jesionowski, J. Zdarta, B. Krajewska, *Adsorption*, **20**, 801-821 (2014)

4)　J. Galán, A. Rodríguez, J. M. Gómez, S. J. Allen, G. M. Walker, *Chemical Engineering Journal*, **219**, 62-68 (2013)

5)　S. R. Mukai, H. Nishihara, H. Tamon, *Chem. Commun.*, **7**, 874-875 (2004)

6)　D. Hulicova-Jurcakova, M. Seredych, G. Q. Lu, T. J. Bandosz, *Adv. Funct. Mater.*, **19**, 438-447 (2009)

7)　H. His *et al.*, *Energy and Fuels*, **12**, 1061-1070 (1998)

8) T. Wang, S. Tan, C. Liang, *Carbon*, **47**, 1880-1883（2009）

9) 竹内雍，吸着技術便覧，p.498，㈱エヌ・ティー・エヌ（2005）

10) R. W. Pekala, *J. Mater. Sci.*, **24**, 3221-3227（1989）

11) R. W. Pekala, Mater. *Res. Soc. Proc.*, **171**, 285-292（1990）

12) G. C. Ruben, R. W. Pekala, T. M. Tillotson, L. W. Hrubesh, *J. Mater. Sci.*, **27**, 4341-4349（1992）

13) T. Yamamoto, T. Yoshida, T. Suzuki, S. R. Mukai, H. Tamon, *J. Colloid Interface Sci.*, **245**, 391-396（2002）

14) T. Yamamoto, S. R. Mukai, A. Endo, M. Nakaiwa, H. Tamon, *J. Colloid Interface Sci.*, **264**, 532-537（2003）

15) T. Yamamoto, T. Nishimura, T. Suzuki, H. Tamon, *J. Non-Cryst. Solids*, **288**, 46-55（2001）

16) T. Tsuchiya, T. Mori, S. Iwamura, I. Ogino, S. R. Mukai, *Carbon*, **26**, 140-149（2014）

17) T. Mori, S. Iwamura, I. Ogino, S. R. Mukai, *J. CHEM. ENG. JPN.*, **50**, 1-9（2017）

18) F. Zhang, J. O. Nriagu, H. Itoh, *Water Res.*, **39**, 389-395（2005）

19) M. H. Kalavathy, T. Karthikeyan, S. Rajgopal, L. R. Miranda, *J. Colloid Interface Sci.*, **292**, 354-362（2005）

20) A. N. Wennerberg, T. M. O'Grady, ACTIVE CARBON PROCESS AND COMPOSITION, United States Patent 4,082,694（1978）

21) 竹内雍，吸着技術便覧，p.570，㈱エヌ・ティー・エヌ（2005）

22) F. Rodríguez-Reinoso, J. M. Martín-Martinez, M. Molina-Sabio, R. Torregrosa, J. Garrido-Segovia, *J. Colloid Interface Sci.*, **106**, 315-323（1985）

23) K. A. Krishnan, T. S. Anirudhan, *Ind. Eng. Chem. Res.*, **41**, 5085-5093（2002）

24) M. Tam, M. J. Antal, E. Jakab, G. Várhegyi, *Ind. Eng. Chem. Res*, **40**, 578-588（2001）

25) C. F. Martín *et al.*, *Fuel*, **90**, 2064-2072（2011）

26) S. Woo, K. Dokko, H. Nakano, K. Kanamura, *J. Mater. Chem.*, **18**, 1674-1680（2008）

27) R. Ryoo, S. H. Joo, S. Jun, *J. Phys. Chem. B*, **103**, 7743-7746（1999）

28) Y. Kibi, T. Saito, M. Kurata, J. Tabuchi, A. Ochi, *J. Power Sources*, **60**, 219-224（1996）

29) J. Seo *et al.*, *Carbon*, **76**, 357-367（2014）

30) M. C. Costache, D. Wang, M. J. Heidecker, E. Manias, C. A. Wilkie, *Polym. Advan. Technol.*, **17**, 272-280（2006）

31) 滝沢容一，ポリマー粒子の製造方法，特許第3580320号（2004）

32) 高嶋清洲，シード粒子，ビニル系重合体およびこれらの製造方法，特開1999-349607（1999）

33) 三澤毅秀，ナノ樹脂粒子およびその製造方法，特開2007-099897（2007）

34) 向井紳，炭素，**225**，266-273（2012）

35) T. Mori, S. Iwamura, I. Ogino, S. R. Mukai, *Journal of Porous Materials*, **14**, 1497-1506（2017）

36) T. Mori, S. Iwamura, I. Ogino, S. R. Mukai, *Sep. Purif. Technol.*, **214**, 174-180（2019）

第7章　氷晶テンプレート法によるマクロポーラスカーボンモノリスの合成

岩村振一郎[*1]，向井　紳[*2]

1　はじめに

　活性炭を始めとする高表面積の炭素材料は排水や排ガスなどに含まれる様々な有害物質の吸着除去に用いられている。一般的なプロセスでは粒子状の吸着材をカラムに充填して，そのカラムに処理対象の液体やガスを通過させることでその処理が行われる。このようなプロセスにおいて，吸着材の粒子サイズは吸着カラムの特性に大きく影響を与える。粒子サイズが大きい場合，粒子間の空隙が大きくなるため，処理液に対する流体抵抗が小さくなる。同時に，粒子内における吸着質の拡散距離が長くなり，粒子内部の活用効率が低下する。逆に，粒子サイズが小さい場合，粒子内の拡散距離が短くなるため効率的かつ迅速な吸着を行えるが，粒子間の空隙が小さくなるため流体抵抗が大きくなり，運転コストが大きくなる。このように，粒子充填カラムにおいて流体抵抗と吸着材の活用効率はトレードオフの関係にある。そこで，これらの性質を両立させるためには粒子以外の形状の吸着材を用いる必要がある。この問題の解消に向けて，我々は氷晶を鋳型とする独自の手法を用いてマイクロサイズで直線状のマクロ孔を有するモノリス状炭素材料の開発を進めている。我々がカーボンマイクロハニカム（CMH）と名付けたこの炭素材料は，直線状のマクロ孔がモノリス体を貫通しているため，流体を円滑に通過させることが可能である。また，わずか数マイクロメートルの多孔質な壁により構成されているため，吸着質の拡散距離が短く効率的な吸着を行う事が可能である。本稿ではこのCMHを製造する氷晶テンプレート法について紹介し，CMHの直線状のマクロ孔サイズや壁内の細孔構造の制御性，およびCMHを吸着カラムに用いた応用例について解説する。

2　氷晶テンプレート法によるモルフォロジー制御

　水を溶媒としたコロイド溶液や湿潤ゲルなどを凍結させると水と固体成分が相分離を起こし，純粋な氷晶が形成される一方で，固体成分は氷晶の間隙に凝集する。氷晶の除去後にもこの固体成分の形状を保つことができる性質・濃度の原料を用いることで，氷晶が鋳型となった構造体が得られる。氷晶テンプレート法と呼ばれる本手法は氷晶成長を阻害させない様々な物質に適用することが可能であり，凍結方法や条件を変更することで多様な構造体の製造が可能である。ま

＊1　Shinichiroh Iwamura　北海道大学　工学研究院　応用化学部門　助教

＊2　Shin Mukai　北海道大学　工学研究院　応用化学部門　教授

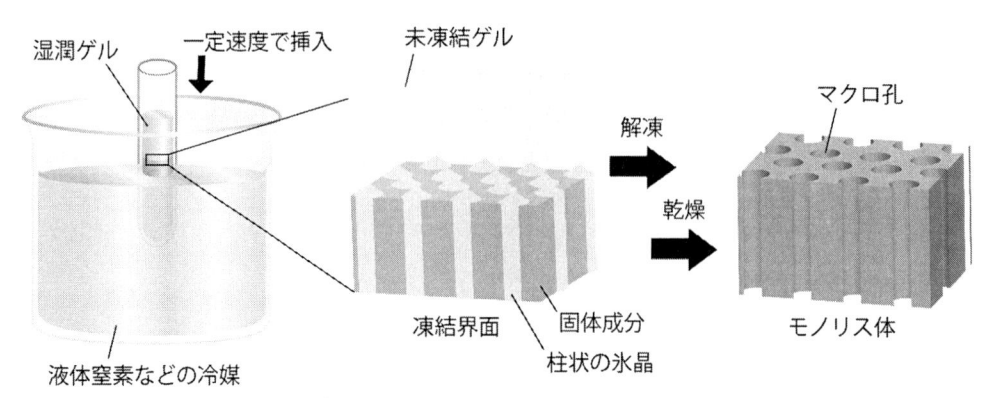

図1　氷晶テンプレート法によるマクロポーラスモノリスの作製の様子

た，本手法は鋳型に用いる氷晶は解凍・乾燥だけで除去可能であるため，環境負荷の小さい手法としてのメリットも期待できる。

　我々は氷晶テンプレート法により吸着カラムに最適な直線状のマクロ孔を有するモノリス体の作製に向けて，氷晶を一方向に成長させる手法（一方向凍結）を採用した。図1に氷晶テンプレート法による直線状マクロ孔導入の概略図を示す。原料に用いる湿潤ゲルなどを液体窒素などの冷媒中に一定速度でまっすぐ挿入することで凍結させる。この時に凍結界面では柱状の氷晶が成長し，固体成分は氷柱の間隙に押し固められる。凍結完了後に氷柱を解凍・乾燥により除去することで，直線状のマクロ孔を有するモノリス体を得ることができる。

　氷晶テンプレート法は氷晶成長を阻害しない様々な物質に適用可能であり，その適用例の一つとしてシリカ湿潤ゲルが挙げられる。このシリカ湿潤ゲルは，水ガラスを原料としたケイ酸ナトリウム水溶液からイオン交換樹脂によりナトリウムイオンを除去し，シロキサン結合の形成によるゾルゲル反応を進行させることで得られる。適度な硬さまでゾルゲル反応を進行させたシリカ湿潤ゲルを一方向凍結することにより，マイクロハニカム構造に成型することができる。図2にこの方法で得られたシリカマイクロハニカムの外観および SEM 像を示す。図2に示した試料の形状は直径1cm，長さ3cm 程度の円柱であるが，本手法では一方向凍結の際に用いる容器の形状を反映したモノリス体が得られるため，目的に応じて様々な形状・サイズのモノリス体を作製することができる。この試料の円柱の軸に垂直な断面の観察より，直径十〜数十 μm でサイズの揃ったマクロ孔が試料全体に存在していることが分かる。また，軸に平行な断面には直線上のマクロ孔が平行に配列していることが観察できる[1~4]。このように氷晶テンプレート法を用いることで薄い壁で構成された直線状のマクロ孔を有するモノリス体を簡単に製造することができるため，前述した新規カラムとしての利用が期待できる。

　このモノリス体の直線状のマクロ孔のサイズはおおよそマイクロメートルオーダーであり，用途に応じて調節することも可能である。マクロ孔サイズは鋳型となる氷晶のサイズにより決まるため，凍結条件を変更することで制御できる。様々な凍結条件で検討を行ったところ，マクロ孔

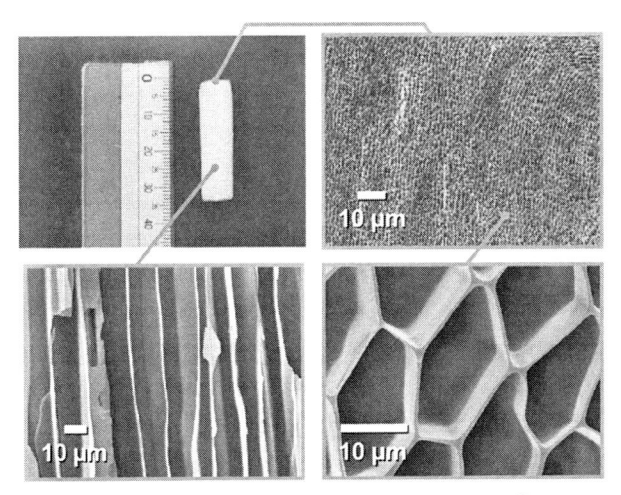

図2　シリカマイクロハニカムの外観と SEM 像

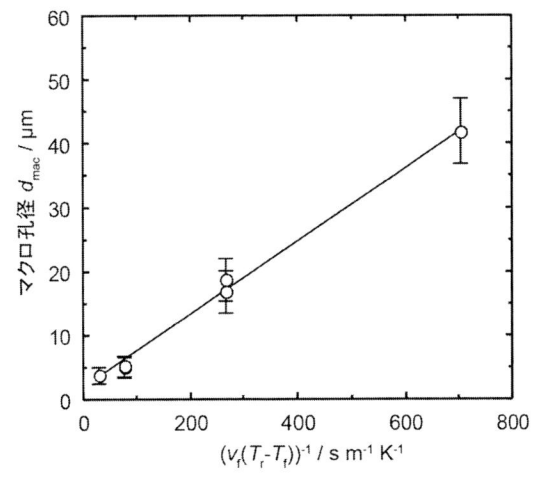

図3　シリカマイクロハニカムのマクロ孔径と凍結条件の関係

サイズは一方向凍結速度 v_f（≒冷媒への挿入速度）と，凍結前温度 T_r と冷媒温度 T_f の差の積の逆数に比例することが判明した（図3）。このため，目的に応じて様々なマクロ孔径のシリカマイクロハニカムを調製することができる[2]。

　氷晶テンプレート法は様々な物質に適用することができるが，凍結前駆体を適正に調製しないと一方向凍結してもマイクロハニカム構造体を得ることができない。一方向凍結により形成されるモルフォロジーは主に原料の湿潤ゲルのゲル化状態や固体成分の濃度により決定される。固体成分濃度が低く，ゲル構造が十分に発達していない湿潤ゲルを用いた場合，図4(a)に示すヒダの付いた層状の構造が形成される傾向がある。逆に，固体成分濃度が高く，ゲル化がより進行した湿潤ゲルを用いた場合は，図4(b)に示すような角張った繊維状の構造が形成される傾向があ

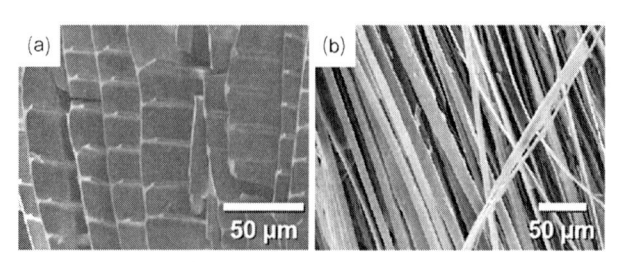

図4 氷晶テンプレート法により形成されるモルフォロジー
(a)層状構造, (b)繊維構造

る[3,4]。このようなモルフォロジーの変化が起こる原因は，凍結時の湿潤ゲル内で固体成分の移動のしやすさが影響していると考えられる。本稿で目的としているマイクロハニカム構造体を作製するためには，これらの中間の性状の湿潤ゲルを凍結前駆体に用いる必要がある。

3 氷晶テンプレート法によるカーボンモノリスの作製

我々はここまでに紹介したマイクロハニカム構造を炭素材料にも導入することを検討した。氷晶テンプレート法を適用するためには水を溶媒とした有機物の湿潤ゲルなどを原料とし，乾燥後に形状を保ったまま炭素化できる必要がある。このような材料としてレゾルシノール-ホルムアルデヒド（RF）樹脂を炭素源としたカーボンゲルが挙げられる。RF樹脂はレゾルシノールとホルムアルデヒドの水溶液に触媒を加えることで合成され，原料組成やゲル化条件などを変化させることで多様な状態の湿潤ゲルとして作製可能である。また，RF樹脂は熱硬化性樹脂であり，樹脂の形状を保持したまま炭素化することができ，炭素化の際の収率も高い。さらに，カーボンゲルは調製条件を変更することによりミクロ-メソ-マクロ孔構造を多様に制御可能なため（詳細は本書第1編，第6章参照），吸着カラムなどの用途に向けても特に有用な炭素材料といえる。

調製直後のRF湿潤ゲルは，市販のホルムアルデヒド溶液中に含まれるメタノールや未反応のモノマー，触媒中のナトリウムイオンなど氷晶成長に影響を与える成分を含んでいる。このため，RF湿潤ゲルを一方向凍結前に水で十分に洗浄し，これらを除去する必要がある。また，一方向凍結後の乾燥工程では，乾燥時の収縮を最低限に留めるために，凍結乾燥や超臨界乾燥を用いることが望ましい。適度なゲル化状態のRF湿潤ゲルから作製した試料は，シリカ湿潤ゲルを原料に用いた場合と同様に，均一な直線状のマクロ孔を有するモノリス体となる（図5(a), (b)）。一方，ゲル化状態が不適切な湿潤ゲルを一方向凍結させると，図5(c), (d)に示す繊維構造などが形成される。このため，マイクロハニカム構造体を作製するためには，湿潤ゲルの調製条件を最適化することが必要である[5,6]。

マイクロハニカム構造を有するカーボンゲル（カーボンマイクロハニカム，CMH）もシリカの場合と同様にマクロ孔サイズを任意に調節することが可能である。図6にCMHのマクロ孔サ

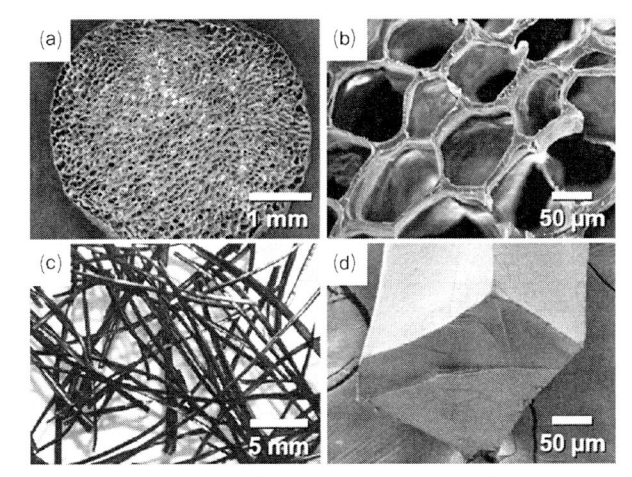

図5　RF 湿潤ゲルを一方向凍結させて得られたカーボンゲルの SEM 像
(a)マイクロハニカム構造，(b) (a)の拡大像，(c)繊維構造，(d) (c)の拡大像

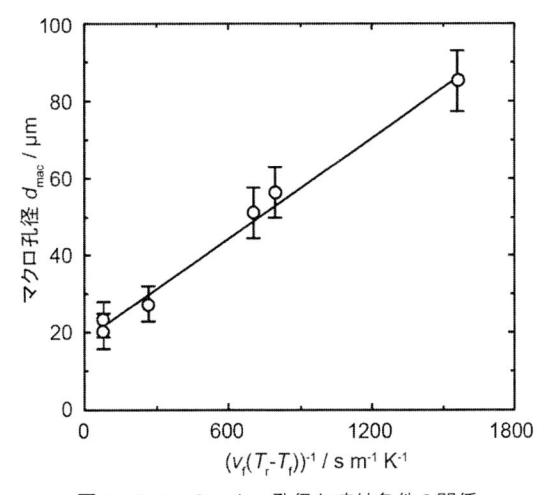

図6　CMH のマクロ孔径と凍結条件の関係

イズと一方向凍結条件との関係を示す。CMH の場合も，v_f と凍結時の温度差の積の逆数に対してマクロ孔径は直線的に増加している。また，シリカの場合と比べると直線の傾きは同程度であるが，全体的にマクロ孔径が大きい。この原因の解明にはさらなる検討が必要であるが，湿潤ゲルの性質，特にその親疎水性が大きく影響していると考えられる[5]。

4　カーボンマイクロハニカムの細孔構造制御

前項で解説した通り CMH のマクロ孔サイズは調節可能であることに加えて，マイクロハニカム構造を構成する壁の細孔構造も制御可能である。RF 湿潤ゲルの硬さや乾燥後の細孔構造は湿

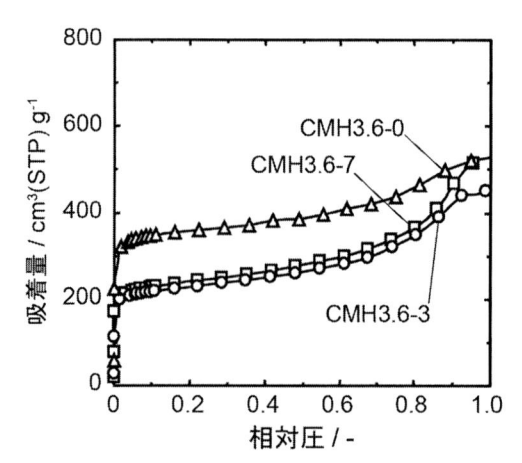

図7　エージング時間の異なる CMH の窒素吸着等温線
（試料名は CMH（エージング pH）-（エージング日数））

潤ゲルの組成やゲル化条件の他に，ゲル化後に時間を置きエージング（熟成）を進行させることで変化する。一方向凍結した試料も解凍することでさらにエージングが進行するため，解凍した試料を適度にエージングすることで細孔構造を調節することが可能である。エージング中はオストワルド熟成と呼ばれる，ゲル構造の一部が溶解と析出を繰り返す反応が進行するため，エージング後の構造はエージング時の溶媒の温度と pH の影響を強く受ける。また，CMH の細孔構造は炭素化前の乾燥 RF ゲルの細孔構造に対応するため，一方向凍結後のエージングにより炭素化後の細孔構造を調節することができる。図7に一方向凍結後のエージング時間の異なる CMH の窒素吸着等温線を示す。一方向凍結後にエージングを行っていない試料は低相対圧における吸着量が大きいことから，炭素化時に多くのミクロ孔が形成されていることが確認できるが，相対圧0.5 以上における吸着量の増加が少ないことからメソ孔容積は小さいことがわかる。一方，一方向凍結後にエージングを行った試料のミクロ孔容積は小さいものの，高相対圧における吸着量はエージング時間に応じて大きくなっていることから，エージング時間の増加によりメソ孔が徐々に導入されていることがわかる[6]。

　一方向凍結した試料の保存液の pH を調節することで，エージングの進行速度が変化し，効率的に細孔を導入することが可能である。図8に一方向凍結後の RF 樹脂を 0.1 M の塩酸中に保管し，エージングさせた試料の吸着等温線を示す。なお，図7と図8に示した試料は RF 湿潤ゲルの調製条件などが異なるため，値は一致しない。図8において，エージングを行っていない試料は IUPAC の分類における I 型の吸着等温線をしており，試料中にメソ孔がほとんど存在しないことを示している。一方，塩酸中でエージングを行った試料はⅣ型の吸着等温線をしており，メソ孔が導入されていることを示している。また，炭素化温度を高くすることでより多くのメソ孔を導入できることもわかる。さらに，エージング日数に応じたメソ孔の導入量の変化がみられ，この試料の調製条件では 4 日間程度が最もメソ孔容積が大きく，それ以上にエージングを

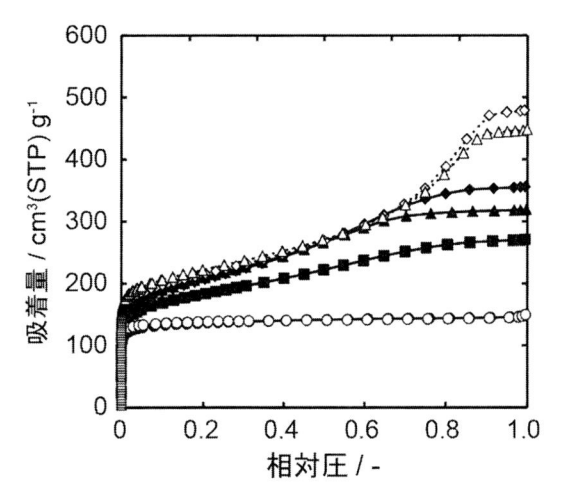

図8　塩酸中でエージングを行った CMH の窒素吸着等温線
炭素化温度：800℃（白抜き），500℃（塗潰し），
エージング時間：0日（●○），1日（■），4日（◆◇），20日（▲△）
（エージング時間が0日の炭素化温度の異なる試料のプロットは完全に重なっている）

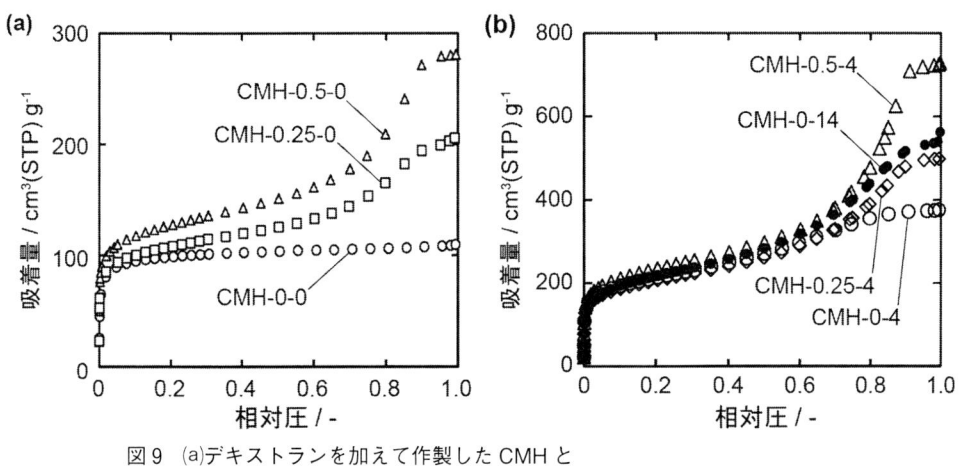

図9　(a)デキストランを加えて作製した CMH と
(b)これにさらに塩酸中でエージングを行った CMH の窒素吸着等温線
（試料名は CMH-(デキストラン添加量)-(塩酸中でのエージング日数)）

行ってもわずかなミクロ孔容積の増加のみでメソ孔容積は増加していないことがわかる[7]。

　塩酸中でエージングを行う手法はメソ孔導入に有効であるが，試料作製に要する日数が増えてしまう問題がある。そこで，さらに簡単に CMH 中にメソ孔を導入する手法として糖類を添加物として加える手法が挙げられる。図9(a)に糖類の一種であるデキストランを RF 湿潤ゲル調製時にレゾルシノールの0〜50 wt%添加して作製した試料の窒素吸着等温線を示す。ここから，エージングを全く行っていない CMH でも，デキストランの添加量の増加に応じてメソ孔が導入されていることがわかる。種々の検討結果より，これはデキストランを添加することで湿潤ゲル中の RF

樹脂の骨格が補強され，RF 樹脂骨格に存在するメソ孔サイズの空隙が一方向凍結時に氷晶により押しつぶされる作用を低減したためと考えられる。このデキストランの添加によるメソ孔の導入は塩酸中でのエージングによるメソ孔の導入とも併用可能であり，この二つ手法の組み合わせにより単独の手法では導入困難な大きなメソ孔容積を導入することが可能となる（図 9 (b)）[8]。

5　カーボンマイクロハニカムの応用

　ここまで解説した通り，氷晶テンプレート法で得られる CMH は多様に構造制御可能であるため，応用用途に応じて構造の最適化が可能である。この一例として，CMH の流通式吸着材への利用に向けた検討について最後に紹介する[9]。まず，CMH への水流通時の圧力損失を測定することにより，CMH の液体流通特性を調査した（図 10）。この検討で用いた CMH はマクロ孔径 37 μm，壁厚約 5 μm であるため（図 10 挿入図），内径 37 μm のキャピラリーおよび壁厚と同じ粒子径（5 μm）の粒子充填カラムにおける水流通時の圧力損失 ΔP をそれぞれ Hagen-Poiseuille 式（(1)式）と Kozeny–Carman 式（(2)式）を用いて求めた値も図中に記載した。

$$\Delta P = \frac{32 \mu u_s L}{\varepsilon D^2} \tag{1}$$

$$\Delta P = 36 k \frac{(1-\varepsilon)^2}{\varepsilon^3} \frac{\mu u_s L}{D_p^2} \tag{2}$$

　μ：粘度，u_s：空塔速度，L：流路長さ，ε：空隙率，D：管径，
　k：Kozeny–Carman 定数（$= 5$），D_p：粒子径

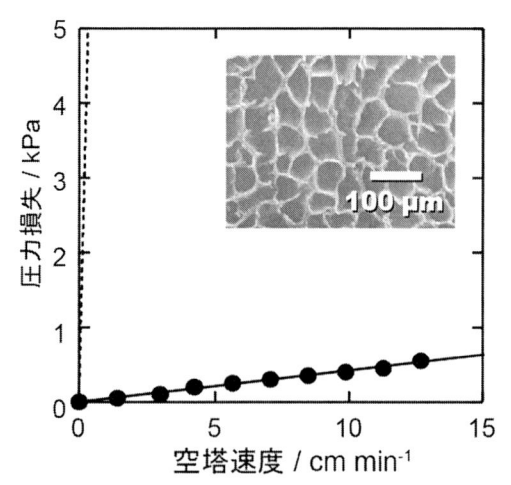

図10　CMH への水流通時の圧力損失（プロット）とキャピラリー（直線）と
　　　粒子充填カラム（点線）の圧力損失の計算値

挿入図は用いた CMH の SEM 像。

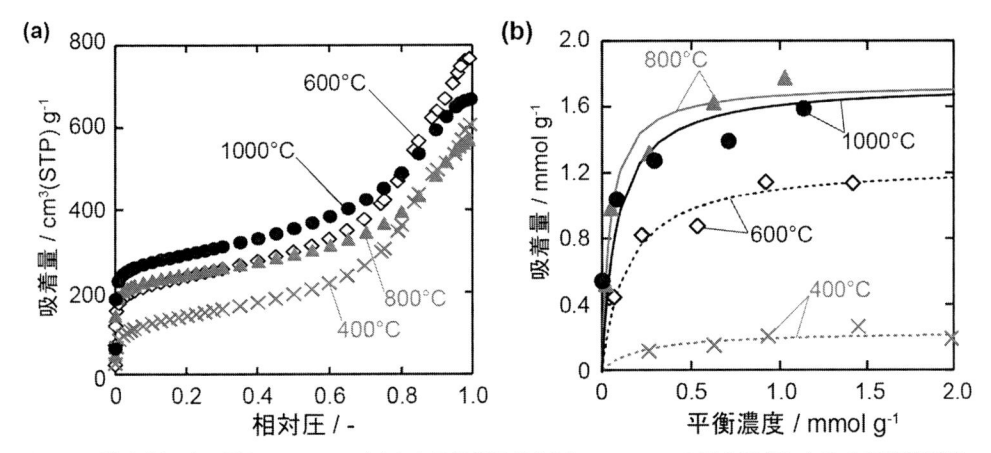

図11　炭素化温度の異なる CMH の(a)窒素吸着等温線と(b)フェノールの回分吸着における吸着等温線
(b)中のプロットは実測値，曲線は Langmuir モデルでのフィッティングを示す。

CMH の圧力損失の実測値とキャピラリーの圧力損失の計算値がほぼ一致していることから，CMH 内部のマクロ孔は試料内で貫通しており，偏流などはほとんど起きていないと考えられる。一方，CMH の圧力損失は粒子充填カラムよりもはるかに小さいことから，CMH は粒子充填カラムと異なり低い圧力損失と短い拡散距離の両立が可能であることが判明した。

　図11 (a)に示す炭素化温度の異なる CMH の窒素吸着等温線より，炭素化温度を高くすることで CMH のミクロ孔が発達し，メソ孔容積が減少していることがわかる。これらの CMH を用いて回分式フェノールの吸着測定を行った結果を図11 (b)に示す。ここから，炭素化温度により吸着容量が大きく異なっていることがわかる。この原因の一つとして，炭素化温度の変更に伴い細孔構造が変化したことが挙げられるが，ミクロ・メソ孔容積とフェノール吸着容量の大小関係が必ずしも一致していない。このため，炭素化温度の上昇に伴い CMH の表面状態が疎水的になった影響も大きいと考えられる。また，炭素材料へのフェノールなどの吸着は Langmuir モデルか Freundlich モデルに当てはめられることが一般的であるが，今回の測定結果は Langmuir モデルに良く一致した。フィッティングカーブと実測値がおおよそ一致しており，Langmuir モデルの吸着量の上限値に近い値まで吸着していることから，この吸着測定では十分に吸着平衡に到達していると考えられる。

　上記の検討により，CMH はフェノールなどを吸着できる細孔を有していることが明らかとなったため，続いて CMH の特徴的な構造を活用し，流通式モノリス吸着材としての性能を評価した。図12 に各 CMH を用いてフェノールの流通式吸着測定から得られた破過曲線を示す。なお，いずれの試料も回分吸着時の吸着容量の 80～90％の容量を吸着していたため，流通式吸着でもかなり効率的に吸着が行われていることが明らかとなった。また，いずれの破過曲線も比較的きれいな S 字型をしていることから，CMH は処理液の通液に合わせてモノリスの端部から順に吸着が生じており，偏流などの影響はほとんどないことがわかる。破過曲線が立ち上がるとこ

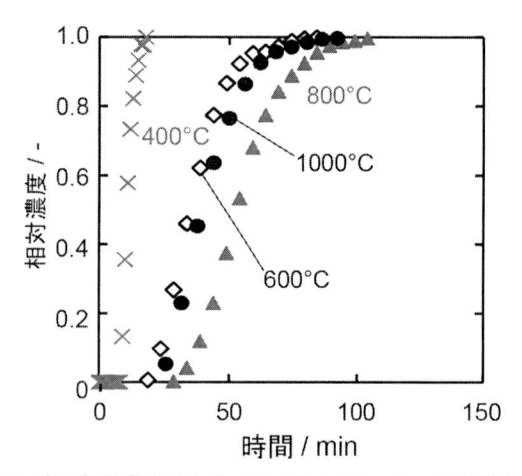

図12　炭素化温度の異なる CMH によるフェノールの破過曲線

ろから相対濃度が 0.5 になるまでの時間に液が流れる距離は LUB（Length of unused bed）と呼ばれ，吸着材が迅速に吸着できているかを示す指標になっており，この値が小さいほど吸着材の利用効率が高いという事を意味する。図 12 の破過曲線の LUB は 0.4〜0.7 mm となっており，炭素化温度の上昇に伴い，吸着材としての利用効率が上昇している。また，CMH のモノリス長によらず LUB はほとんど変わらないことも実証できたため，モノリス長を大きくすることでモノリスの利用効率が向上可能であることが判明した。さらに，これらの試料は吸着質を除去することで繰り返し吸着材として使用できることも実証している。以上の結果より，炭素化温度 800〜1000℃ の CMH は吸着容量も大きく，流通式吸着でも効率的にフェノールを除去できることから，実用的な吸着カラムとして高い性能を有していることが明らかとなった。

6　おわりに

　本稿では，氷晶テンプレート法という独自の手法を用いて作製される，マイクロサイズで直線状のマクロ孔を有するモノリス状炭素材料である CMH の製造方法と構造の制御性について紹介した。この CMH は一般的な粒子充填カラムと違って，低い圧力損失と短い拡散距離の両立が可能であるため，新規モノリスカラムとしての利用が期待できる。本稿では書面の都合上割愛したが，モノリス型吸着材としての性能評価の他に，CMH へのスルホ基の修飾および白金やニッケルなど金属種の担持を行い，触媒カラムとしての利用できることも実証している[10,11]。このため，CMH はさらに多くの用途への可能性を有しており，今後さらに検討を進めることで，吸着・触媒カラムとして工業的な利用への発展が期待できる。

文　　　献

1)　S. R. Mukai *et al.*, *Chem. Comm.*, **10**(7)，874（2004）

2)　H. Nishihara *et al.*, *Chem. Mater.*, **17**(3)，683（2004）

3)　S. R. Mukai *et al.*, *Micropor. Mesopor. Mater.*, **63**(1/3), 43（2003）

4)　S. R. Mukai *et al.*, *Mircopor. Mesopore. Mater.*, **116**, 166（2008）

5)　S. R. Mukai *et al.*, *Carbon*, **43**, 1563（2005）

6)　H. Nishihara *et al.*, *Carbon*, **42**(4), 899（2004）

7)　I. Ogino *et al.*, *J. Phys. Chem. C*, **118**, 6866（2014）

8)　S. Iwamura *et al.*, *Micropor. Mesopor. Mater.*, **231**, 171（2016）

9)　S. Yoshida *et al.*, *Adsorption*, **22**(8), 1051（2016）

10)　K. Murakami *et al.*, *Ind. Eng. Res.*, **52**, 15372（2013）

11)　I. Ogino *et al.*, *ACS Catal.*, **5**(8), 4951（2015）

第8章　ナノ構造化ポーラスカーボンアロイの構築

川島英久[*1]，木島正志[*2]

1　はじめに

ナノカーボンには物質のサイズとナノ構造の二つの要素を含む[1,2]。ナノ構造化カーボンとは「構造や組織がナノスケールで制御されているカーボン材料」である。またカーボンアロイとは「カーボン原子の集合体を主体とした多成分系からなり，それらの構成単位間に物理的・化学的な相互作用を有する材料である。異なる混成軌道を有する炭素自体や炭素表裏面なども異なる成分系と考える。」の範疇にある[3]。前者はある細孔径（幅）をもつポーラスカーボン（Porous Carbon Material，多孔性炭素材料）[3] とみなすことができ，ナノ構造化制御により高性能な電気二重層キャパシタや燃料電池，分子篩や気体貯蔵などへの応用が検討されてきた。さらにカーボンアロイ化により新たな機能性の付与や革新的な機能性向上などが報告されている。

　本章では，ナノ構造化ポーラスカーボンアロイについてナノ構造化カーボンの分類[1,2]を参考に，①カーボンアロイへのナノ空間構築，②ナノ構造化前駆体を用いたカーボンアロイ，ならび③生成過程を利用したナノ構造化カーボンアロイの三つの観点から最近の研究動向を交えて整理する。

2　カーボンアロイへのナノ空間構築

ナノ構造化ポーラスカーボンアロイを構築する最も簡便な方法は，炭素材料（あるいはカーボンアロイ）に対して，新たなナノ空間を構築することである。賦活法やグラファイト層間の制御，機械的粉砕などによる新たな劈開面と空間の構築などを挙げることができるがその手法は限られる。ここではその中で賦活法とグラファイト層間物質（GIC：Graphite Intercalation Compound）を例に取り上げる。

2.1　賦活型カーボンアロイ

賦活にはガス賦活法と薬品賦活法があり，どちらの手法もカーボン系材料に対し，ナノメートルサイズの細孔を新たに構築する方法として古くから用いられており[4]カーボンアロイに対しても適用可能である（図1）。

＊1　Hidehisa Kawashima　筑波大学　数理物質系　物質工学域　助教
＊2　Masashi Kijima　筑波大学　数理物質系　物質工学域　教授

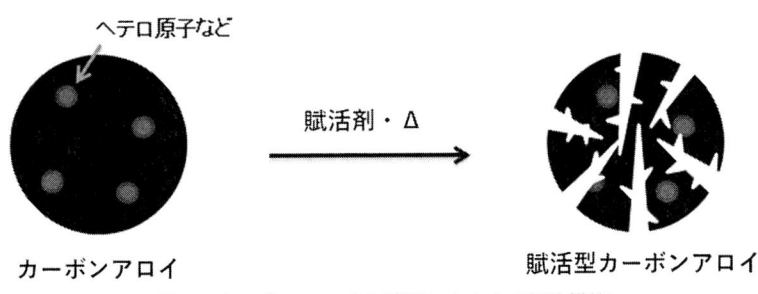

図1　カーボンアロイの賦活によるナノ細孔構築

　例えば 2012 年に宇山らは，メソポーラスポリアクリロニトリル（PAN）モノリス（BET 比表面積（S_{BET}）$= 225\,m^2\,g^{-1}$，細孔径約 8 nm）を熱誘起相分離法で調製した[5]。その 230℃ での不融化処理（大気中）とそれに続くアルゴン-CO_2 混合気体雰囲気下，1000℃ での賦活および炭素化により，ミクロ細孔径が 0.5〜1.0 nm で S_{BET} $= 2500\,m^2\,g^{-1}$ である含窒素ポーラスカーボンアロイを調製した。この物質の CO_2 吸着能は室温で $5.14\,mmol\,g^{-1}$，0℃ において 11.51 $mmol\,g^{-1}$ と高く，これは構築された多孔構造と含窒素アロイ効果によるものである[6]。

　また 2010 年に Su, Lou らは，ポリピロール・ナノ微粒子（粒径 110〜130 nm，S_{BET} $= 45\,m^2\,g^{-1}$）を 900℃ で炭素化して，含窒素カーボンアロイ・ナノ微粒子（粒径 80〜100 nm，S_{BET} $= 89\,m^2\,g^{-1}$）とした。さらに 900℃ までの昇温と保持による KOH 賦活で含窒素ポーラスカーボンアロイ・ナノ微粒子（粒径 80〜100 nm，S_{BET} $= 1080\,m^2\,g^{-1}$）を調製した[7]。この賦活処理により窒素含有量は 7.0% から 2.2% に減少したが，硫酸中の CV 法で測定した電気二重層容量は $240\,F\,g^{-1}$（$0.22\,F\,m^{-2}$）となり賦活前のカーボンアロイと比較し 5 倍以上の高い値を示し，電極活物質の表面積の拡大効果がみられた。また同等以上の S_{BET} を持つカーボンブラックと電気容量を比較した場合，3 倍高い値を示していることより，含窒素炭素の擬似容量の増大効果が認められている。

　筆者らは，水溶性木質バイオマスのヒドロキシエチルセルロースとアルカリリグニンの二成分混合水溶液にクロロホルムと界面活性剤を加えて逆ミセル法により球状ミセルを形成させた。その後，アセトンから沈殿化，乾燥することで粒子径が 500〜700 nm のポリマーブレンド微粒子を得た。これを炭素化することで S_{BET} が $405\,m^2\,g^{-1}$ でミクロ孔（容量：$V_{micro} = 0.11\,cm^3\,g^{-1}$）の他，メソ孔スペース（$V_{meso} = 0.58\,cm^3\,g^{-1}$）をもつ炭素微粒子集合体が得られた（図 2 SEM（上））。同様にしてミセル形成時に薬品賦活剤として NaOH を加え一連のミセル化・微粒子沈殿化・炭素化処理を行うことで，表面積（$S_{BET} = 1790\,m^2\,g^{-1}$），表面のミクロ孔（$V_{micro} = 0.54\,cm^3\,g^{-1}$）ならび表面と微粒子間隙由来のメソ孔容量（$V_{meso} = 2.08\,cm^3\,g^{-1}$）が大幅に増大した階層構造を持つ活性炭微粒子集合体（図 2 SEM（下））を得た。この活性炭は，1 M 硫酸中で $394\,F\,g^{-1}$（at $0.05\,A\,g^{-1}$）〜$269\,F\,g^{-1}$（at $0.4\,A\,g^{-1}$）の高い電気二重層容量を示した。この要因は階層構造を持つ高比表面積とバイオマス原料に由来する酸素含有（フェノール性）炭素アロ

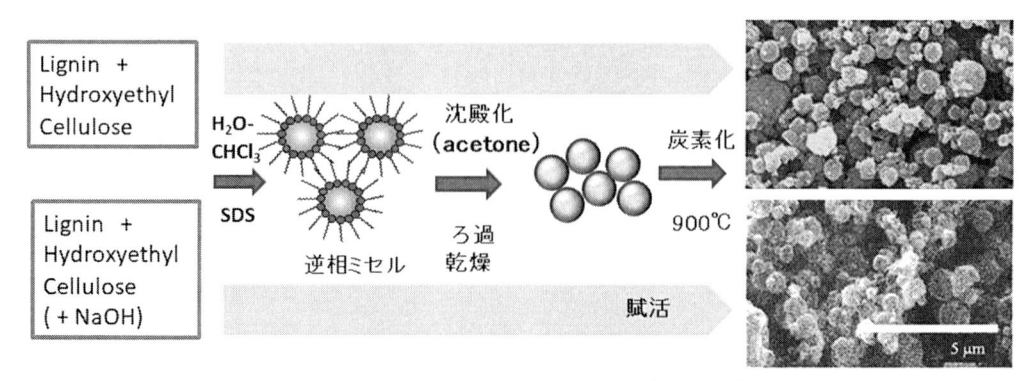

図2 逆相ミセルで調製したヒドロキシエチルセルロース–リグニンのブレンドポリマー微粒子の
炭素化で得られた炭素微粒子（上）と NaOH 賦活炭素微粒子（下）

イ化表面による相乗効果が考えられる[8]。

　以上のように，賦活法はカーボンアロイの無孔性炭素質表面への新たなナノ構造構築や階層的
ポーラス構造の構築を可能にする簡便かつ有効な方法である。しかし，一般に精密な細孔構造の
形成や制御は難しく，各材料に対する適切な賦活条件の選定が必要である。

2.2　GIC 型カーボンアロイ

　グラファイトはグラフェンの規則積層構造をもつ物質で各層は弱いファンデルワールス力で結
ばれている。この 3.35 Å の層間に原子，イオン，分子などのヘテロ化学種を挿入（インターカ
レーション）することによってグラファイト層間化合物（GIC）が形成され，空隙の幅や層の重
なりを制御した新たなナノ構造・空間を構築できる（図3）。現在までにドナー型，アクセプター
型などの百種を超えるインターカレート（挿入種）が知られており，酸化グラファイト類やス
テージ化合物も含めればゆうに数百を超える GIC が存在する[9]。すなわち，ヘテロ構造や欠陥を
持つグラフェン層の利用やインターカレートの選択により，これら一連の GIC 類縁物質は，ナ
ノ構造を持つ GIC 型カーボンアロイとしてとらえることができる。

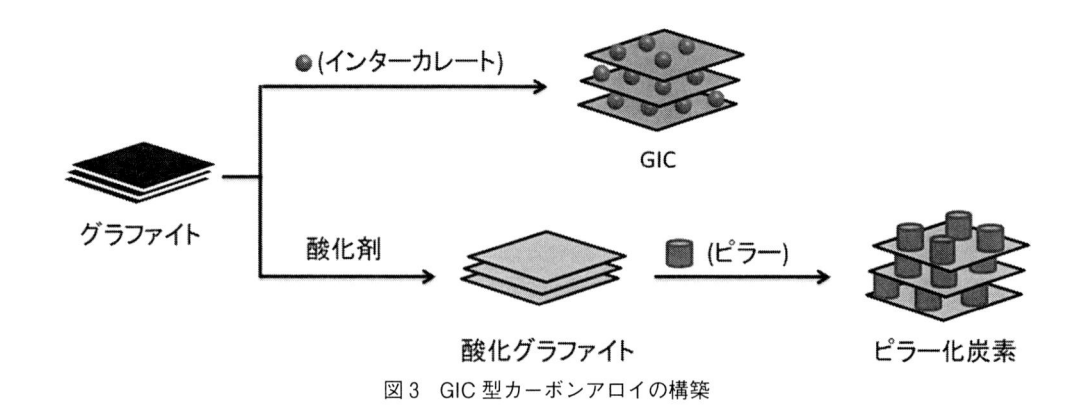

図3　GIC 型カーボンアロイの構築

GICに関し超伝導，導電材，電池，触媒，吸蔵材など多岐にわたる物性・応用研究がなされてきたが近年，リチウムイオンバッテリー（LIB：Lithium Ion Battery）の開発・実用化，高性能化の社会的動向の中でLIBに関するGIC研究が活発になった。例えば，Reddy，Ajayanらは，アセトニトリル蒸気を用いたCVD（化学気相蒸着；Chemical Vapor Deposition）とアンモニア処理により，窒素ドープグラフェンが積層したフィルムを銅電極基板上に直接調製した[10]。この窒素ドープグラフェンフィルムは低いポテンシャルでLiのインターカレーションを引き起こすことができる。窒素ドープ型グラフェンフィルムの可逆放電容量は，同様な方法でヘキサン蒸気から調製したグラフェンフィルムと比べ約2倍大きな値を示した。これは，グラフェンが窒素ドープされたことにより生じたトポロジカル欠陥（ピリジン型主体）に起因する。

酸化グラファイト（GO：Graphite Oxide）は酸素が介在する共有結合性層間化合物に分類される。近年，グラフェン調製の原料として利用できることから多くの研究者が再注目した物質である。最近，GOの真空加熱を含む昇温加熱処理と最終的な少量の空気導入処理により，炭素の一部が酸素置換されたグラフェンライクグラファイト（GLG：Graphene Like Graphite）という物質が報告された[11]。酸素を約6%含むグラファイト様層状物質で，LIBとしての電気容量は$608 \, \mathrm{mAh \, g^{-1}}$と従来のLIBの最大容量$372 \, \mathrm{mAh \, g^{-1}}$より遥かに高い値を示した。700℃で作製したGLGの層間距離は$0.349 \, \mathrm{nm}$でグラファイト層間より少し広く，GOの$0.74 \, \mathrm{nm}$よりかなり狭い。グラフェンシート面にはナノポアや，エーテル・ラクトンなどのアロイ化による酸化欠陥を持ち，層間が広がりやすくなったことが高容量を可能にした要因と考えている。

グラファイトの積層構造制御の他の手法としてピラー化が挙げられ，ケイ素による架橋ピラー化や鉄錯体やジアミンなどの二官能性試薬を用いたピラー化が松尾らにより報告されている[12,13]。GOの表面に存在するヒドロキシ基に対し，メチルトリクロロシランを反応させることで，GOがシリル化される。これを繰り返し行うことで，$1.27 \sim 1.37 \, \mathrm{nm}$の秩序性の高い層間間隔を有するピラー化炭素が調製できる。このピラー化炭素は，$S_{\mathrm{BET}} = 723 \, \mathrm{m^2 \, g^{-1}}$のポーラスカーボンであることが明らかとなった。アルキルアミンの挿入実験からも，ピラーの長さを制御することで層間間隔を制御することができる。

3　ナノ構造化前駆体を用いたカーボンアロイ構築

本節で取り上げるナノ構造化炭素前駆体は，COF（共有結合性有機構造体，Covalent Organic Framework）[14]やMOF（金属有機構造体，Metal Organic FrameworkあるいはPorous Coordination Polymer（PCP））[15]などの三次元型ネットワーク物質や，自己組織化体などが候補となる。ヘテロ原子を含むこれら構造化前駆体を炭素化物に物質変換することができればポーラスカーボンアロイは合成される（図4）。

一般にMOFやCOFなどは，金属配位能や水素結合性の官能基を有したリンカーやコネクターを利用してネットワーク物質を構築するため，物質自体の耐熱性は低く，900℃までの炭素

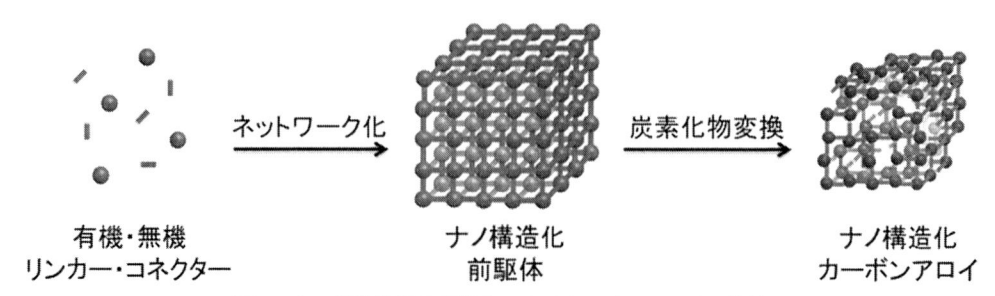

図4 ナノ構造化炭素前駆体によるカーボンアロイの構築

化反応に対して融解・蒸発・熱分解などの反応がおこるためそのネットワーク構造を反映した炭素材料を構築することは難しい。そこで筆者らは，約90％の高収率で炭素化できる高分子poly（phenylenebutadiynylene）やpoly（phenyleneethynylene）の主鎖骨格を持つCOFを構築するため，溶媒親和性かつ熱分解脱離性の置換基を有する芳香族多置換アセチレンモノマーを用いて重合して三次元ネットワーク高分子ゲルを構築し，その炭素化によるポーラスカーボンの調製を検討した（図5）[16]。これら強固なワイヤーネットワーク型ポリマーゲルは，450℃付近までで脱離性置換基が熱分解・脱離することによってナノスペースをもつネットワーク型熱分解高分子物質となる。この物質をさらに高温処理（900℃）によって炭素化することで600〜1000 $m^2 g^{-1}$ 程度の表面積を有するナノ構造化されたポーラスカーボンを構築できる。構築されたポーラスカーボンは，概ね0.7 nm前後の孔幅をもち，カーボン前駆体の有するナノ構造をある程度反映したポーラスカーボンを構築することができた[17]。またヘテロ元素を含む芳香族リンカーを用いることでカーボンアロイ化が可能であった。

　MOFは種々のナノ構造体の調製が容易であることからMOFを利用したポーラスカーボン研究に関する報告が多くされるようになった。筆者らは，2008年に金属配位性有機リンカー，1,3,5-tris(arylethynyl)benzeneを合成して，Cu塩を中心とした各種MOFを調製し，それらの炭素化について検討した[18]。有機リンカー自体は，50％以上の好収率で炭素化され0.7 nm程度の孔幅をもつミクロ孔性炭素を生成する自己犠牲鋳型として働く。銅イオンとのMOFではメソ

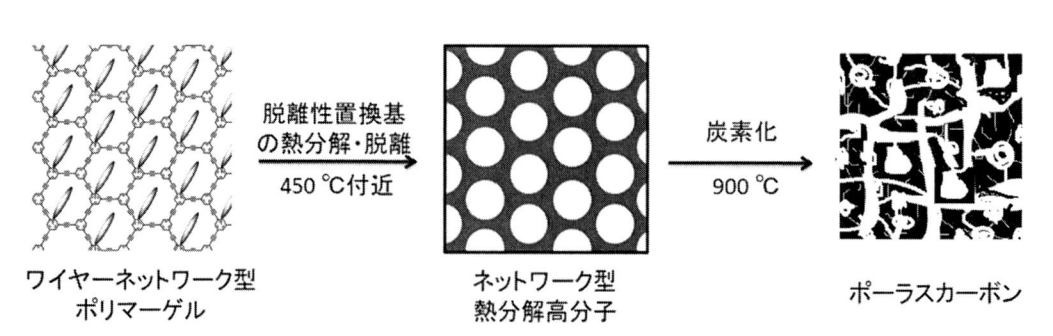

図5 ネットワーク型熱分解高分子を前駆体としたナノ構造化ポーラスカーボンの調製

孔性（比表面積：100～350 m^2 g^{-1}）が観察され，炭素化することによりそのメソ孔性を反映した表面積が 580～730 m^2 g^{-1} のミクロ孔性炭素化物が形成された。炭素化後，酸を用いて洗浄することにより金属が除かれた炭素化物の比表面積は 730～1250 m^2 g^{-1} と高めることができる。

　2008 年に Xu らは，Zn-フタレートよりなる MOF-5 の 1.8 nm の貫通孔にフルフリルアルコールを充填・重合し，1000℃で炭素化することで S_{BET} が 2872 m^2 g^{-1} のミクロ孔とメソ孔の階層構造をもつポーラスカーボンの合成を実現した。この炭素化過程では 500℃前後で MOF 骨格が分解し 800℃で ZnO を生成する。その後，より高温領域で Zn に還元されて蒸発し，ポーラスカーボンのみが残る。この炭素は 1 bar（77 K）で 2.6 wt％の水素吸蔵性能ならび 1 M 硫酸中で 258 F g^{-1}（at 250 mA g^{-1}）の電気二重層容量を示した[19]。同様に，2012 年に Park らは Zn-テレフタル酸系の 100 μm サイズのキューブ形状 MOF を調製し，900℃で炭素化を行った。フタル酸は MOF 構成物質であり炭素化原料としても使われるため自己犠牲鋳型として働く。キューブ形状の炭素化生成物は，比表面積が 3000 m^2 g^{-1} 以上と高く，ウルトラミクロ孔（< 0.8 nm, 0.63 cm^3 g^{-1}），ミクロ孔（1.01 cm^3 g^{-1}）とメソ・マクロ孔（3.05 cm^3 g^{-1}）よりなる階層構造をもつアモルファスなポーラスカーボンであり，1 bar（77 K）で 3.25 wt％の水素吸蔵能を実現した[20]。

　2014 年に Hong らは，ゼオライト型 MOF の一種，ZIF-8；Zn（MeIm）$_2$；MeIm = 2-methylimidazole のナノ結晶を自己犠牲鋳型として用いて炭素化（1000℃）することで，MOF のナノ多面体形態を維持したまま均一に窒素ドープ（N 含有量 4.7％：ピリジン型主体）されたポーラスカーボンの構築に成功している（S_{BET} は 1000 m^2 g^{-1} 程度）[21]。MOF 構成要素の含窒素成分である MeIm は効率よく炭素化され，グラフィティック組織の発達が認められた。またその炭素化物は，MOF のナノ空間を反映して直径 1～2 nm のミクロ孔（V_{micro} 約 0.3 cm^3 g^{-1}）と，メソ孔（直径 7～60 nm，V_{meso} 約 0.7 cm^3 g^{-1}）からなる階層細孔構造をもつ。この含窒素カーボンアロイ電極は，燃料電池の ORR（Oxygen Reduction Reactions）活性評価で標準の Pt/C 触媒とほぼ同等の活性を示し，非金属系カーボンアロイが白金代替触媒として十分に利用可能であることが示された。また Liu らは，2016 年に界面活性剤存在で ZIF-8 ナノ粒子を作製し，メソポーラスシリカで表面コートした後，800℃，2 時間の炭素化処理を行い，水酸化ナトリウムでシリカをエッチング除去した。その結果，Zn ポルフィリン類似機能を有するメソポーラスカーボン・ナノ微粒子（直径 ≈ 140 nm）が得られた。全孔容量 V_{total} は 1.97 cm^3 g^{-1} でその細孔径は 1.3 nm（ミクロ孔）と 3.9 nm（メソ孔）に分布し，S_{BET} は 950 m^2 g^{-1} であった。この物質を用いて新しいがん治療のための超音波療法への応用に成功している[22]。

4　生成過程を利用したナノ構造化カーボンアロイ

　カーボン材料を調製する多くの場合，有機・高分子原料の加熱処理による熱分解と炭素化過程を要する。この一連の過程で，異性化，脱離，分解，架橋，重合などの様々な反応とこれらに伴

う溶融，軟化，ガス化，固化などの状態変化がおこり炭素化は進行する。熱分解・反応過程で多孔性炭素が形成される場合，一般にカーボン前駆体からの固相炭素化で反応が進行する。そのためそのカーボン前駆体は，炭素材料の基本構造が組織化されるときに材料・組織の十分な耐熱性と堅固さを持つ必要がある。すなわち耐熱性高分子であるポリイミドフィルムやフェノール樹脂粉末の炭素化過程では，炭素前駆体となる熱分解高分子を経由しながら，分解・脱離成分の離脱（ガス発生など）と材料・組織の収縮時に形成されるミクロ孔の径制御を精密に行い，気体選択透過性膜や分子篩性吸着材の調製が可能となっている[2]。

　筆者らはジアセチレンとベンゼンが交互に結合した共役系高分子 poly (phenylenebutadiynylene) PPB が 90% 以上の高収率で炭素化され，ミクロポーラスカーボンを生成することを報告してきた[23]。この剛直な主鎖をもつ高分子は，結晶性が高く，不活性ガス下で昇温加熱すると図6に示すように 200℃ 付近で高分子主鎖間架橋による固相重合をする。その結果，耐熱性が高く嵩密度が小さい均一な無孔性（S_{BET} = 23 $m^2 g^{-1}$）の sp^2-C ネットワークを形成する。400℃ までの重量減少はなく，体積は約 10% 収縮する。その後 500℃ 以上の昇温加熱で水素脱離・芳香環化ならび炭素化が進み，約 20% の体積収縮を伴いながら表面積は 500℃ で S_{BET} = 198 $m^2 g^{-1}$（孔幅 w = 1.21 nm），600℃ で S_{BET} = 369 $m^2 g^{-1}$（w = 0.95 nm），900℃ では S_{BET} = 471 $m^2 g^{-1}$（w = 0.74 nm）と増大し，逆に孔幅は狭くなる。さらに，3 時間焼成保持することでより高比表面積になる。これらの結果から PPB の炭素化過程では脱ガスを含め物質重量減少がほとんどないことから，ミクロ孔が形成される要因は，中間に生成する堅固な炭素前駆体ネットワーク物質全体のミクロン収縮と物質内部の炭素組織単位のナノ収縮の差であると考えている。PPB 類は 200℃ の熱処理により固相炭素化に適用できる炭素前駆体を容易に形成できる特徴を持つ。筆者らはこの手法を上記 PPB のベンゼンがピリジンに置換された poly (pyridinebutadiynylene) に適用することで窒素ドープ（5～6 wt%）型ポーラスカーボンアロイを調製した[24]。S_{BET} は 305～471 $m^2 g^{-1}$ でその平均細孔径は 0.71～0.77 nm と見積もられた。S_{BET} が 416 $m^2 g^{-1}$ のサンプルの 1 M 硫酸中での電気二重層容量は 452 $F g^{-1}$（at 0.02 A g^{-1}）となり，重量比だけでなく面積比換算（1.09 $F m^{-2}$）でも高いものになり，含窒素効果が認められた。

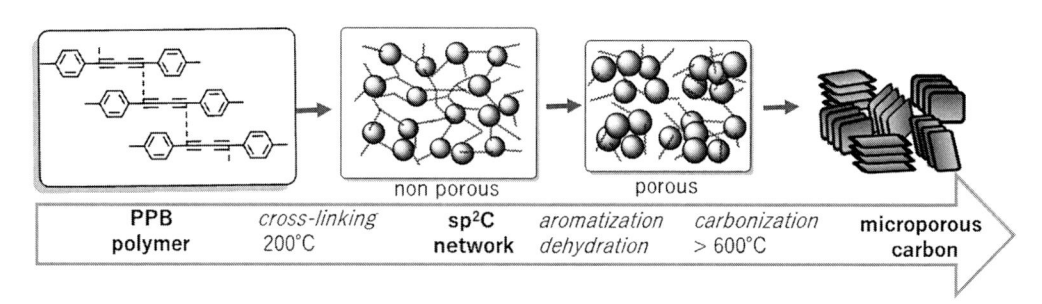

図6　PPB の炭素化過程における組織変化とミクロ孔形成

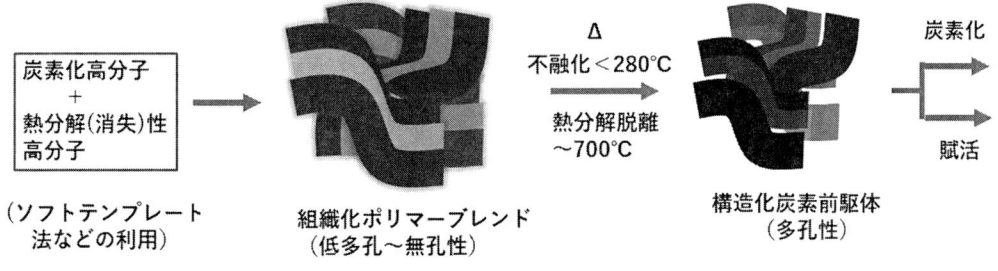

図7　ポリマーブレンド法によるナノ構造化炭素の調製

　生成過程を利用したナノ構造化とカーボンアロイ化を可能にする代表的手法にポリマーブレンド法とその炭素化が挙げられる[25]。図7に示すように，原料に用いるのは基本的に炭素前駆体ポリマーと熱消失性ポリマーの2種類を使用し，そのブレンドポリマーの構造・形状をデザインし炭素化することでカーボンナノ粒子，ナノバルーン，ナノファイバー，ナノチューブなどを自在に設計合成できる。ブロックコポリマーにおいてもこの考えは適用でき，ポリアクリロニトリルを炭素源，ポリアクリル酸ブチルを消失性部分とするブロックコポリマー（$(AN)_{99}$-$(BA)_{70}$）では，相分離・自己会合によりナノ構造化させることができる。このナノ構造化ポリマーを空気下280℃で不融化し，窒素ガス下700℃までの昇温炭素化を行うことで熱消失性部位が除去された炭素化物となり，ミクロ孔（$S_{micro} = 240\,m^2\,g^{-1}$）とメソ孔（$S_{meso} = 236\,m^2\,g^{-1}$）からなる階層構造をもつ 18 wt%窒素が含有したポーラスカーボンアロイを調製することができる。このカーボンアロイは CO_2 賦活で $S_{BET} = 1140\,m^2\,g^{-1}$ に，また KOH 賦活で $S_{BET} = 2570\,m^2\,g^{-1}$ に比表面積を高めることができるが，興味深いことにこれら表面積の異なる炭素は 1 M 硫酸中でいずれも $165\,F\,g^{-1}$（at $0.1\,A\,g^{-1}$）程度の電気キャパシタ容量を示す結果となっている[26]。

　ナノ構造化炭素の前駆体をバイオマスなどから調製する方法に水熱炭化反応がある。図8に示すように，通常バイオマスの水溶液（グルコースやフルクトース，キシロースなどの糖成分）あるいはバイオマスの懸濁混合水溶液を耐圧容器中 150～250℃で反応させることにより水熱炭化物が得られる。糖の水熱炭化では，分子内脱水反応によるヒドロキシメチルフルフラール

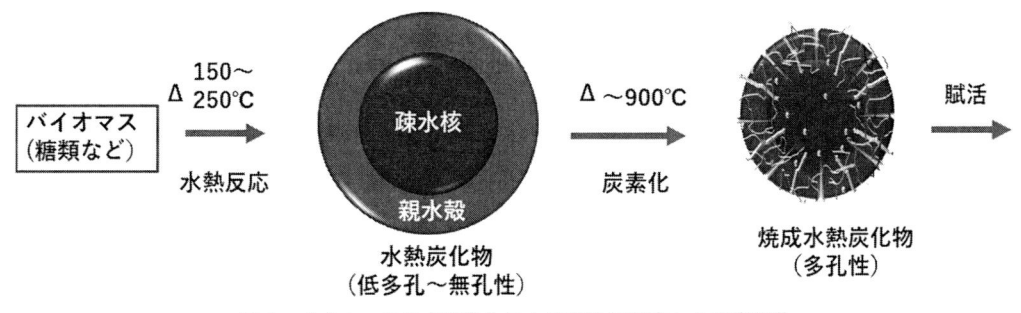

図8　バイオマスの水熱炭化による微粒子形成とその炭素化

（HMF）やフルフラールへの変換と，それらの縮合・重合により水熱炭化物が形成される。しかし，水熱炭化収率や比表面積は一般的に小さい。この過程を利用することで，球形を中心に種々のミクロ～ナノ形状物質の形成とそれらの構造化が報告されている。また水熱炭化物には多くの有機成分が残存しているため，通常の焼成・炭素化処理することによって水熱炭化物内部・表面から有機成分は分解・ガス化を伴い脱離し，炭化物の脱離痕がミクロ孔を形成する。2017 年にQi らはアルコール水溶液中で，フルクトースに対してフロログルシノール（1,3,5-トリヒドロキシベンゼン）を 0.1 モル当量加え，180℃で水熱反応を行った。得られた生成物は，S_{BET} が482 $m^2 g^{-1}$ のナノ微粒子化した水熱炭化物であった[27]。これはフェノール性のフロログルシノールがフルクトースと共重合することでネットワーク構造を形成して低密度の球状炭化物を形成したためである。また久保らの報告にあるように，ポリマーとのブレンド，ソフトテンプレートによる組織化，糖類の水熱反応を利用することで精緻なナノ構造を有するコラール状カーボンの調製も可能になる[28]。

文　　　献

1) M. Inagaki, L. R. Radovic, *Carbon*, **40**, 2279 (2002)
2) M. Inagaki, K. Kaneko, T. Nishizawa, *Carbon*, **42**, 1401 (2004)
3) WEB 版 新カーボン用語辞典：炭素材料学会　監修，https://iap-jp.org/tanso/dictionary/
4) 安部郁夫，*TANSO*, **2006**(225)，373 (2006)
5) K. Okada, M. Nandi, J. Maruyama, T. Oka, T. Tsujimoto, K. Kondoh, H. Uyama, *Chem. Commun.*, **47**, 7422 (2011)
6) M. Nandi, K. Okada, A. Dutta, A. Bhaumik, J. Maruyama, D. Derks, H. Uyama, *Chem. Commun.*, **48**, 10283 (2012)
7) F. Su, C. K. Poh, J. S. Chen, G. Xu, D. Wang, Q. Li, J. Lin, X. W. Lou, *Energy Environ. Sci.*, **4**, 717 (2011)
8) T. Shimada, T. Hata, M. Kijima, *ACS Sustainable Chem. Eng.*, **3**, 1690 (2015)
9) a) 稲垣道夫，*TANSO*, **1978**(106)，106 (1978)；b) 前田康久，金属表面技術，**37**，152 (1986)；c) 田沼静一，*TANSO*, **1990**(145)，311 (1990)；d) 阿久沢昇，*TANSO*, **2011**(248)，96 (2011)
10) A. L. M. Reddy, A. Srivastava, S. R. Gowda, H. Gullapalli, M. Dubey, P. M. Ajayan, *ACS NANO*, **4**, 6337 (2010)
11) Y. Matsuo, J. Taninaka, K. Hashiguchi, T. Sasaki, Q. Cheng, Y. Okamoto, N. Tamura, *J. Power Sources*, **396**, 134 (2018)
12) a) Y. Matsuo, K. Konishi, *Chem. Commun.*, **47**, 4409 (2011)；b) Y. Matsuo, K. Konishi, *Carbon*, **50**, 2280 (2012)
13) Y. Matsuo, A. Hayashida, K. Konishi, *Front. Mater.*, **2**, 1 (2015)

14）a）P. J. Waller, F. Gándara, O. M. Yaghi, *Acc. Chem. Res.*, **48**, 3053（2015）; b）S.-Y. Ding, W. Wang, *Chem. Soc. Rev.*, **42**, 548（2013）; c）D. Wu, F. Xu, B. Sun, R. Fu, H. He, K. Matyjaszewski, *Chem. Rev.*, **112**, 3959（2012）

15）a）H. Furukawa, K. E. Cordova, M. O' Keeffe, O. M. Yaghi, *Science*, **341**, 1230444（2013）; b）B. Chen, S. Xiang, G. Qian, *Acc. Chem. Res.*, **43**, 1115（2010）; c）S. Kitagawa, R. Kitaura, S. Noro, *Angew. Chem. Int. Ed.*, **43**, 2334（2004）

16）N. Kobayashi, M. Kijima, *J. Mater. Chem.*, **17**, 4289（2007）

17）木島正志, *TANSO*, **2005**(217), 123（2005）

18）N. Kobayashi, M. Kijima, *J. Mater. Chem.*, **18**, 1037（2008）

19）B. Liu, H. Shioyama, T. Akita, Q. Xu, *J. Am. Chem. Soc.*, **130**, 5390（2008）

20）S. J. Yang, T. Kim, J. H. Im, Y. S. Kim, K. Lee, H. Jung, C. R. Park, *Chem. Mater.*, **24**, 464（2012）

21）L. Zhang, Z. Su, F. Jiang, L. Yang, J. Qian, Y. Zhou, W. Li, M. Hong, *Nanoscale*, **6**, 6590（2014）

22）a）S. Wang, L. Shang, L. Li, Y. Yu, C. Chi, K. Wang, J. Zhang, R. Shi, H. Shen, G. I. N. Waterhouse, S. Liu, J. Tian, T. Zhang, H. Liu, *Adv. Mater.*, **28**, 8379（2016）; b）X. Pan, L. Bai, H. Wang, Q. Wu, H. Wang, S. Liu, B. Xu, X. Shi, H. Liu, *Adv. Mater.*, **30**, 1800180（2018）

23）a）M. Kijima, H. Tanimoto, H. Shirakawa, A. Oya, T.-T. Liang, Y. Yamada, *Carbon*, **39**, 297（2001）; b）M. Kijima, H. Tanimoto, H. Shirakawa, *Synth. Met.*, **119**, 353（2001）; c）M. Kijima, D. Fujiya, T. Oda, M. Ito, *J. Therm. Anal. Cal.*, **81**, 549（2005）

24）M. Kijima, T. Oda, T. Yamazaki, Y. Tazaki, J. Nakamura, *Chem. Lett.*, **35**, 844（2006）

25）山洞輝和, 尾崎純一, 大谷朝男, *TANSO*, **2008**(234), 244（2008）

26）M. Zhong, E. K. Kim, J. P. McGann, S.-E. Chun, J. F. Whitacre, M. Jaroniec, K. Matyjaszewski, T. Kowalewski, *J. Am. Chem. Soc.*, **134**, 14846（2012）

27）C.-X. Bai, F. Shen, X.-H. Qi, *Chinese Chem. Lett.*, **28**, 960（2017）

28）S. Kubo, R. J. White, K. Tauer, M.-M. Titirici, *Chem. Mater.*, **25**, 4781（2013）

第9章　ハロゲン不融化を利用した高炭素化収率ポーラスカーボンの合成

宮嶋尚哉*

1　はじめに

ピッチやポリアクリロニトリルなどの熱可塑性原料から炭素繊維を製造する場合，形態制御として不融化と呼ばれる改質処理が行われる[1]。不融化処理は，通常，空気（酸素）を用いて行い，原料の軟化点近傍の温度域で前駆体繊維を酸素と反応させ，原料成分のラジカル重合反応を促すことで熱可塑性から熱硬化性へと改質する[1~4]。これにより，原料の融解温度が上昇し前駆体形態が維持されるとともに，平均分子量の増加と炭素化時の低沸点成分の揮発が抑制されて繊維の炭素化収率が増加する。これまでに酸化反応速度の改善や，より大きなバルク形態の賦形を目的として，酸素の代替としてオゾンやハロゲンなど種々の酸化剤が検討されている[5~10]。

その1例として図1にヨウ素を用いたピッチの不融化反応機構を示す[11]。ピッチを約100℃のヨウ素蒸気中で反応させると，特にペリ縮合した芳香族成分に対してヨウ素が作用し，π–σ型の電荷移動錯体を形成する。続いて，周囲蒸気のヨウ素分子または錯体を形成しているヨウ素分子が脱離する際に芳香族末端の水素を引き抜き，その活性点を起点にラジカル重合が促進す

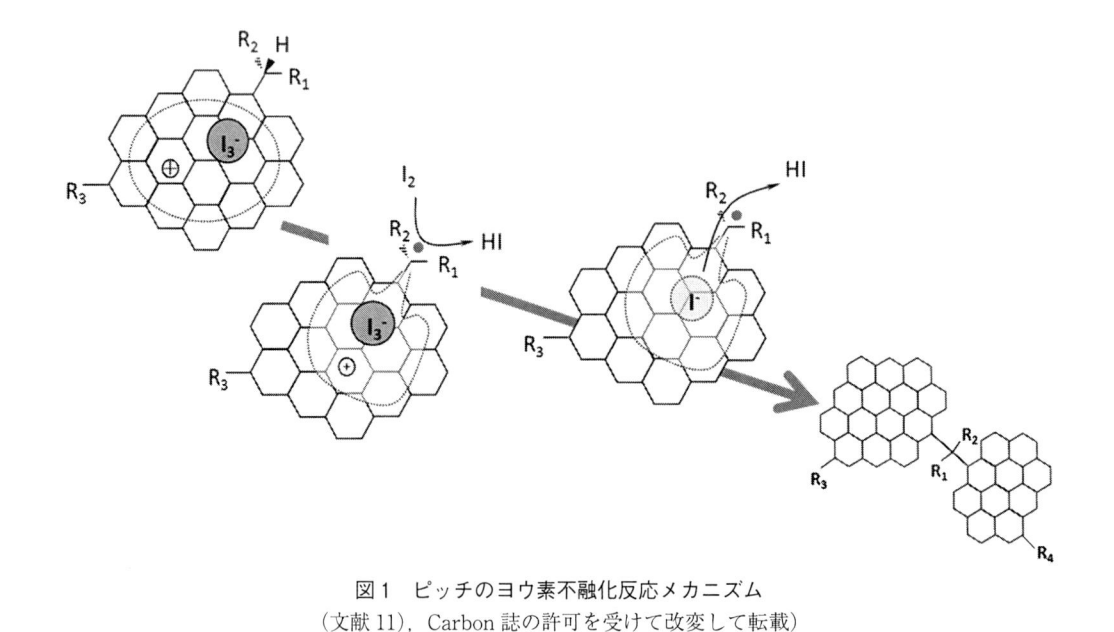

図1　ピッチのヨウ素不融化反応メカニズム
（文献 11），Carbon 誌の許可を受けて改変して転載）

＊　Naoya Miyajima　山梨大学　大学院総合研究部　准教授

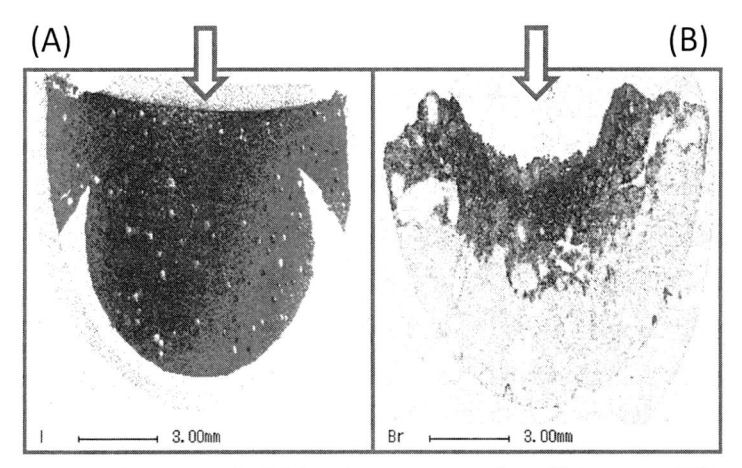

図2　24時間ハロゲン処理を行ったコールタールピッチ断面のEPMA画像
(A)ヨウ素処理，(B)臭素処理。矢印は各ハロゲン蒸気の供給方向を示す。
（文献13），炭素誌の許可を受けて改変して転載）

る[11~13]。結果として，原料ピッチの平均分子量の増加および炭素化過程の炭素ロスが低減され不融化が達成される。またこの時，ピッチ成分の3次元架橋化がもたらされ，炭素体の表面積が増加することが報告されている[14]。一方，ヨウ素より酸化力の強い臭素や塩素などのハロゲンガスを用いた場合は，ピッチ成分との錯体形成ではなく，-C-Br結合といったプロトン置換が支配的となり，極めて局所的な反応が進行する[7,13]。

　図2にピッチ片に対して臭素またはヨウ素蒸気で24時間反応させ，冷却後，その垂直断面をEPMAで観察した結果を示す[13]。矢印はハロゲン蒸気の侵入方向を示す。臭素の場合，試料上部にのみ臭素が検出され，さらに検出部は濃度分布があり反応律速でピッチ内部に浸透している。一方，ヨウ素の場合は，ピッチ内部まで均一に拡散しており，両者の反応性の違いを反映している。互いのハロゲンが検出された箇所は不融化が達成されるため，大きなバルク形態への均一不融化にはヨウ素の方が有効だと言える。

　本章では，糖類の改質処理にヨウ素または臭素によるハロゲン不融化反応を適用すると，従来の賦活方法とは異なり炭素化収率の増加とともに多孔性が発現することと，アルカリ金属イオンを含む高分子に対してハロゲン処理を行うと，鋳型法に準じたメカニズムで細孔付与できるといったユニークな機能性発現について解説する。

2　ヨウ素処理による多孔性の発現と高炭素収率化

　原料とヨウ素とを別々の容器に秤量し，これらを同一のセパラブルフラスコ内に減圧密閉した後，原料の融点または軟化点近傍で調温した恒温乾燥器中に所定の時間静置してヨウ素処理を行う。臭素処理の場合は，臭素の入ったコック付の容器を予め液体窒素などで冷却した後，減圧してコックを閉じ，これを減圧密閉させた原料入りのセパラブルフラスコに連結管を介して取付け，コックを開けた後，恒温乾燥器内にて処理をする。反応後，室温まで冷却して処理試料を取出し，これを炭素化（高純度 N_2 雰囲気下，$10℃/min$ で目的温度まで昇温し，その温度で 1 時間保持）することで目的の炭素化物を得る。炭素化収率は各ハロゲン処理に供した原料を全て炭素化し，炭素化前後の質量変化から求めた。尚，炭素化後に残存するヨウ素は 0.1 wt% 以下であることを確認している。

　図 3 に各種糖類から調製した 800℃炭素体の炭素化収率とミクロ孔比表面積の変化を示す[15]。横軸はヨウ素処理時の試料の質量増分から算出したヨウ素導入量を示している。各細孔パラメータは $-196℃$ における窒素吸着測定によって得られた I 型吸着等温線に α_S 解析を適用して求めて

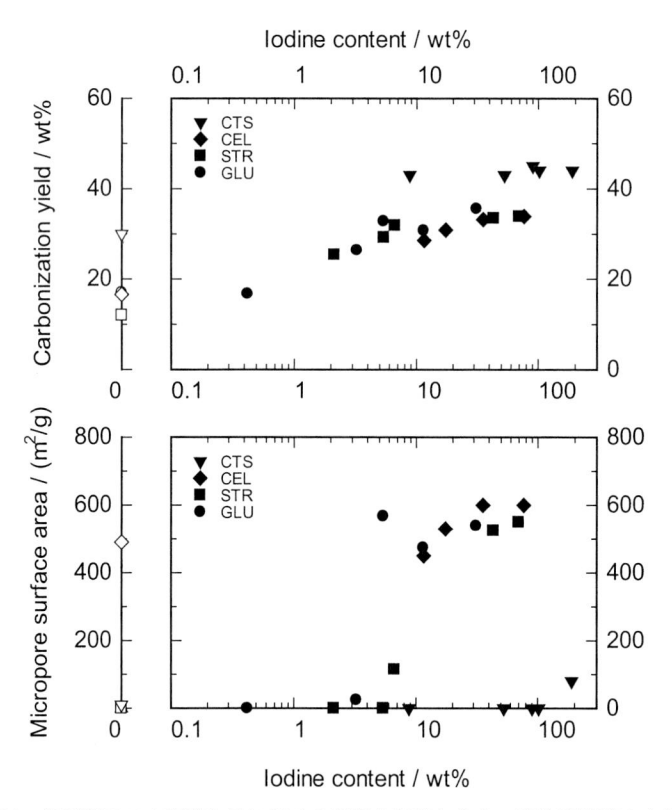

図 3　各糖類のヨウ素導入量に対する炭素化収率とミクロ孔比表面積の変化
白抜き：ヨウ素処理無し，塗潰し：ヨウ素処理有り。
（文献 15），炭素誌の許可を受けて転載）

いる。原料糖類には，液相炭素化を示す構成モノマーである D–グルコース（GLU）と，その α–グリコシド結合からなるデンプン（STR），さらに固相炭素化原料である β–グリコシド結合のセルロース（CEL）とさらにアミノ基を含むキトサン（CTS）を用いた。炭素化収率はいずれの糖類も似たような傾向を示し，これらにヨウ素処理を施すと直ちに増加に転じ，最終的にはヨウ素未処理の場合と比べて 1.5～2 倍の高収率で炭素体が得られるようになる。一方，ミクロ孔表面積の変化は，固相炭素化を示す糖類では，ヨウ素処理を進めてもミクロ孔表面積の増加は僅かであるのに対して，液相炭素化を示す糖類では，あるヨウ素導入処理を境に著しく増加し，固相炭素化のそれと同程度のミクロ孔表面積を示すようになる。また，ヨウ素未処理の場合は，液相炭素化由来の原料の溶融・膨張が生じるが，図中の約 10 wt% のヨウ素導入処理を境にその溶融が抑制され，炭素化前の粉末形状が維持される[15]。即ち，ヨウ素処理によるミクロ孔の発達は，原料前駆体の液相から固相への相変化によって発現する現象であると理解される。

　図4にヨウ素処理したデンプンおよびキトサンフィルムの TG 曲線ならびにそのマススペクトルを示す[16]。デンプンの熱挙動はセルロースのそれに類似しており，吸着水の脱離（～150℃），グルコピラノース環の脱水およびラジカル開裂（150～400℃），芳香族化・高分子化（400℃～）といった熱分解を経て炭素体に変化する[17]。熱分解過程で生じるラジカル種は，レボグルコサンなどの Tar 成分の分解を引き起こし，300℃ 付近で大量のガス放出を伴って著しい重量減少を示す。ヨウ素未処理のデンプンでは，この熱分解機構に従った TG 曲線の重量変化とマススペクトルが検出されており，特に $m/z = 60$ のマスナンバーは Tar 成分のフラグメントイオンに起因する。これに対して，デンプンにヨウ素処理を行うと熱挙動は大きく変化する。300℃ 付近の Tar 成分の熱分解は抑制され，$m/z = 60$ のマスナンバーは検出されなくなり，炭素化後の残炭率の大幅な増加とフィルム形状の保持が達成される。また，水ならびにヨウ化水素（HI）に伴う $m/z = 128$ が炭素化の広範囲にわたって検出されるようになり，デンプンの脱水や脱水素が進行していることが伺える。即ち，図1に準じた反応機構でデンプンの改質が進み，不融化が達成されたものと考えられる。このように十分なヨウ素による改質を行うことで，炭素前駆体中の3次元架橋密度が増加し[14]，炭素化過程でそれらのネットワーク構造が崩壊することなく堅持される結果，多孔性が発現するものと理解できる。この不融化で構築される細孔構造は，炭素化温度を 1000℃ まで上昇させても熱収縮の影響をあまり受けず，1000℃ 炭素体においても約 500 m²/g の表面積を維持するようになる[15]。キトサンがデンプンに比べヨウ素不融化効果を受け難いのは，固相炭素化原料であることに加え，デンプンとは異なり剛直な直線分子構造であるため，ヨウ素との錯体構造が本質的に異なることに起因しているものと思われる[16]。

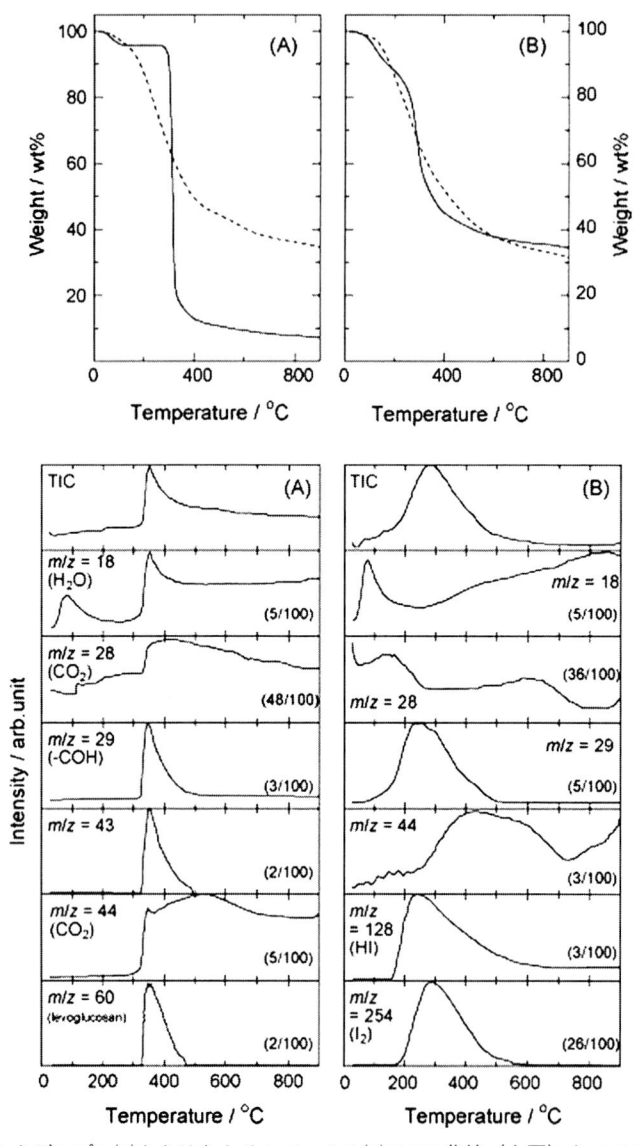

図4　ヨウ素処理したデンプン(A)またはキトサンフィルム(B)の TG 曲線（上図）とマススペクトル（下図）
（文献 16），Themochimica Acta 誌の許可を受けて転載）

3　ハロゲン化物を活用した多孔性付与

従来の賦活法よりも高度な細孔制御の手法として鋳型炭素化法がある。一般に，炭素源となる有機物と鋳型源となる無機物の複合体を炭素化した後，炭素体から鋳型のみを溶解除去することでその除去痕を細孔に転じる方法である。フッ素化高分子であるテフロン中のフッ素をアルカリ金属で還元する手法[18〜20]では，一つの原料から炭素と鋳型のアルカリフッ化物が同時に調製でき，フッ化物を水洗除去することで比較的孔径が小さいメソ孔を有する炭素体が高収率で合成できる。ここで，アルカリ金属イオンを含む高分子に対してハロゲン処理および炭素化を行うと，テフロンを用いた鋳型法と同様に，同一高分子原料から炭素と無機鋳型とを同時に作り出せ，合わせて不融化による炭素化収率の向上も付与したポーラスカーボンが調製できる。

図 5 に本手法の概念図を示す[21]。アルカリ金属イオンを含むセルロース誘導体に対してハロゲン処理および炭素化を行うと，置換基上のアルカリ金属イオンはハロゲンと反応し，炭素化過程でハロゲン化アルカリの粒成長と凝集が生じ，それが水溶性の無機鋳型となって炭素体中に分散する（経路 A）。一方，グルコピラノース環の骨格はハロゲンによる脱水ならびに脱水素化縮合による不融化反応が進み，炭素残留分が高くミクロ孔性に富んだ炭素体となる（経路 B）。最終的にこの複合体を水洗浄することで，ハロゲン化アルカリの粒子（凝集体）サイズに相当する大きさの空隙をセルロース母骨格由来のポーラスカーボンにさらに付与した細孔構造を得ることができる[21]。本研究の主原料であるカルボキシメチルセルロース（Acros Organics 製，以下 CMC）は，単位構造のグルコピラノース環に付随する 3 つのカルボキシ基がカルボキシメチル基（$-CH_3COOH$）に置換したものであり，その平均置換度（Degree of substitution：DS）が 0〜3 の値で表される。カルボキシメチル基のプロトンは他の金属イオンと交換し，特に Na 形のものが一般的であり DS 値が大きいものほど Na 含有率が高い。

図 6 に H 形 CMC（ニチリン工業化成製，以下 CMC-H）および Na 含有率（C_{Na}）の異なる 3 種の Na 形 CMC（CMC-Na）から調製した各炭素体のミクロ孔表面積の変化をヨウ素導入量に対してプロットしたものを示す[22]。横軸は原料中のナトリウムまたはカルボキシメチル基のプロトンに対するヨウ素のモル比（I/M モル比：M = H，Na）をとったもので，この値が大きくなるほどヨウ素不融化の程度が進んでいることを表している。ヨウ素処理（115℃）および炭素化後，大量のイオン交換水または希塩酸で副生成した無機塩を洗浄除去し，これをろ過，乾燥して目的物を得る。尚，粉末 XRD により洗浄後に無機塩由来の回折ピークが消失することと，その炭素化物を空気中にて Burn-off 後に灰分が残らないことなどから，無機塩の完全除去を確認している。

CMC-H の場合，糖類と同様にヨウ素処理の程度が進むとミクロ孔比表面積が大きく増加し，炭素化収率も 5 wt％ほど増加する。これに対し，CMC-Na ではミクロ孔性がさらに増加する。CMC-Na をヨウ素未処理のまま炭素化すると，Na_2CO_3 の副生成物と炭素の複合体が得られるが，ヨウ素処理を施すと副生成物は水溶性の NaI と変化し，これを水洗除去することでその除

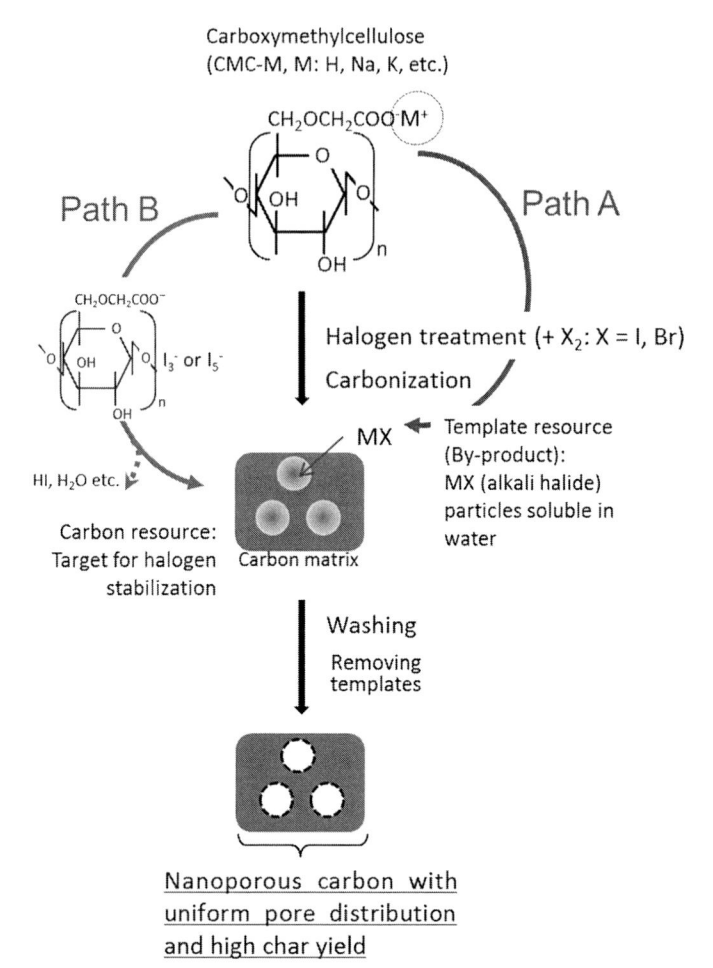

図5　ハロゲン化物を活用したポーラスカーボンの合成スキーム
（文献 21），Chemistry Letters 誌の許可を受けて一部改変して転載）

去痕を新たな細孔へと転換できる。この独特の多孔性発現は Na/I ≈ 1 となるような特定のヨウ素導入処理の時に強調され，1000 m²/g 以上のミクロ孔性を与える。また DS 値が大きいものほど細孔形成を担う NaI 生成量が増加するため，より高いミクロ孔比表面積を有する炭素体が調製できる。但し，Na/I ＞ 1 となるような過剰のヨウ素処理では，NaI 粒子の炭素マトリックスの酸化浸食が無視できなくなり，結果として炭素化収率とミクロ孔比表面積の低下を招く。同量の NaI を CMC 中に物理混合して得た炭素体では，このような高いミクロ孔性を示さないことから，ヨウ素処理・炭素化の過程で，NaI 微粒子を炭素マトリックス中に生成・高分散させることが効率的な鋳型と賦活の相乗効果を導くものと予想される[22]。

　図7 および図8に CMC のアルカリ金属イオン種（M = Na，K）とハロゲン種（X = Br，I）の組み合わせ（CMC–M/X₂）を変化させて調製した各炭素体の BJH 法による細孔径分布と

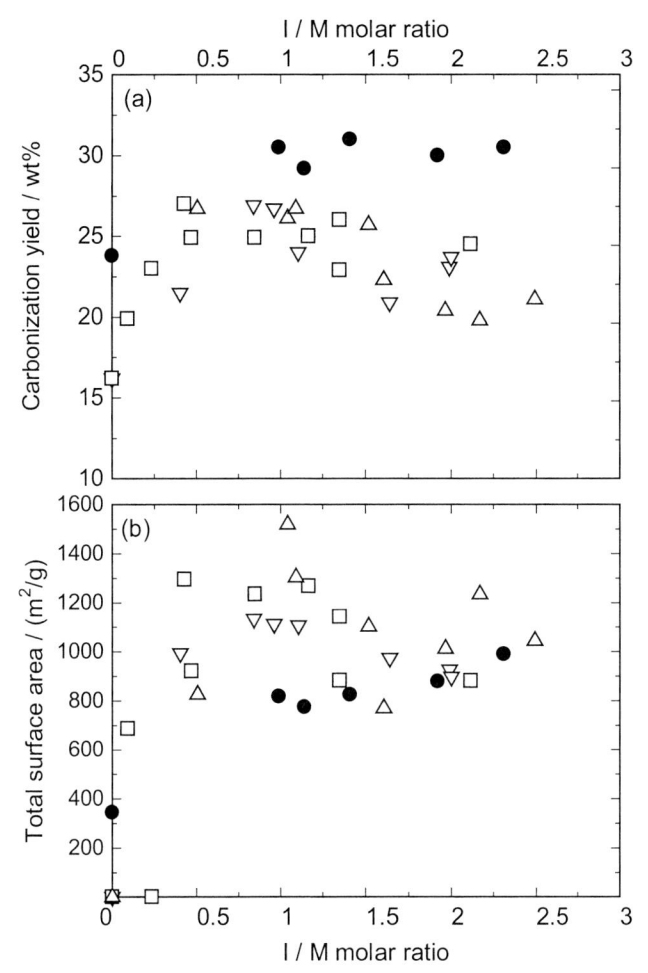

図6　I/M モル比に対する各炭素体の炭素化収率(a)および全細孔比表面積(b)の関係

● : Na 含有率 C_{Na} = 0 wt% (CMC-H), ▽ : C_{Na} = 8.2 wt%,
□ : C_{Na} = 9.0 wt%, △ : C_{Na} = 10.9 wt%。
（文献 22), 炭素誌の許可を受けて転載)

TEM 画像を示す[23]。両ハロゲンの X/M モル比は同程度のもので比較している。細孔分布曲線においては，CMC-Na/I$_2$ ≈ CMC-K/I$_2$ < CMC-Na/Br$_2$ < CMC-K/Br$_2$ のように，ヨウ素よりも臭素を，アルカリ金属イオンはより大きなイオンサイズの金属種を用いると，その分布が大きな方にシフトしていく様子が伺える。つまり両組み合わせで細孔分布を制御できることを示唆している。TEM 観察では明暗のコントラストの差が確認でき，白く抜けたところが見て取れる。特に明瞭な臭素処理 CMC 炭素体では，その大きさが 10〜50 nm であり，BJH 細孔径分布変化に対応した画像となっている。このことから，この明るい領域は各ハロゲン化物の洗浄除去痕であると捉えることができ，その除去痕が新たな細孔または微細孔へ続く通り道を担っていると考えられる。

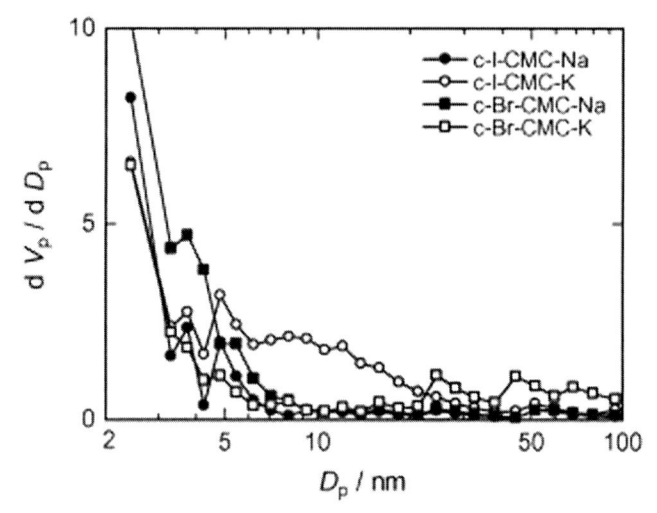

図7　各 CMC 炭素体の BJH 細孔分布曲線
（文献 23），Carbon 誌の許可を受けて転載)

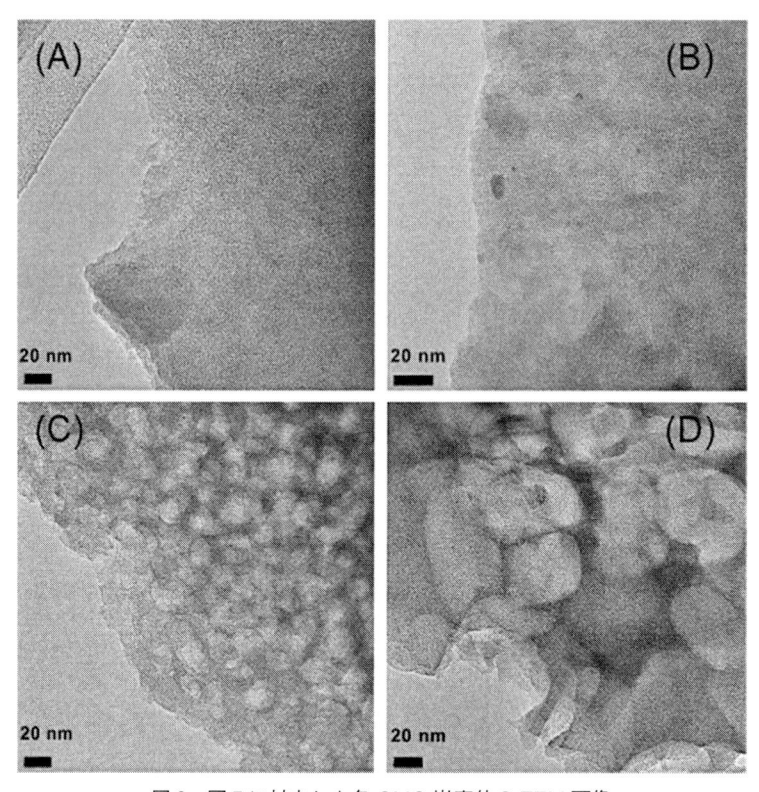

図8　図7に対応した各 CMC 炭素体の TEM 画像
(A) c–I–CMC–Na, (B) c–I–CMC–K, (C) c–Br–CMC–Na, (D) c–Br–CMC–K。
（文献 23），Carbon 誌の許可を受けて転載)

4　バルク形態と細孔構造の同時制御

ヨウ素の不融化効果を最大限生かすと，球状ポーラスカーボンが合成可能となる。

　図 9 にヨウ素処理した弱酸性イオン交換樹脂ビーズ（IRC-76，オルガノ製，以下 WR）の炭素化収率の変化を示す[24]。代表的なものとしてヨウ素処理 1 時間と 24 時間のものを列記している。IH 形 WR（WR-H）および Na^+ イオンと K^+ イオンでイオン交換した Na 形 WR（WR-Na）と K 形 WR（WR-K）の計 3 種の WR についてヨウ素処理を行い，各炭素化温度で炭素化した後，無機塩を完全に水洗除去したものを各測定に供している。いずれの炭素体も炭素化温度の上昇に伴い炭素化収率は減少するが，ヨウ素処理を行うことにより残炭率が向上し，ヨウ素処理時間が長くなるほどその増分が大きくなる。さらに，カラーレーザー顕微鏡および SEM 観察にてビーズ形状を確認すると[24]，ヨウ素未処理では原料のビーズ形態が炭素化後に崩壊しているが，ヨウ素処理を行うと崩壊が抑制されビーズ形状を維持した炭素体が得られており，ヨウ素による不融化が達成されたことが確認できる（図 10）。

　図 11 に 1 時間ヨウ素処理した各 WR から得た 800℃炭素体の −196℃における窒素吸着等温線を示す。図中の温度は各炭素化温度を示す[24]。ヨウ素未処理の WR-H では窒素吸着量が小さく細孔発達があまり見られないが，ヨウ素処理により不融化の効果を受けて僅かではあるがミクロ孔性を示すようになる。一方，WR-Na および WR-K では，WR-H よりも低相対圧付近での窒素吸着量の立ち上がりが大きくなりミクロ孔性の著しく増加する。特に 800℃炭素化処理において細孔発達が強調され，いずれも 2000 m^2/g 程度のミクロ孔比表面積を示すようになる。800℃以上ではミクロ孔容量は減少に転じるが，吸脱着枝にヒステリシスが現れメソ孔以上の細孔も導

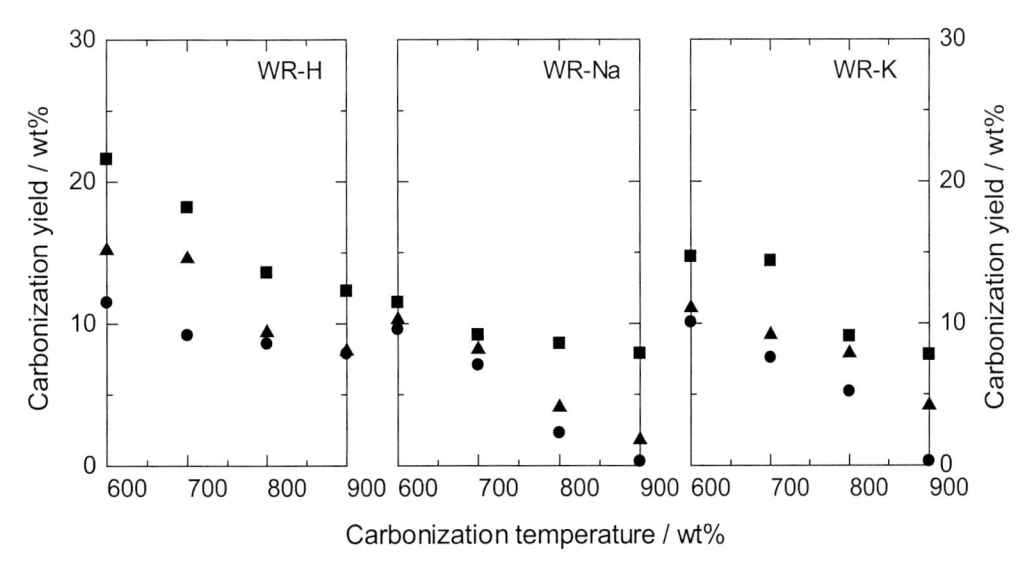

図 9　各 WR 炭素体の炭素化温度に対する炭素化収率の変化

ヨウ素処理時間　●：0 h，▲：1 h，■：24 h。

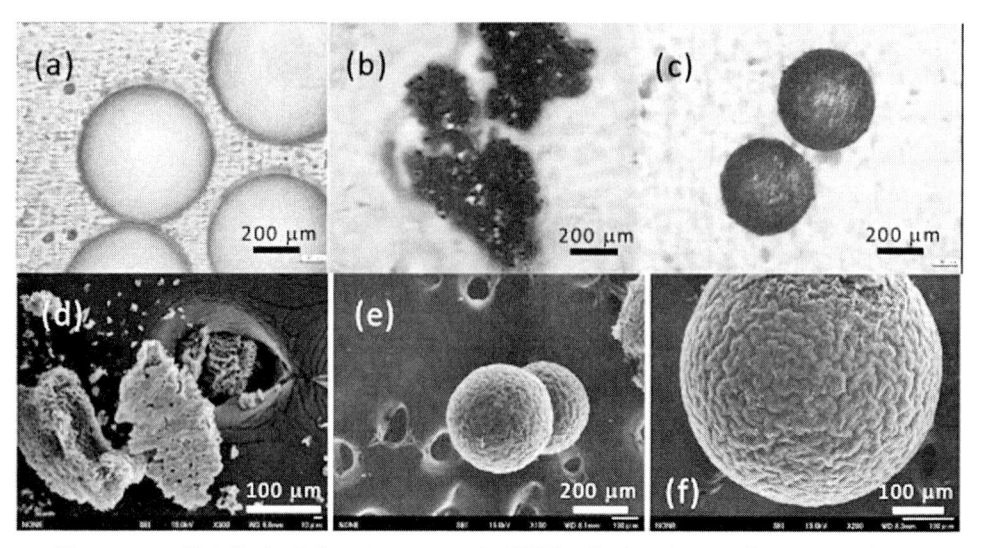

図10　WR-K 炭素体（800℃）のカラーレーザー顕微鏡画像（上図）および SEM 画像（下図）
(a) raw WR-K, (b) C_{800}-WR-K, (c) C_{800}-I_1-WR-K, (d) C_{800}-WR-K, (e), (f) C_{800}-I_1-WR-K。
（文献 24），Microporous and Mesoporous Materials 誌の許可を受けて転載）

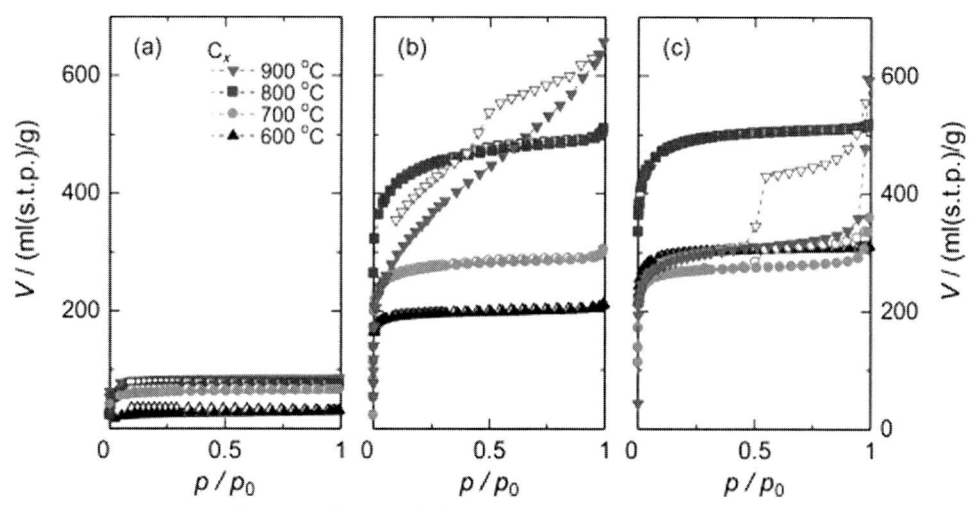

図11　各 WR-M 炭素体の水洗浄後の－196℃における窒素吸着等温線
ヨウ素処理は 1 時間　(a) WR-H, (b) WR-Na, (c) WR-K。
炭素化温度　▲：600℃，●：700℃，■：800℃，▼：900℃。
（文献 24），Microporous and Mesoporous Materials 誌の許可を受けて転載）

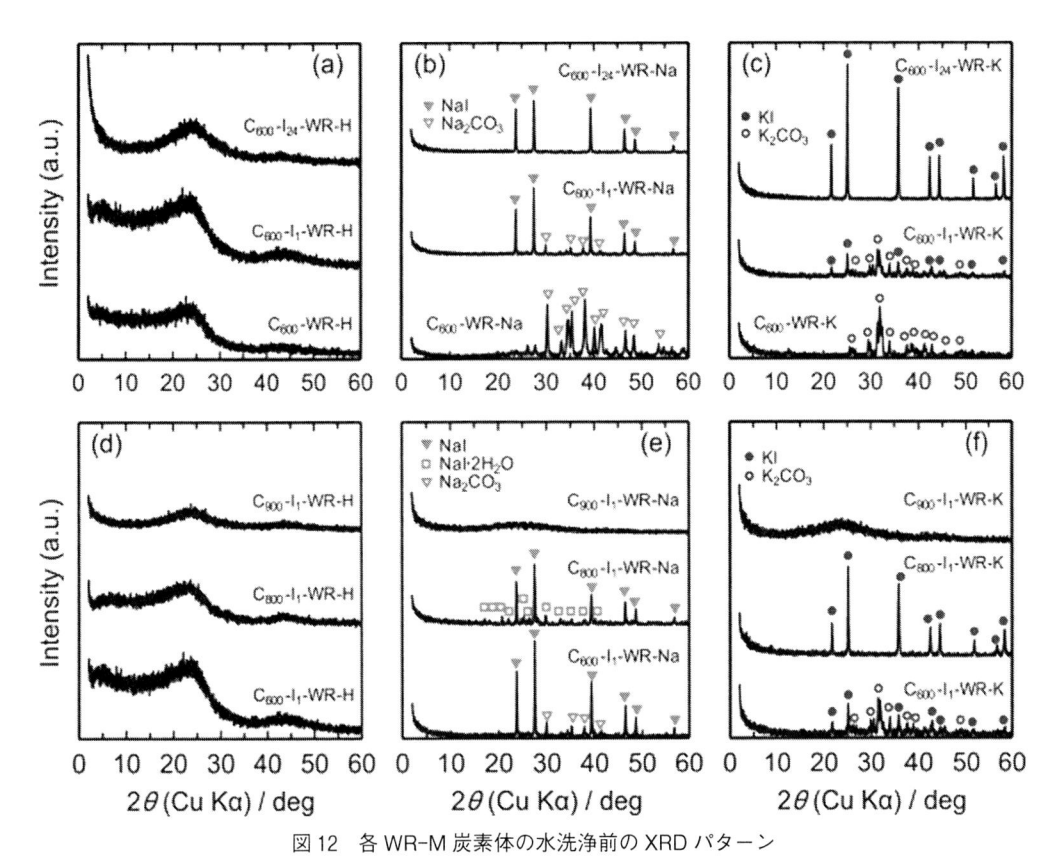

図12　各WR-M炭素体の水洗浄前のXRDパターン

(a)～(c)異なる処理時間でヨウ素処理した後，600℃で炭素化したものを比較。
(d)～(f)1時間ヨウ素処理した後，異なる炭素化温度で炭素化したものを比較。
（文献24），Microporous and Mesoporous Materials誌の許可を受けて転載）

入されていることが伺える。

　図12に各WR炭素体の水洗浄前（未洗浄）の粉末XRDパターンを示す[24]。WR-Hでは，いずれもアモルファス炭素由来のブロードな回折パターンであり，無機塩由来の回折ピークは皆無である。一方，WR-NaおよびWR-Kでは，ヨウ素処理時間が長くなるに従い，各アルカリ金属由来の炭酸塩からそのハロゲン化物の回折ピークに変化し，ヨウ素との反応が進行していく様子が伺える。これらの無機塩の回折パターンは，炭素化温度が800℃ではいずれも消失し，炭素のブロードな回折パターンのみが検出される。炭酸カリウムによる薬品賦活では，同温度付近で，$K_2CO_3 + 2C \rightarrow 2K + 3CO$ で示される賦活反応が進行することが知られている[25,26]。即ち，WR-NaおよびWR-Kでは，800℃付近で各アルカリ炭酸塩の賦活が活発となり，その粒子周りに新たにミクロ孔やメソ孔が創出され，水洗浄によって炭酸塩を除去することで，それらが開気孔として機能したものと思われる。また，NaIやKIは融点近傍で賦活作用を引き起こすことが報告されていることから[27]，本手法においても炭素化温度の上昇に伴い，賦活によって炭素化収

率の減少とともに細孔形成が進行しているものと推測される。但し，ヨウ素処理時間が長くなると，樹脂成分の不融化（高分子化）が進み賦活作用を受け難くなるよう改質されるため，ヨウ素不融化処理時間が短く，アルカリ無機塩として炭酸塩とハロゲン化物が共生成するような炭素化物を水洗浄することで，残炭率が高くバルク形態を保持したポーラスカーボンが得られたと推察される。

5 おわりに

本章では，炭素材料の高次構造制御処理にハロゲンを活用することでもたらされる炭素の改質効果について，特にヨウ素と臭素の反応メカニズムの違いや，新たな多孔質炭素調製の取り組みなどを例に解説した。本手法は，比較的安価なセルロース誘導体または廃イオン交換樹脂などを対象に，それらをハロゲン処理および炭素化することで，一原料から同時に鋳型と炭素の両源を誘導できるだけでなく，ハロゲンの不融化効果によってバルク形態の保持と炭素化収率の向上も同時に図れる極めてユニークなポーラスカーボンの調製法であると言える。ハロゲンは実験上，器具の侵食を伴うことから扱い難い一面もあるが，特にヨウ素は我が国では資源も豊富で環境負荷が小さく，多糖類／ヨウ素の組み合わせで多孔質炭素の多様化が図れる点は従来法には無い優位点である。また，不融化と同時に細孔構築が図れることから，これまで未利用の高分子原料に対しても，本手法を用いることで多孔質炭素としての新たな活用が大いに期待できる。

文　　献

1)　大谷杉郎ほか，炭素繊維，近代編集社（1983）
2)　I. C. Lewis, *et al.*, *J. Phys. Chem.*, **85**, 354（1981）
3)　R. Menendez, *et al.*, *Carbon*, **36**, 973（1998）
4)　J. J. Fernandez, *et al.*, *Carbon*, **33**, 295（1995）
5)　S. Otani., *Carbon*, **3**, 31（1965）
6)　加治久継ほか，炭素繊維の製造法，特開昭 55-098914（1980）
7)　T. Tomioka *et al.*, *J. Mater. Sci.*, **30**, 1570（1995）
8)　定述治朗ほか，ピッチ系炭素繊維の製造法，特開平 01-314734（1989）
9)　山田泰弘ほか，ピッチ類の不融化，特開平 06-158054（1994）
10)　H. Kajiura *et al.*, *J. Mater. Res.*, **13**, 302（1998）
11)　N. Miyajima *et al.*, *Carbon*, **39**, 647（2001）
12)　N. Miyajima *et al.*, *Carbon*, **38**, 1831（2000）
13)　N. Miyajima *et al.*, *TANSO*, **2000**（195）, 405（2000）

14)　安田榮一ほか，高比表面積ピッチの製造方法，特開 2007-153675（2007）

15)　N. Miyajima *et al.*, *TANSO*, **2016**(271), 10（2016）

16)　N. Miyajima *et al.*, *Thermochim. Acta*, **498**, 33（2010）

17)　T. Hirata *et al.*, *J. Mass Spectromet. Soc. Jpn.*, **46**, 259（1998）

18)　O. Tanaike *et al.*, *Carbon*, **40**, 457（2002）

19)　O. Tanaike *et al.*, *Carbon*, **41**, 1759（2003）

20)　Y. Yamada *et al.*, *Chem. Lett.*, **34**, 1546（2005）

21)　N. Miyajima *et al.*, *Chem. Lett.*, **41**, 53（2012）

22)　T. Matsumura *et al.*, *TANSO*, **2017**(279), 133（2017）

23)　N. Miyajima *et al.*, *Carbon.*, **77**, 1191（2014）

24)　T. Matsumura *et al.*, *Microporous Mesoporous Mater.*, **282**, 237（2019）

25)　I. Abe, *TANSO*, **2006**(255), 373（2006）

26)　K. Y. Foo *et al.*, *Bioresour. Thechnol.*, **102**, 9814（2011）

27)　S. Iwasaki *et al.*, *TANSO*, **2014**(261), 8（2014）

第10章　多孔質炭素材料への水蒸気吸着

堀河俊英[*]

1　はじめに

　活性炭などの多孔質炭素材料は疎水性表面を有するが，図1に示すように一般的な活性炭では中相対圧域から高相対圧域にかけて非常に大きな水蒸気吸着を示す[1]。活性炭は通常ミクロ孔からメソ孔にかけてブロードな細孔径分布を有し，さらにアモルファス炭素で構成されるため細孔は複雑かつ乱雑な構造をとる。それに加え炭素原子以外に原料由来のヘテロ原子が構造内に存在し，表面官能基を有する。一方，吸着質である水分子は酸素原子1つと水素原子2つの原子3つから成る単純な分子であるにも関わらず，水1分子内の酸素原子と水素原子間で生じる分極のため，その酸素原子は近隣の他分子の水素原子と指向性を有する"結合"をする。それが水分子間で生じる水素結合である。水分子が有する極性のため強い相互作用（水素結合）を示し，水分子間だけでなく活性炭が有する表面官能基とも水素結合するため，その吸着挙動は非極性である希ガスなどの吸着挙動と比較して非常に複雑となる。したがって，複雑な細孔構造を有する活性炭

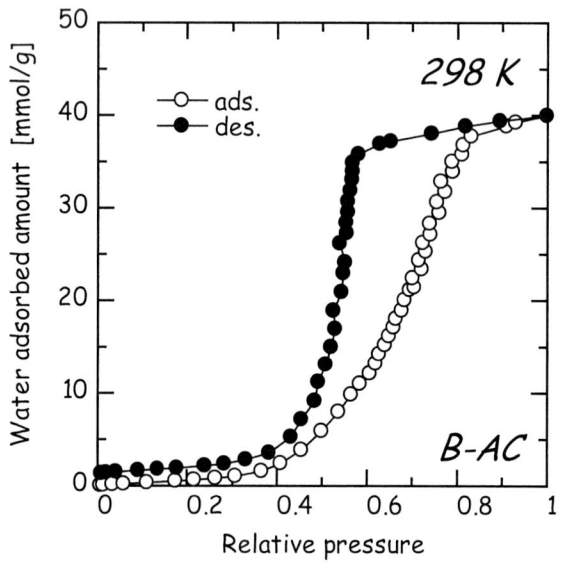

図1　活性炭に対する298 Kにおける水蒸気吸着等温線[1]

＊　Toshihide Horikawa　徳島大学　大学院社会産業理工学研究部　理工学域応用化学系　准教授

のような吸着剤と水素結合する水蒸気を吸着質とした系において得られた図 1 のような吸着等温線から，吸着現象を読み解くことは非常に難しいことが容易に想像されよう。そこで本稿では，よりシンプルな炭素表面および細孔構造を有する炭素系吸着剤への水蒸気吸着挙動を紹介し，さらに水蒸気吸着理論モデルを用いた水蒸気吸着等温線の解析結果から，活性炭への水蒸気吸着挙動について説明することとする。

2　材料および実験方法

本稿で使用した吸着剤について簡単に説明する。平滑炭素表面（GCB）[2,3] は 2000℃ 以上の高温で炭素化された炭素欠陥がほとんどない平滑な表面を有する数 $100\,\mu m$ の多角体粒子である。ミクロポーラス炭素（RF50）[2,4] はレゾルシノール–ホルムアルデヒド樹脂を原料に 900℃ で炭化した材料で，窒素（77 K）を全く吸着せず，二酸化炭素（298 K）を吸着するミクロポーラス炭素である。また，メソポーラス炭素（Hex）[5~7] はグラファイト構造を細孔表面にもつ約 9 nm の規則性メソ孔を有するメソポーラス炭素である。

全ての吸着等温線測定は定容系自動吸着装置（BELSORP-max，MicrotracBEL）を使用した。測定の前処理として 473 K，5 h にて真空脱気することで材料表面を清浄にしたのちに吸着測定を行った。また，異なる温度で測定した吸着等温線に Clausius–Clapeyron（CC）式を適用し吸着熱を算出した。

3　水蒸気吸着等温線

3.1　平滑炭素表面

最初に最もシンプルな炭素系吸着剤として平滑炭素表面（GCB）への水蒸気吸着挙動を取り上げる。GCB への 298 K における水蒸気吸着等温線を図 2 に示す。活性炭への水蒸気吸着等温線は IUPAC の分類によると V 型[8]の等温線形状を示すが（図 1），GCB への水蒸気吸着等温線の形状は活性炭の場合と大きく形状が異なる。吸着過程において圧力の増加とともに吸着量は吸着初期から相対圧 0.9 程度まで比例的に微増し，相対圧 0.9 以上で大きく吸着量が増加する。そして，脱着過程において相対圧 1 付近において大きな吸着量減少を示すが，脱着等温線が吸着等温線に到達することはなく，ある一定吸着量を相対圧 0.1 付近まで保ち，さらに圧力を下げると脱着が進行する。ただし，測定装置の関係上，ここで示した圧力以下に減圧することができず測定を終了しているが，相対圧 0.001 程度まで減圧して測定できたとしても，水分子と表面官能基間に働く強い水素結合のため全ての水蒸気を除去することはできないと思われる。今，水分子と表面官能基の相互作用について言及したが，ここに示した水蒸気吸着等温線だけでは水分子と表面官能基が水素結合をしているのかどうか判断することはできない。

そこで，283 K および 298 K で高精度測定した GCB への水蒸気吸着等温線に Clausius–

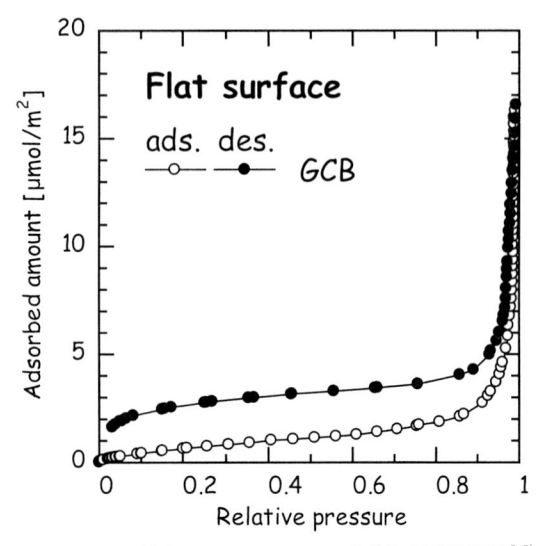

図2　GCB に対する 298 K における水蒸気吸着等温線[2,5]

Clapeyron（CC）式により算出したこの吸着に係る吸着熱を図3に示す。通常プロットによる吸着熱を一見すると，吸着熱は吸着量の増加に伴い水の凝縮熱に到達するように観られる。しかし，このプロットを，横軸を対数としたセミログプロットにすると，吸着初期に高い吸着熱を放出し，吸着の進行と共に吸着熱が減少して最小を示したのちに，吸着量の増加に伴い吸着熱が増加して最終的に凝縮熱に到達していることが分かる。

　先でも述べたが，水分子は極性を有し，水一分子内の酸素原子と水素原子間で生じる分極のため指向性を有する“結合”をする。本系において，水分子は GCB のエッジ部に存在する表面官能基と最も強く相互作用し，次いで水分子間，そして，GCB 表面と最も弱い相互作用を示す[3]。GCB は高温にて炭素化処理が施されているが，数 at% の酸素を有しており表面官能基が GCB エッジ部に存在する[5]。したがって，吸着の初期段階において水分子は水素結合により GCB の官能基上に吸着する。官能基がカルボキシル基である場合，水分子が官能基に吸着して放出される吸着熱は 39 kJ/mol と統計熱力学的に算出でき[9]，図3の点(a)の吸着初期に観られた大きな吸着熱の理由が表面官能基と水分子間の強い相互作用に起因するものと示唆される。次に，官能基に吸着した水分子と新たな水分子が水素結合により吸着することで小さなクラスターを形成し，このとき吸着熱は 9 kJ/mol 程度となる（図3の点(b)）。さらに水分子間の相互作用によるクラスター同士の合一とクラスター成長に伴いバルク水の凝縮熱に等しい吸着熱が得られる（図3の点(c)）。この吸着熱の挙動は，コンピュータシミュレーションにおいても同様の傾向が得られ，実験より得られたデータと一致した[10]。

　以上より，GCB への水蒸気吸着は水素結合により表面官能基へ水分子が吸着，さらに水分子間の水素結合でクラスター成長とクラスター同士の合一により吸着が進行する。この結果は，図4に示すコンピュータシミュレーションから得られたスナップショット[11]からも明らかである。

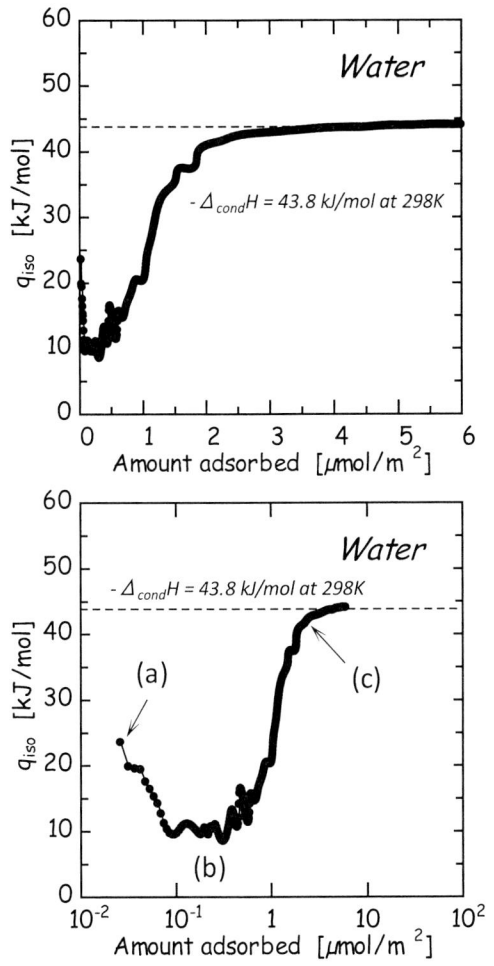

図3　GCB に対する水蒸気吸着に係る吸着熱
（上）通常プロット，（下）セミログプロット[2,5]

図4　シミュレーションによる GCB に対する
水蒸気吸着のスナップショット[11]

　この結果，水分子は GCB 表面との相互作用が小さいため表面官能基部分以外の均一 GCB 表面には吸着しないことが分かった。また，Dubinin らが 1969 年に異なる割合で水蒸気を吸着させた GCB に対してアルゴン吸着測定を行った結果によると，水蒸気の吸着量に関係なくアルゴンの吸着量は清浄な GCB に対する吸着量とほぼ等しくなることを報告している[12]。この結果から，アルゴンは GCB 表面へ，水蒸気は GCB エッジに存在する表面官能基へとそれぞれ異なる吸着サイトへ異なる吸着機構で吸着することが明らかである。

3.2　ミクロポーラス炭素およびメソポーラス炭素

　続いて，ミクロポーラス炭素（RF50）とメソポーラス炭素（Hex）への水蒸気吸着挙動を見ていこう。298 K における RF50 および Hex への水蒸気吸着等温線を図5に示す。77 K におい

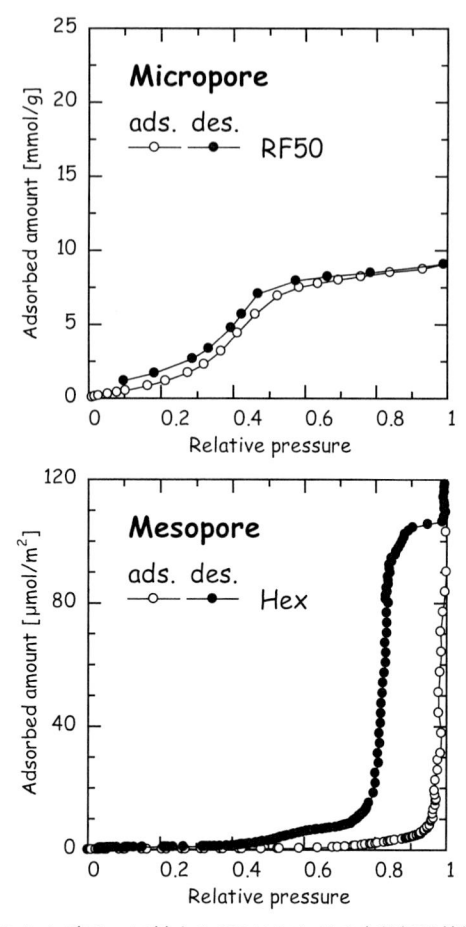

図5　RF50 および Hex に対する 298 K における水蒸気吸着等温線[2,4,5]

て窒素の吸着を示さない小さいミクロ孔のみを有する RF50 への水蒸気吸着等温線は，相対圧 0.3 から大きな立ち上がりを示し，相対圧 0.5 では RF50 が有するミクロ孔を全て満たす吸着飽和に達する。図1，2で示した活性炭や GCB に対する水蒸気吸着等温線で観られたような大きなヒステリシスは観られず，比較的小さなヒステリシスが観られる。ここで，脱着等温線は吸着等温線と交わらず，GCB の場合と同様減圧しても吸着した水蒸気を全て脱着できていないことが分かる。

　一方，9 nm の規則性メソ孔を有する Hex への水蒸気吸着等温線は，相対圧 0.9 付近まで徐々に吸着量が増加し，相対圧 0.9 以上で吸着量が増加する GCB の場合と類似する。しかしながら，相対圧 1 に限りなく近い圧力まで吸着飽和に達しない。脱着等温線は，細孔内を水蒸気が満たし，外表面に吸着したと考えられる水蒸気から脱着が進行するため，脱着開始時は吸着等温線に沿って脱着が進行する。これは水蒸気の凝縮と蒸発に要するエネルギーが等価であることを意味する。すなわち，ヒステリシスが存在するということは，吸着過程における水蒸気の吸着エネル

ギーと脱着過程における水蒸気の脱着エネルギーに差があるため生じる現象である。さらに脱着が進行すると，ある吸着量から相対圧 0.85 付近まで脱着量が変化せず，相対圧 0.8 において一気に吸着量が減少する脱着挙動を示す。この挙動は前述の吸着と脱着に係るエネルギーの差によって生じるもので，メソ孔内に吸着した水蒸気が狭小空間内にトラップされ細孔壁から相互作用を受けることで脱着により大きなエネルギーを要するためである。そして，さらに脱着を進めると相対圧 0.8 における大きな吸着量変化ののち，ある一定吸着量で相対圧 0.6 まで脱着は起こらず，相対圧 0.6 以下に達すると脱着が進行する。この Hex への水蒸気吸着等温線においても，脱着等温線は吸着等温線に交わらず，GCB と RF50 の場合と同様に吸着した水蒸気を低圧まで減圧しても脱着できない。

　このように，ノンポーラス GCB，ミクロポーラス RF50，メソポーラス Hex と表面，細孔構造の異なる炭素材料に対する水蒸気吸着等温線はそれぞれ形状が異なり，活性炭は炭素系材料かつミクロからメソにかけてブロードな細孔を有することから，その活性炭に対する水蒸気吸着挙動は，ここで示した GCB，RF50，Hex に対する水蒸気吸着等温線の全要素を複合した挙動を示すことが明らかである。したがって，前に述べたように活性炭への水蒸気吸着等温線を眺めていても水蒸気吸着挙動を理解することが極めて困難であることを理解していただけたのではないだろうか。さらに，これらの水蒸気等温線を理解するために，脱着スキャニングカーブを用い，より詳細な吸着と脱着メカニズムについて検討した結果を纏めて次に示す。

3.3　脱着スキャニングカーブ

　水蒸気脱着等温線に着目すると，図 2，5 に示す GCB，Hex 共に脱着初期の脱着等温線は吸着等温線に対し可逆性を示す。しかし，GCB では相対圧 0.95 付近から，Hex では相対圧 1 の途中から吸着等温線を大きく逸脱してそれぞれ形状の異なるヒステリシスが生じている。これら脱着挙動を理解するために，GCB，Hex の水蒸気吸着等温線のヒステリシス内における脱着スキャニングカーブを測定した結果を図 6 に示す。脱着スキャニングカーブとは，吸着過程において任意の圧力で測定を中断し，その点から脱着測定を行ったときに得られる脱着等温線である。

　GCB の水蒸気吸着等温線に対する吸着量 $2\,\mu\mathrm{mol/m^2}$ 以上の点からの脱着スキャニングカーブは，図 2 に示した脱着等温線と同様の挙動を示し，脱着初期に大きな吸着量減少を示し相対圧 0.8 付近からほぼ吸着量変化を示さず水平となる。一方，興味深いことに $2\,\mu\mathrm{mol/m^2}$ より吸着量が小さい点から測定を開始した脱着スキャニングカーブは脱着開始から低圧部まで吸着量変化がなく水分子がほとんど脱着しない。この挙動の違いは脱着スキャニングカーブ測定開始時の水分子の吸着状態の違いに依存する。吸着量が $2\,\mu\mathrm{mol/m^2}$ 以上のとき，吸着熱は水の凝縮熱とほぼ等しくなり吸着した水分子はバルク水の状態に等しく圧力に応じて蒸発が起こる。逆に $2\,\mu\mathrm{mol/m^2}$ より小さいとき，図 3 の吸着熱から吸着した水分子はクラスターの成長過程にあり表面官能基からの強い相互作用を受け，固相様の状態になっていると推測できる。そのため相対圧 0.01 付近までほとんど脱着を示さない。

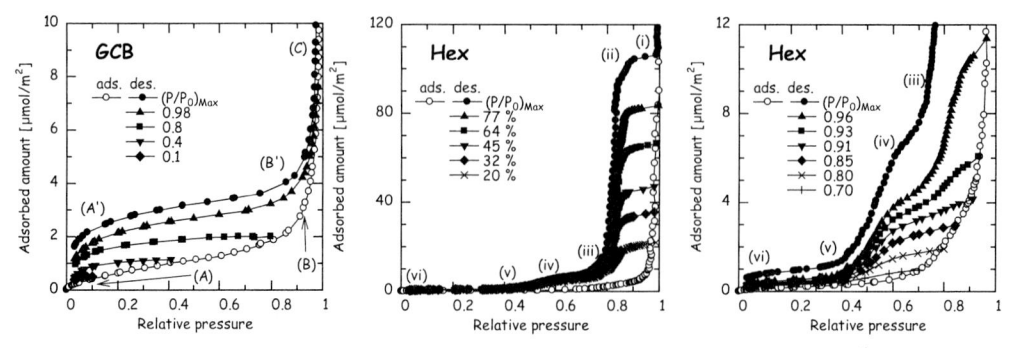

図6　GCB および Hex の水蒸気吸着等温線に対する脱着スキャニングカーブ[5]

　Hex の場合，脱着等温線は相対圧 1〜0.8（図6(i)〜(iii)），0.8〜0.4（図6(iii)〜(v)），そして 0.4 以下（図6(v)〜(vi)）の3つのステップを示す。

　脱着等温線は図6(i)の点まで吸着枝と重なり可逆性を示す。図6(i)の点における吸着量 107 μmol/m^2 は Hex が有するメソ孔を水分子が完全に満たした状態である。細孔内に吸着した水分子の脱着挙動の理解のために，飽和吸着量 107 μmol/m^2 を基準として吸着量 77〜20％の各点から脱着スキャニングカーブをそれぞれ測定すると，それら全てのスキャニングカーブは基準の脱着等温線と同様に脱着開始と同時に相対圧 0.8 まで吸着量が変化せず水平に等温線が移行し，そして相対圧 0.8 で急激な脱着を示した。吸着量が 77〜20％以上のとき細孔内の水分子の状態は各脱着開始点の吸着熱から水の凝縮熱と一致することから，ここで脱着した水分子はメソ孔内で液体状態の水として存在するといえる。細孔外に凝縮した水と細孔内で液体状態にある水の吸着熱が等しいことから，一般的な非極性分子がメソ孔への吸着で示す毛管凝縮現象と，ここで示す Hex への水蒸気吸着によるメソ孔内における水分子の凝縮は，同様のメカニズムで起こると考えられる。

　次に相対圧 0.8〜0.4（図6(iii)〜(v)）のステップに関連する脱着スキャニングカーブをみると，相対圧 0.96，0.93 からの脱着スキャニングカーブは3ステップであるが，0.91 以下では2ステップとなり，相対圧 0.8 付近にみられた毛管蒸発に伴う吸着量減少が消滅している。吸着過程において，相対圧 0.91 では細孔内に吸着水の架橋構造の形成はなく，相対圧 0.93 では架橋構造の形成が示唆される。さらに，開始圧力を低下させると，脱着スキャニングカーブは1ステップのみとなり，先ほど示した GCB からの脱着挙動と類似する。2ステップの脱着スキャニングカーブは，相対圧 0.6〜0.4 で大きな脱着を示すことから，一般的に RF50 のようなミクロ孔を有する炭素に吸着した水分子の脱着挙動と類似する。しかし，Hex にミクロ孔が存在しないことから，官能基上に形成したクラスター－クラスター間に吸着した水分子の脱着であると考えられる。そして，相対圧 0.4 以下の脱着挙動は先に述べた GCB に吸着した水蒸気の脱着挙動と同じであり，官能基上に形成したクラスターからの水分子の脱着のため低相対圧までほとんど吸着量が減少しない。

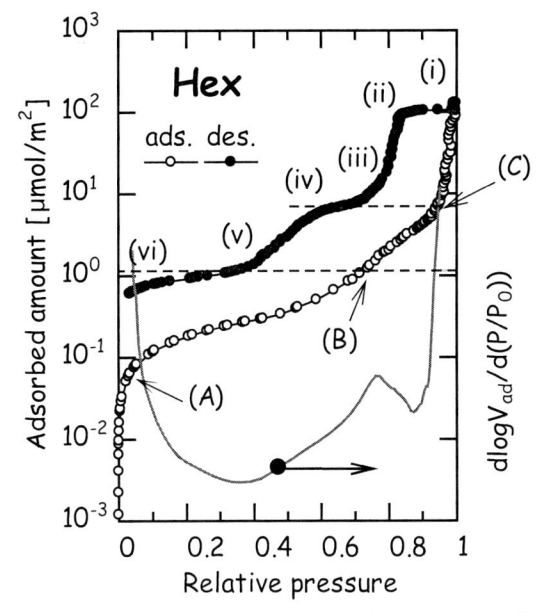

図7　Hex の水蒸気吸着等温線と吸着枝の吸着変化量[5]

　このように，Hex に吸着した水分子の脱着は3つの異なる吸着状態(1)毛管凝縮水，(2)クラスター間吸着水，(3)官能基上に形成したクラスター，から(1)→(2)→(3)の順に脱着が起こることで3ステップの脱着挙動を示す。一方，Hex への吸着過程では図5に示した通り大きな1ステップの吸着等温線を示し，脱着とは異なる吸着過程を経て吸着が進行することになる。しかし，脱着過程が3ステップで起こり3つの水蒸気吸着状態が存在するのであれば，吸着過程も同様に3ステップにより進行するはずである。そこで，より詳細に吸着等温線を観察するために，図5の等温線の縦軸を対数プロットし，さらに，吸着枝に対して微分値を取り実線で示すと図7のようになる。吸着等温線も脱着等温線と同様に3ステップあり，3段階の吸着過程があることが明らかである。さらに興味深いことに，各ステップの吸着量と脱着量はほぼ一致する（図7中に示した破線参照）。

4　水蒸気吸着理論

4.1　Horikawa-Do（HD）モデル

　我々が提案する多孔質炭素への水蒸気吸着に係る水蒸気吸着理論（HD モデル）[4] を紹介する。紙面の関係上，式の導出および脱着等温線についてはここでは割愛する（文献4)を参照）。HD モデルの吸着等温線は次式のように3つの項からなる。

$$C_{total} = S_0 \frac{K_f \sum_{n=1}^{m} nx^n}{1 + K_f \sum_{n=1}^{m} x^n} + C_{\mu s} \frac{K_\mu \sum_{n=\alpha 1+1}^{m} x^n}{K_\mu \sum_{n=\alpha 1+1}^{m} x^n + \sum_{n=\alpha 1+1}^{m} x^{n-\alpha 1}} + C_{ms} \frac{K_m \sum_{n=\alpha 2+1}^{m} x^n}{K_m \sum_{n=\alpha 2+1}^{m} x^n + \sum_{n=\alpha 2+1}^{m} x^{n-\alpha 2}}$$

ここで，C_{total}：全吸着量，$C_{\mu s}$：ミクロ孔への飽和吸着量，C_{ms}：メソ孔への吸着量，S_0：表面官能基量，$\alpha 1$：ミクロ孔吸着に対するクラスターサイズ（水分子数），$\alpha 2$：メソ孔吸着に対するクラスターサイズ（$\alpha 1 < \alpha 2$），K_f：（表面官能基への吸脱着平衡定数）／（表面官能基へ吸着した水への吸脱着平衡定数），K_μ：ミクロ孔吸着に対する吸着平衡定数，K_m：メソ孔吸着に対する吸着平衡定数，x：相対圧である。これら3項は先に示した3つの等温線をそれぞれ表現し，第1項は表面官能基への水蒸気吸着，すなわちGCBへの水蒸気吸着挙動，第2項はミクロ孔への水蒸気吸着，第3項はメソ孔への水蒸気吸着をそれぞれ表すモデルとなっている。また，各項のS_0，$C_{\mu s}$，C_{ms}は実験結果から得られる値をパラメータとして使用することができる。

　図5で示したRF50の水蒸気吸着等温線と，ミクロ孔領域とメソ孔領域にそれぞれ独立した二峰性の細孔径分布を有するRF100およびRF200の水蒸気吸着等温線にHDモデルでフィッティングした結果を図8に示す。実験から得られた全ての水蒸気吸着等温線をHDモデルが良好に再現していることがわかる。ミクロ孔のみのRF50の場合にはHDモデルの第3項を0としてフィッティングし，それは改良DDモデルと一致する[13]。このHDモデルを使用すると，水蒸気吸着等温線の立ち上がりに水蒸気分子がいくつのクラスターを形成するのか推測することができる。RF50のようなミクロポーラス炭素のように低相対圧部で等温線が立ち上がるときには水蒸気クラスターは小さく，Hexのようなメソポーラス炭素のように高相対圧部で等温線が立ち上がるときにはより大きなクラスターが吸着に必要であることを示唆する。

　では，本稿で最初に図1に示した活性炭の水蒸気吸着等温線をHDモデルで解析をしてみよう。解析結果を図9に示す。非常に大きなヒステリシスを有するV型の等温線であるため1ステップで吸脱着が進行しているように観られるが，HDモデルによりフィッティングすると，大きな立ち上がりはミクロ孔およびメソ孔に対しての吸着が連続して起こったためであることがわかる。活性炭の細孔径分布がミクロ孔からメソ孔にかけてブロードに存在することがこのような

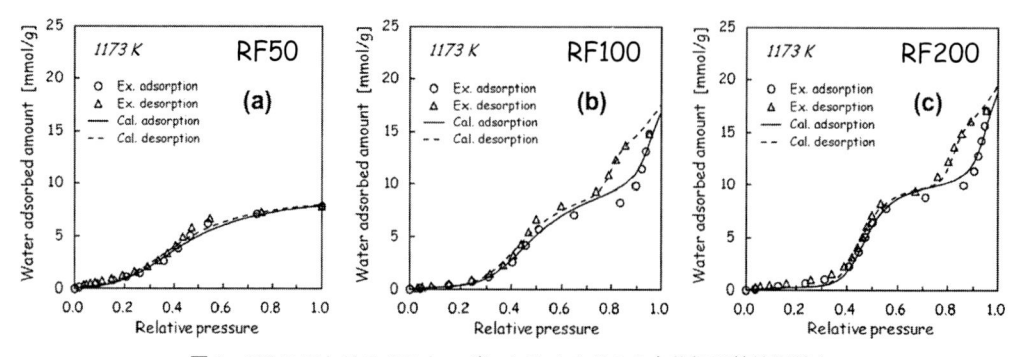

図8　298KにおけるRFカーボンクライオゲルの水蒸気吸着等温線と
HDモデルによるフィッティング結果[4]

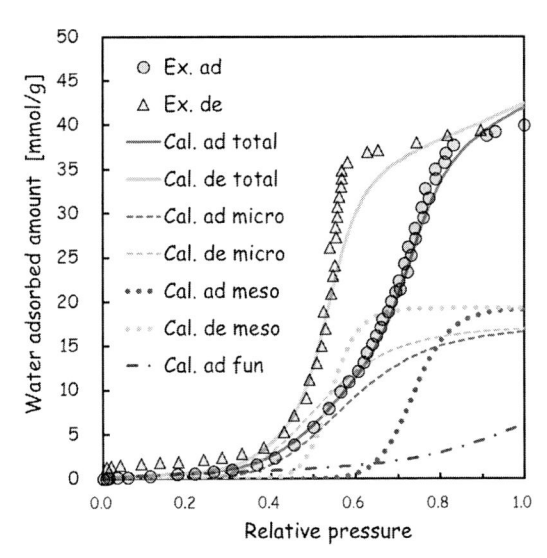

図9　298 K における活性炭の水蒸気吸着等温線と HD モデルによるフィッティング結果

水蒸気吸着等温線形状になる理由であることは先で述べたが，HD モデルではその吸着の寄与する細孔をそれぞれ評価することが可能で，ここに示す水蒸気吸着等温線では，活性炭のミクロ孔とメソ孔の寄与が 1：1 程度であることが推測できる。このように吸着理論を適用することで様々な水蒸気吸着等温線を解析することが可能である。

5　おわりに

　本稿では，多孔質炭素材料に対する非常に複雑な水蒸気吸着挙動を理解し，水蒸気吸着メカニズムを紐解くために，系統的に取り組んだ研究成果を纏めて紹介した。多孔質炭素材料への水蒸気吸着等温線は，ここで示した 3 つの基本炭素：平滑炭素平面，ミクロポーラス炭素，メソポーラス炭素への水蒸気吸着等温線の足し合わせにより表現が可能である。HD モデルを用いることでより詳細にその吸着に係るクラスターサイズ（水分子数），吸着に寄与するミクロ孔とメソ孔の割合などを解析することが可能である。ここでは紹介できなかったが水蒸気吸着に係る温度依存性[14,15]は非常に興味深い挙動を示す。水蒸気を溶媒とした吸着式ヒートポンプまたはデシカントとして多孔質炭素の適用を考える場合には有用な情報であろう。

　より詳細に水蒸気吸着メカニズムを理解するために，より適した吸着モデルを提案するためには，より多くの様々な炭素系多孔質材料に対する高精度な水蒸気吸着データが必要であり，今後そのようなデータが増えることを期待する。

文　　献

1) T. Horikawa *et al.*, *Bioresour. Technol.*, **101**, 3964 (2010)

2) T. Horikawa *et al.*, *Journal of Colloid and Interface Science*, **439**, 1 (2015)

3) V. T. Nguyen *et al.*, *Carbon*, **61**, 551 (2013)

4) T. Horikawa *et al.*, *Carbon*, **49**, 416 (2011)

5) T. Horikawa *et al.*, *Carbon*, **95**, 137 (2015)

6) K. Morishige *The Journal of Physical Chemistry C*, **115**, 2720 (2011)

7) Y. Wang *et al.*, *The Journal of Physical Chemistry C*, **115**, 13361 (2011)

8) M. Thommes *et al.*, *Pure and Applied Chemistry*, **87**, 1051 (2015)

9) D. D. Do *et al.*, *Journal of Colloid and Interface Science*, **324**, 15 (2008)

10) Y. Zeng *et al.*, *The Journal of Physical Chemistry C*, **122**, 24171 (2018)

11) V. T. Nguyen *et al.*, *Carbon*, **66**, 629 (2014)

12) Y. F. Berezkina *et al.*, *Izv. Akad. Nauk SSSR, Ser. Khim.*, 2653 (1969)

13) D. D. Do *et al.*, *Carbon*, **47**, 1466 (2009)

14) T. Horikawa *et al.*, *Carbon*, **56**, 183 (2013)

15) T. Horikawa *et al.*, *Carbon*, **124**, 271 (2017)

第11章　ポーラスカーボンに対するハロゲン化物イオンの吸着特性

大久保貴広*

1　はじめに

　本書の随所で述べられているとおり，ポーラスカーボンは分子やイオンの貯蔵能を活かした吸着・触媒材料，および電気伝導性を活かした各種の電極材料として有望な材料である。ポーラスカーボンに対する分子やイオンの吸着特性については，ガス吸着特性に関する研究を筆頭に長年にわたる研究で理解し尽されたと思われがちだが，基礎的な現象ですら理解が進んでいないことも多い。筆者らは臭化ルビジウム（RbBr）水溶液中から各イオンがポーラスカーボンのミクロ孔内に吸着する際，水和数の減少を伴いながら吸着することを見出すと共に[1,2]，最近ではdブロック元素である亜鉛[3,4]，銅[5]，およびコバルト[6]を含む化合物が活性炭（AC）や単層カーボンナノチューブ（SWCNT）のミクロ孔内に閉じ込められた場合に形成する特徴的な構造を報告してきた。更に，SWCNT のミクロ孔内に吸着した酢酸銅は水の共存下で可視光による光還元反応を示し亜酸化銅が自発的に生成することも報告した[7]。このように，水和イオンや金属錯体がそれらと同程度のサイズを有する空間に閉じ込められると，バルク中では決して見出すことのできない性質や化学反応を誘起できることを示してきた。それらの研究を進める中で，一部の金属ハロゲン化物水溶液中にポーラスカーボンを分散させると，水溶液中の金属イオン（カチオン）よりもハロゲン化物イオン（アニオン）を過剰に吸着する現象があることがわかった。即ち，水溶液中ではカチオンとアニオン間の電荷バランスが保たれる比で溶解しているが，ポーラスカーボンの吸着層では陰イオンであるハロゲン化物イオンが過剰となり，一見すると電荷バランスが崩れた状態で吸着している状況となる。ポーラスカーボンの表面電位は，π電子が存在するため通常は負であり，ハロゲン化物イオンと炭素材料とは斥力的な相互作用となる筈であり，筆者らが見出した実験結果は非常に興味深い現象であると言える。本章では，ハロゲン化物イオンがポーラスカーボンに過剰に吸着する要因に関する我々の最近の研究成果を概説する。

2　ポーラスカーボンへのイオンの吸着

　各種吸着材は，水を簡便かつ迅速に精製する目的において不可欠である。例えば，イオン交換樹脂やゼオライト等の材料はイオン交換サイトを豊富に有しているため，水中に溶存するイオンを効率的に除去できる。一方，活性炭をはじめとするポーラスカーボンは，物理吸着や酸性表面

＊　Takahiro Ohkubo　岡山大学　大学院自然科学研究科　准教授

官能基によるイオン交換作用によりカチオンの吸着が可能な上，細孔内が比較的疎水的な環境であるため，有機系不純物の除去に関して他の吸着材より優れているという特徴がある。更に，ポーラスカーボンは電気伝導性にも優れ，電気二重層キャパシター等の電極材料としても用いられている。ポーラスカーボンの細孔を比較的自由に設計できる技術も格段に進歩していることから，様々な形でエネルギー貯蔵空間として用いる挑戦は今後も続くと考えられる。その際，エネルギー源として蓄えられる様々な分子やイオンの細孔内での吸着状態を予め理解しておくことは優れた材料を設計する上で重要である。

筆者らは活性炭の約 1 nm の細孔内に吸着した Rb^+ と Br^- の水和構造を元素種選択的な解析が可能である X 線吸収微細構造（XAFS）スペクトル等の手法から明らかにし，水溶液中の水和イオンがカーボンのミクロ孔内に吸着する際，水和数が減少し歪んだ構造を形成することを報告した。筆者らの報告を皮切りに，s ブロック金属イオンのナノ空間内での水和構造に関する実験および理論的な研究が精力的に行われてきた[8~11]。その後，活性炭のミクロ孔内で有機系電解質やイオン液体が形成する特異な構造も解明されつつあり[12]，「超イオン状態」といった新しい概念も提唱され[13,14]，ポーラスカーボンの細孔内に制約されたイオンという枠組みで新しいサイエンスが進展している。

3 ポーラスカーボンに対するハロゲン化物イオンの特異吸着現象

ポーラスカーボンに対するイオン種の吸着（ただし，電圧印加等の外部からの摂動は一切考えない）について，吸着層においても電解質のカチオンとアニオンの比がバルク中と変わらないことを前提とした議論が進められている。例えば，n 価の金属イオン（M^{n+}）とハロゲン化物イオン（X^-）とから構成される塩（MX_n）を溶解した水溶液中にポーラスカーボンを分散させてイオンを吸着させる場合を考える。表面官能基によるイオン交換量を無視した場合，物理吸着に相当するイオンのモル吸着量は電荷バランスの観点から X^- が M^{n+} の n 倍だけ吸着しなければならない。つまり，一価の金属イオン（$n = 1$）では金属イオンとハロゲン化物イオンのモル吸着量が等しくなるべきである。しかし，筆者らはハロゲン化物イオンの吸着量が，予想される金属イオンの吸着量の数倍から 100 倍以上多量に吸着する現象を実験的に見出した[15]。

3.1 Br^- の特異吸着現象：RbBr 水溶液のポーラスカーボンへの液相吸着

筆者らは臭化ルビジウム（RbBr）水溶液中からミクロ孔性活性炭に各イオンを吸着させ，Rb^+ および Br^- それぞれの水和構造を XAFS スペクトルの結果から議論し，水和数の減少を伴う吸着現象を 2002 年に見出した[1]。この報告に倣い，吸着材を SWCNT として同様の検討を実施することになり，XAFS スペクトルの解析を行おうとした。この時，実験の生データをみると全く予想していない結果が得られた。図 1 に平均細孔径 1.3 nm の SWCNT（以下，ポーラスカーボンの略記と平均細孔サイズを nm 単位で表して SWCNT(1.3) のように記す）および AC

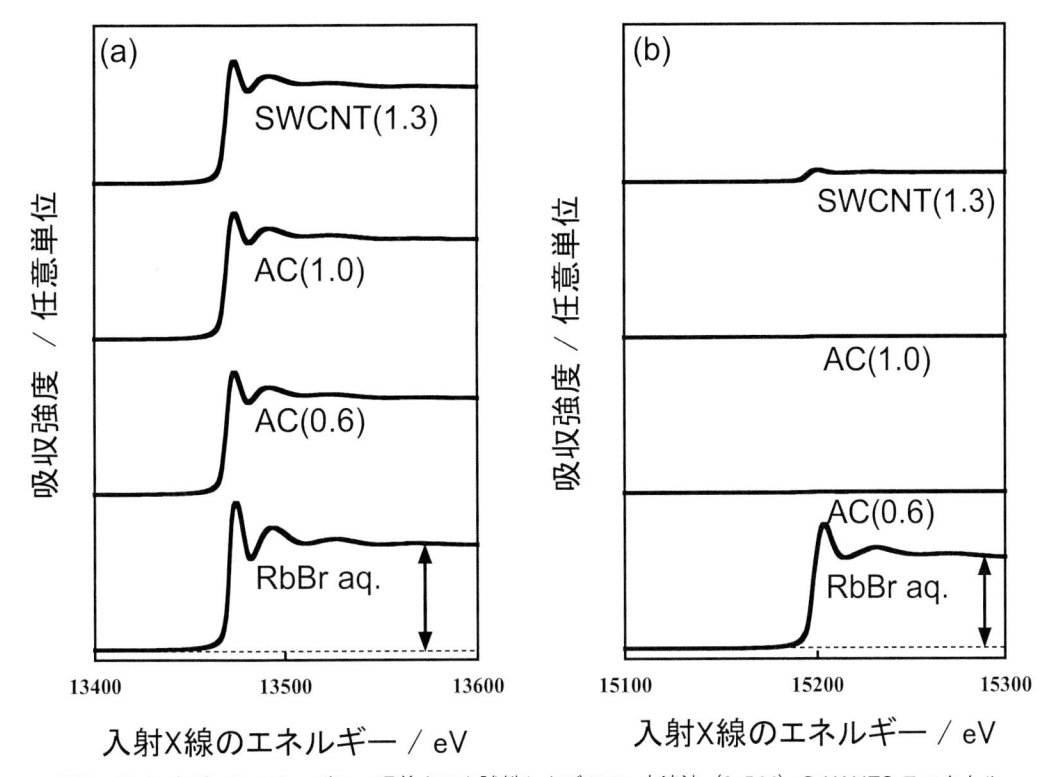

図1　RbBr をポーラスカーボンへ吸着させた試料および RbBr 水溶液（0.5 M）の XANES スペクトル

(a) Br-K 吸収端，(b) Rb-K 吸収端

矢印は RbBr 水溶液を例に各吸収端でのエッジジャンプの大きさを示している。尚，各サンプルの
Br-K 吸収端のエッジジャンプの大きさが1となる定数を求め，Br と Rb のスペクトルに乗じてある。
（文献 15）より許可を得て一部改変の上転載 Copyright (2017) Elsevier Inc.）

（AC(1.0)および AC(0.6)：AC については市販品を Ar 気流下で焼成（900℃）し，表面官能基を極限まで減らした材料を用いている）を初期濃度 0.5 M の RbBr 水溶液中に分散させ，24 時間以上かけて電解質を吸着させた後にポーラスカーボンのみを取り出し，乾燥させた後のサンプルと，0.5 M の RbBr 水溶液それぞれの Rb ならびに Br の各 K 吸収端に関する X 線吸収端近傍構造（X-ray absorption near edge structure；XANES）スペクトルを示す。ここで注目して欲しいのは，それぞれのサンプルの Br-K 吸収端と Rb-K 吸収端それぞれの吸光度（エッジジャンプ）の比である。RbBr 水溶液の吸光度は Rb と Br で似通っている一方で，RbBr を吸着させたポーラスカーボンでは明らかに Rb のエッジジャンプが小さい。各イオンのエッジジャンプの大きさ（A）は広く知られている Lmbert–Beer 則に従う。

$$A = \mu CL$$

ここで，μ は各元素の K 吸収端におけるモル吸光係数，C は各元素の濃度，L はサンプルの光路長である。例えば RbBr 水溶液の場合，C は 0.5 M で双方のイオンで同じであり，L は全く同じ

サンプルを用いているので同じである。即ち，RbBr 水溶液の Rb-K 吸収端および Br-K 吸収端のエッジジャンプの大きさの比はモル吸光係数の比となる。実際，図 1 に示した RbBr 水溶液の Rb-K 吸収端のエッジジャンプの大きさに対する Br-K 吸収端のエッジジャンプの大きさの比は 1.18 となり，文献値[16]から求まる 1.13 と概ね一致する。一方，ポーラスカーボンに吸着した RbBr の系では，Rb-K 吸収端のエッジジャンプの大きさは Br-K 吸収端の大きさに比べて遥かに小さい。水溶液のデータで議論したとおり，光路長が同じ試料では残りの 2 つのパラメータに依存する。ここで，モル吸光係数の比は先に挙げた値から約 1.18 であるため，これを超える違いは各ポーラスカーボンへの Br^- の吸着量が Rb^+ よりも遥かに多いことを意味している。図 1 に示したデータからモル吸光係数の比を考慮した後に吸着濃度の比を算出すると，Br^- の吸着量は Rb^+ よりも SWCNT（1.3）では約 11 倍，AC（1.0）と AC（0.6）では 100 倍以上多いことがわかった。ポーラスカーボンには何ら摂動をかけていないため，電荷バランスの観点から Rb^+ と Br^- は 1：1 で吸着すべきであるし，仮に Rb^+ と Br^- との吸着量が異なる場合であっても，π 電子が豊富で表面電位が負であるポーラスカーボンはカチオンである Rb^+ と強く相互作用すると想像できる。しかし，実験結果はこれらの予想に反しており，アニオンである Br^- が特異的に吸着することを示している。なぜポーラスカーボンに対して Br^- が Rb^+ よりも過剰に吸着する現象が起こるのかという点についてこれまでに得られている知見を基に概説する。

3.2　Br^- の特異吸着に与える溶媒の影響

　まず，Rb^+ と Br^- が 1：1 で吸着せず Br^- が Rb^+ よりも過剰に吸着する際の電荷バランスについて考える。ここでは RbBr 水溶液を用いているので，過剰な Br^- の電荷を補償するカチオンとしては対イオンの Rb^+ と水の自己イオン化で生成するプロトン（H^+）のみである。そこで，RbBr 水溶液の初期 pH の値と本研究で対象としたミクロ孔性のポーラスカーボンに RbBr 水溶液を吸着させた後の pH の値の変化から，H^+ が過剰な Br^- の電荷補償をする可能性について検討した。表 1 に 0.5 M の RbBr 水溶液の初期 pH と，表中に示す各吸着材を分散させ，吸着平衡に達した際の水溶液の pH を示す。また，参考として各ポーラスカーボンに対する Br^- の吸着量も示す。まず，各吸着材の初期 pH は全ての場合において弱酸性を示している一方で，RbBr 水溶液の吸着平衡後に pH が増加しており，水溶液が塩基性となっていることがわかる。表 1 を見る限り pH の変化量と Br^- 吸着量との間には明瞭な相関はみられないものの，ミクロ孔性カーボンに対して H^+ が吸着することは確かである。ここで，pH の変化量から H^+ の吸着量を定量的に議論しようと試みた。表 2 に示すとおり，H^+ の吸着量は中性付近の水溶液を用いた場合，Br^- の吸着量よりも遥かに少なく，電荷バランスのメカニズムを明瞭に説明することができない。一方，用いる水溶液を HBr により酸性にして H^+ 濃度を高くした状態で RbBr 水溶液を吸着させた場合，pH 変化から求まる H^+ の吸着量と Br^- の吸着量との間には正の相関があり，水中の H^+ と Br^- とが共同的に吸着することが明らかとなった。ただし，H^+ と Br^- それぞれの吸着量の間に相関があるといっても，例えば Br^- が 0.5 M であるのに対し，H^+ は水溶液が弱酸

表1　各試料溶液の初期および最終 pH および Br⁻ 吸着量

サンプル	pH_i	pH_f	ΔpH	Br⁻ 吸着量 / mmol g⁻¹
SWCNT(1.3)	6.13	9.73	+3.60	0.40
AC(1.0)	5.40	10.60	+5.20	0.26
AC(0.6)	5.40	10.21	+4.81	0.06

pH_i：初期 pH, pH_f：最終 pH, ΔpH：$pH_f - pH_i$
（文献 15）より許可を得て一部改変の上転載。Copyright (2017) Elsevier Inc.)

表2　異なる初期 pH から AC(1.0)に RbBr 水溶液を吸着させた際の H⁺ および Br⁻ 吸着量

pH_i	pH_f	H⁺ 吸着量 / mmol g⁻¹	Br⁻ 吸着量 / mmol g⁻¹
1.91	1.99	0.33	0.33
3.53	10.61	0.12	0.29
5.40	10.60	0.08	0.26

いずれの pH の場合でも初期 Br⁻ 濃度を 0.5 M とした

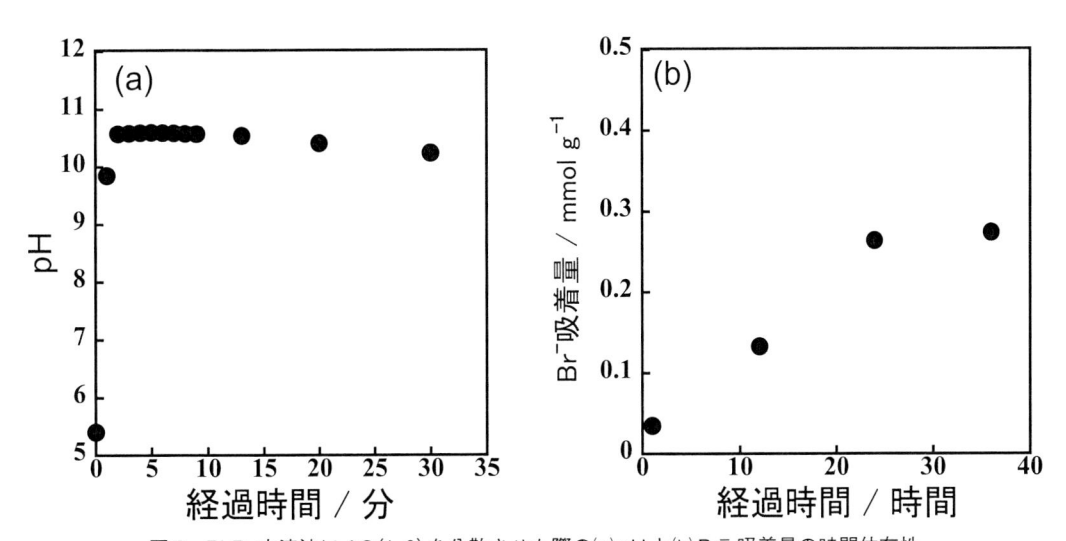

図2　RbBr 水溶液に AC(1.0)を分散させた際の(a) pH と(b) Br⁻ 吸着量の時間依存性
（横軸の経過時間の単位の違いに注意）

性であればせいぜい 10^{-6} M のオーダーである。当然, Br⁻ の対イオンとして 0.5 M の Rb⁺ も存在する。濃度だけを比較すると H⁺ が単純に物理吸着するとは考えにくく, H⁺ とミクロ孔性カーボンとの間に強力な相互作用があると考えなければ説明がつかない。実際, 図2に示すとおり, AC(1.0)への Br⁻ の吸着速度と比べて水溶液の pH 変化, つまり H⁺ の吸着は著しく早い過程であることがわかる。このことからも H⁺ がカーボン材料と強力に相互作用していることがわかる。

　水中の H^+ が Br^- の特異吸着に影響しているということであれば，非プロトン性溶媒を用いた場合には水溶液で見られたような結果にはならず，Rb^+ と Br^- が1：1で吸着すべきであるということになる。実際，非プロトン性溶媒としてジメチルスルホキシド（DMSO）を用いた場合，$AC(1.0)$ に対して Rb^+ と Br^- との吸着量比がほぼ1：1となり，水溶液中の H^+ が重要な役割を担っていることがわかった[15]。その一方で，SWCNT に対して RbBr の DMSO 溶液を吸着させた場合，Rb^+ の吸着量が Br^- に対して過剰となることも判明しており，ミクロ孔性のポーラスカーボンの細孔の幾何構造もイオンの吸着に対して大きく影響していることがわかった。

3.3　アニオン種の特異吸着に与える溶媒以外の因子

　前節まではミクロ孔性のポーラスカーボンに対する RbBr 水溶液の吸着という限定された実験系について紹介したが，ここではイオンの価数やサイズ，或いはミクロ孔の構造がアニオン種の吸着に与える影響について紹介する。

　まず，RbBr のカチオンを2価である $SrBr_2$ にした場合，$AC(1.0)$ への Br^- の吸着量は Sr^{2+} の2.5倍，SWCNT に対しては3.5倍であり，RbBr を用いた場合よりも Br^- の過剰な吸着量比が著しく減少した。また，pH 変化も0.1程度であり，ポーラスカーボンに対する H^+ の吸着量も著しく少ないことがわかった。その他，$ZnBr_2$ 水溶液についても Br^- の吸着量が Zn イオンよりも著しいとの結果は得られていない。これらのことから，Br^- が対イオンに対して過剰に吸着するのは1価のイオンを用いた場合であるとの結論に至った。2価のカチオンの場合，カーボンとの相互作用が1価の場合と比べて大きくなるということが要因であると考えられる。つまり，1価のカチオンとみなせる H^+ とカーボンとの相互作用を基準におき，溶質由来のカチオンとカーボンとの相互作用の大小が Br^- の吸着量に影響すると考えられる。

　それでは，1価のカチオン（アルカリ金属イオン）のサイズが H^+ の吸着量にどのような影響を与えるのであろうか。表3に0.5Mの各アルカリ金属臭化物水溶液を用いて $AC(1.0)$ に吸着させる前後における pH 変化および pH 変化から得られる H^+ の吸着量を示す。NaBr と CsBr の結果とを比較すると，金属イオンのサイズが小さくカーボン材料のミクロ孔内に入りやすい NaBr では CsBr よりも pH 変化が小さくなった。水溶液吸着後の pH が10前後ということは，水溶液中の H^+ 濃度は 10^{-10} M オーダーであることから H^+ の吸着量を定量的に議論することは難しいが，金属イオンも H^+ と共に Br^- の電荷バランスを補償するイオン種として吸着し，その吸着量は H^+ の吸着量とのバランスの上に成り立っていると考えられる。

　次に，Br^- 以外のアニオン種について類似の特異吸着が見られるか否か検討した。Br^- と同じハロゲン化物イオンである Cl^- について，RbCl 水溶液を用いて $AC(1.0)$ および $AC(0.6)$ に対して吸着させた際の結果を表4に示す。RbBr を用いた場合と同様の傾向が見られると共に，Cl^- のサイズが Br^- よりも小さいことから，Br^- の吸着が困難であった $AC(0.6)$ についても Cl^- が Rb^+ よりも過剰に吸着する傾向が明瞭となった。また，ヨウ化物イオン（I^-）イオンについては，水溶液中の H^+ との共同的な吸着が見られると共に，ヨウ化物イオン特有の化学反応が吸着に伴

表3　異なるカチオン種のアルカリ金属臭化物水溶液に AC(1.0) を分散させた際の
初期および最終 pH と H^+ 吸着量

吸着質*	pH_i	pH_f	H^+ 吸着量 / $mmol\ g^{-1}$
NaBr(116)	5.62	9.91	0.024
KBr(152)	5.03	10.18	0.046
RbBr(166)	5.66	10.17	0.043
CsBr(181)	5.40	10.25	0.052

＊吸着質の各カチオンのイオン半径をカッコ内に pm 単位でしめしている
全ての場合で水溶液の初期濃度を 0.5 M に統一

表4　RbCl 水溶液（0.5 M）に各活性炭を分散させた際の初期および最終 pH と Cl^- 吸着量

吸着材	pH_i	pH_f	Cl^- 吸着量 / $mmol\ g^{-1}$
AC(1.0)	5.52	10.72	0.46
AC(0.6)	5.52	10.40	0.20

い自発的に起こる可能性を示す結果が得られているが本稿では割愛する。ちなみに，水溶液中で強固な水和殻を形成する F^- についてはポーラスカーボンに対する吸着量を測定することが極めて困難であった。筆者らが行っている手法では水溶液の濃度変化から吸着量を求めるため，水溶液の濃度減少が検出限界以下であることが原因であると考えられる。以上の結果より，ハロゲン化物イオンでは Br^- で見られた H^+ との共同的な吸着現象により，ミクロ孔性のポーラスカーボンに対してカチオンよりも過剰に吸着するケースが多々あることがわかった。

　更に議論を進めて，ハロゲン化物イオン以外のアニオン種ではどうか。例えば筆者らは硝酸カルシウムを活性炭のミクロ孔に吸着させた際のカルシウムイオンが形成する水和構造について報告した[17]。このとき，1価のアニオンである硝酸化物イオン（NO_3^-）が2価のカチオンである Ca^{2+} よりも約2.5倍吸着することを見出している。その他，$RbNO_3$ 水溶液を用いてそれぞれのイオンの吸着量を求めたが，$Ca(NO_3)_2$ の場合と同様にアニオンの吸着量がカチオンよりもわずかに多い傾向はあったが，ハロゲン化物イオンのように顕著な過剰吸着の傾向は見られなかった。このことから，アニオン種の中でもハロゲン化物イオンに特徴的な現象である可能性も高いが引き続き検討を続けているところである。

　最後に吸着材であるミクロ孔性カーボンの細孔構造が Br^- の特異吸着に与える影響について述べる。特にここでは SWCNT の細孔サイズと細孔の幾何構造の観点から概説する。まず，SWCNT にはチューブ内部の空間の他にチューブ間の隙間にも有効な細孔が存在することが知られている。筆者らは不活性条件下で焼成することで SWCNT の末端を閉じる手法を用いて，SWCNT のチューブ内空間のみに吸着した種の解析ができることを報告した[18]。この手法を用いて，チューブの末端構造が異なる SWCNT について RbBr 水溶液の吸着量について検討した結

果，末端が閉じた SWCNT にはイオンが吸着しない，または吸着量が検出限界以下であることを見出し，先に述べたイオンの吸着は専ら SWCNT のチューブ内への物理吸着であるとの結論に至った。その上で，各ミクロ孔性のポーラスカーボンの Br^- 吸着量を 77 K での窒素吸着等温線測定から得られる各ポーラスカーボンのミクロ孔容量で規格化した吸着密度（単位細孔容量あたりの Br^- 吸着量）を求めると AC(1.0) で 0.38 mol L^{-1}，SWCNT(1.7) で 0.61 mol L^{-1} であったのに対し，SWCNT(1.3) では 1.8 mol L^{-1} と著しく大きな値となった。SWCNT の細孔サイズの違いに注目すると，水和した Br^- のサイズ（0.92 nm）に近い SWCNT(1.3) の場合，吸着密度が大きいのに対し，平均細孔サイズが似通った AC(1.0) と SWCNT(1.3) とを比較すると，SWCNT の吸着密度の方が大きいことも明らかだ。このことは，細孔壁が曲率を有するSWCNT では，ミクログラファイトの集合構造として近似的にスリット型細孔とみなすことができる AC よりも強い吸着場を提供できることを示唆している。この強い吸着場の影響は直接的に Br^- に作用しているのか，或いは細孔内の H^+ 吸着量の増加を要因とした Br^- の吸着密度の増加なのか，最終的な結論には至っていないが，細孔の幾何構造もイオンの吸着に対して重要な役割を担っていることは明らかだ。

4 おわりに

本章では，ポーラスカーボンに対する臭化物イオンが対イオンよりも過剰に吸着する要因，並びに関連するアニオン種の吸着現象について概説した。カーボン材料の表面電位は負であるにも関わらず，アニオン種が特異的に吸着する現象は興味深いが，そこには水中の H^+ が重要な役割を果たしていることを述べた。H^+ を直接的に解析する手法は限られており，どのようなメカニズムでポーラスカーボンに吸着するのかという命題に対する明瞭な解を得ることは難しいが，中性付近の水溶液の pH を最大 10 付近まで増加させる点はポーラスカーボンを用いたハロゲン化物イオンの吸着制御という面に留まらず，事後で分離可能な pH 調整剤等の別の利用も考えられ，製品開発にも繋がる興味深いコンセプトであると考える。

文　　献

1) T. Ohkubo, T. Konishi, Y. Hattori, H. Kanoh, T. Fujikawa, and K. Kaneko, *J. Am. Chem Soc.*, **124**, 11860（2002）

2) T. Ohkubo, Y. Hattori, H. Kanoh, T. Konishi, T. Fujikawa, and K. Kaneko, *J. Phys. Chem. B*, **107**, 13616-13622（2003）

3) T. Ohkubo, M. Nishi, and Y. Kuroda, *J. Phys. Chem. C*, **115**, 14954（2011）

4) M. Nishi, T. Ohkubo, K. Tsurusaki, A. Itadani, B. Ahmmad, K. Urita, I. Moriguchi, S. Kittaka, and Y. Kuroda, *Nanoscale*, **5**, 2080（2013）

5) T. Ohkubo, Y. Takehara, and Y. Kuroda, *Micropor. Mesopor. Mater.*, **154**, 82（2012）

6) B. Ahmmad, M. Nishi, F, Hirose, T. Ohkubo, and Y. Kuroda, *Phys. Chem. Chem. Phys.*, **15**, 8264（2013）

7) T. Ohkubo, M. Ushio, K. Urita, I. Moriguchi, B. Ahmmad, A. Itadani, and Y. Kuroda, *J. Colloid Interface Sci.*, **421**, 165（2014）

8) B. S. Fox, O. P. Balaj, I. Balteanu, M. K. Beyer, and V. E. Bondybey, *Chem. Eur. J.*, **8**, 5534 （2002）

9) J. Huang, B. G. Sumpter, and V. Meunier, *Chem. Eur. J.*, **14**, 6614（2008）

10) T. Ohba, N. Kojima, H. Kanoh, and K Kaneko, *J. Phys. Chem. C*, **113**, 12622（2009）

11) K. A. Phillips, J. C. Palmer, and K. E. Gubbins, *Mol. Sim.*, **38**, 1209（2012）

12) A. Tanaka, T. Iiyama, T. Ohba, S. Ozeki, K. Urita, T. Fujimori, H. Kanoh, and K. Kaneko, *J. Am. Chem. Soc.*, **132**, 2112（2010）

13) S. Kondrat and A. A. Kornyshev, *J. Phys.: Condens. Matter*, **23**, 022201（2011）

14) R. Futamura, T. Iiyama, Y. Takasaki, Y. Gogotsi, M. J. Biggs, M. Salanne, J. Ségalini, P. Simon, and K. Kaneko, *Nat. Mater.*, **16**, 1225（2017）

15) M. Nishi, T. Ohkubo, M. Yamasaki, H. Takagi, and Y. Kuroda, *J. Colloid Interface Sci.*, **508**, 415（2017）

16) W. H. McMaster, N. Kerr Del Grande, J. H. Mallett, and J. H. Hubbell, Compilation of X-Ray Cross Section II Revision I（1969）available from National Technical Information Services L-3, U. S. Dept. of Commerce.

17) T. Ohkubo, T. Kusudo, and Y. Kuroda, *J. Phys.: Condens. Matter*, **28**, 464003（2016）

18) M. Nishi, T. Ohkubo, K. Urita, I. Moriguchi, and Y. Kuroda, *Langmuir*, **32**, 1058（2016）

第12章 疎水化活性炭の合成・吸着特性及び浄水器用途への展開

秋山穰慈[*1]，関　建司[*2]

1　はじめに

　活性炭は木・竹・ヤシ殻等の植物質，石炭質，合成樹脂材等を出発原料にして，500℃程度の温度で炭化させ，その後1000℃程度の高温でガスや薬品と反応させて作られる微細孔を有する炭素材料である。活性炭の元素組成は90～95％が炭素，酸素は5％程度，窒素及び硫黄は極微量であり，表面の化学的特性は疎水的である。しかしながら，少量含まれる酸素元素はカルボキシル基，フェノール性水酸基，カルボニル基等の表面官能基として存在し，活性炭の吸着に影響を及ぼす[1]。

　活性炭を不活性雰囲気中で加熱し，表面官能基を除去する方法等[2]が知られているが効果は限られており，新たな表面改質の手法が求められていた。しかしながら活性炭は1000℃の熱履歴を経た物質である為，その表面を化学的に修飾する方法は限られる。例えば，反応性に富むフッ素ガスとは反応し，疎水的な表面特性を発現することが知られているが[3]，フッ素ガスは反応性が高い為取扱いが難しく，より簡便な方法が求められていた。本章ではシランカップリング処理を用いた新たな活性炭の疎水化処理法及びその用途展開について紹介する[4]。

2　疎水化活性炭の合成

　活性炭とヘキサメチルジシラン（HMDS）を耐圧反応容器内に共に充填し，密閉し加熱することで，活性炭表面がトリメチルシリル基でコートされた疎水化活性炭を得ることができる。HMDSは図1の様な2つのトリメチルシリル基がケイ素－ケイ素結合で繋がった構造をしており，構成されるSi-C，C-H，Si-Si結合の結合距離と結合エネルギーを表1に示す。ケイ素－ケイ素結合の結合距離は2.34 Åと長く，結合エネルギーも他の結合と比べると小さい為，400℃以上で熱分解することが知られている[5]。詳細な反応メカニズムは不明であるが，添加したHMDSは400℃程度で加熱されることで熱分解し，トリメチルシリルラジカルとして活性炭と反応していると示唆される。

　上記の方法で合成された疎水化活性炭は表面がトリメチルシリル基で化学結合していると想定

＊1　George Akiyama　大阪ガスケミカル㈱　活性炭事業部　イノベーション開発部
　　　　　　　　　　　副主任研究員

＊2　Kenji Seki　大阪ガスケミカル㈱　活性炭事業部　イノベーション開発部　部長

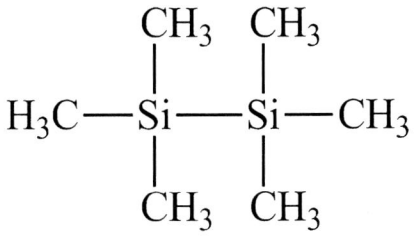

図1　ヘキサメチルジシラン（HMDS）の
　　　構造式

表1　ヘキサメチルジシランの各結合距離と結合エネルギー

結合	結合距離 Å	結合エネルギー kJ mol^{-1}
Si–C	1.94	337
C–H	1.09	413
Si–Si	2.34	177

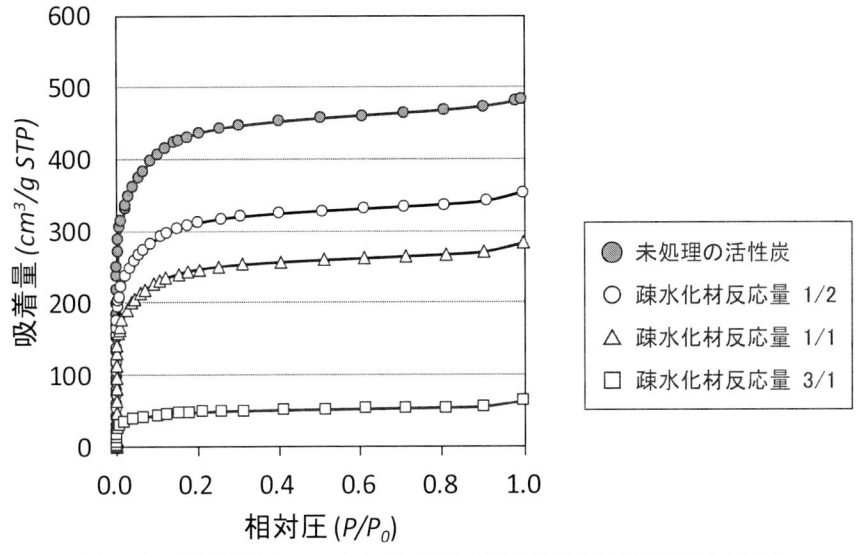

図2　ヤシ殻活性炭（TC-100L）及び疎水化処理後の窒素吸着等温線（77 K）

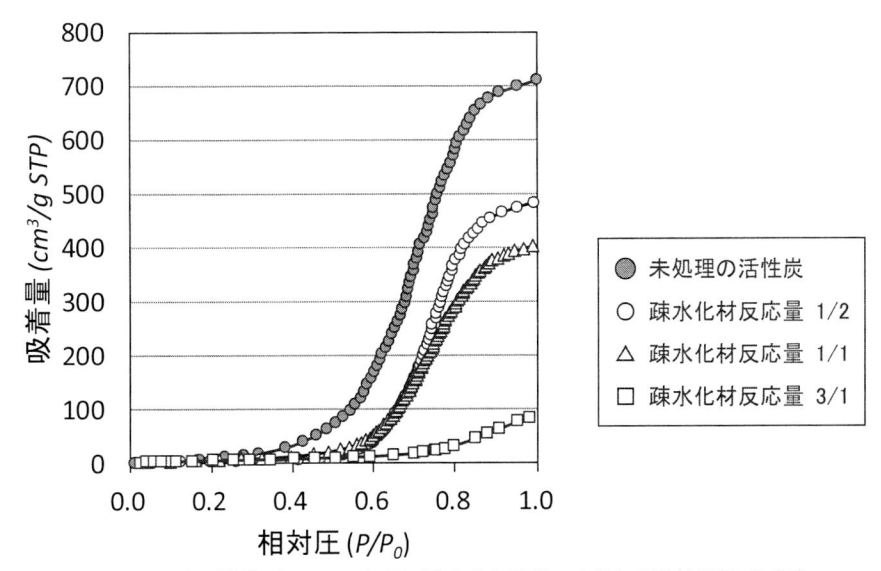

図3　ヤシ殻活性炭（TC-100L）及び疎水化処理後の水蒸気吸着等温線（25℃）

表2 ヤシ殻活性炭（TC-100L）及び疎水化処理品の各種物性

	未処理の活性炭 TC-100L ●	疎水化活性炭1 ○	疎水化活性炭2 △	疎水化活性炭3 □	単位
仕込み重量比 （ヘキサメチルジシラン/活性炭）	−	1/2	1/1	3/1	
ケイ素濃度	−	4.4	7.9	13.2	[wt %]
かさ密度	0.443	0.477	0.513	0.673	[g cm^{-3}]
BET比表面積	1558	1109	878	168	[m^2 g^{-1}]
全細孔容積 (P/P_0 = 0.990)	0.75	0.55	0.44	0.10	[cm^3 g^{-1}]

される。その為，有機溶剤による洗浄等で剥離せず，また熱的にも安定であり，300℃付近までほぼ重量減少は無い。

　疎水化度合いは，仕込みのHMDSの量を調整することで調整が可能である。例えば，ヤシ殻活性炭（TC-100L，比表面積 1558 m^2/g）に活性炭重量に対して半分，等量，3倍量のHMDSをそれぞれ反応させた疎水化活性炭について，窒素及び水蒸気吸着等温線を測定した結果を図2，3及び表2に示す。

　図2，3及び表2よりHMDSを多量に反応させると，疎水化は進むが，比表面積も大きく低下する。この理由は，疎水分子であるトリメチルシリル基によって，活性炭の細孔が閉塞してしまう為である。図4にトリメチルシリル基の分子モデルを示す。活性炭の細孔は，50 nm 以上のマクロ孔，2～50 nm のメソ孔，2 nm 以下のミクロ孔と定義されているが，活性炭に多量のHMDS を反応させることで，スーパーミクロ孔に位置する 0.8 nm の細孔にトリメチルシリル基が反応すると，トリメチルシリル基の分子サイズは 0.5 nm 以上あり，それより下に位置する細

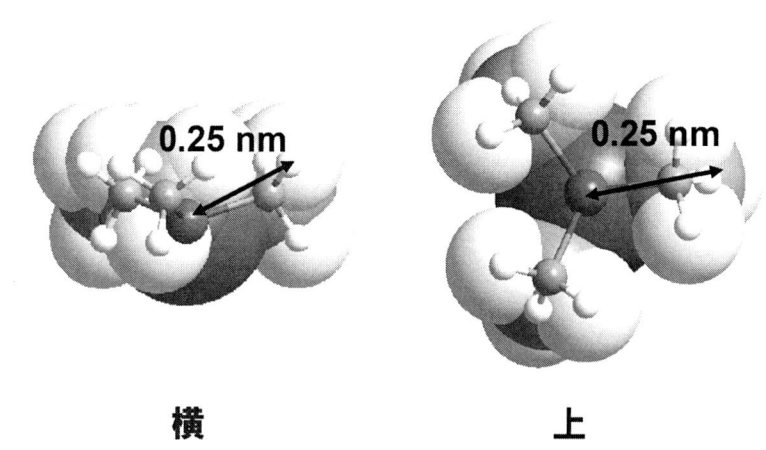

横　　　　　　　　　上

図4　トリメチルシリル基の分子モデル

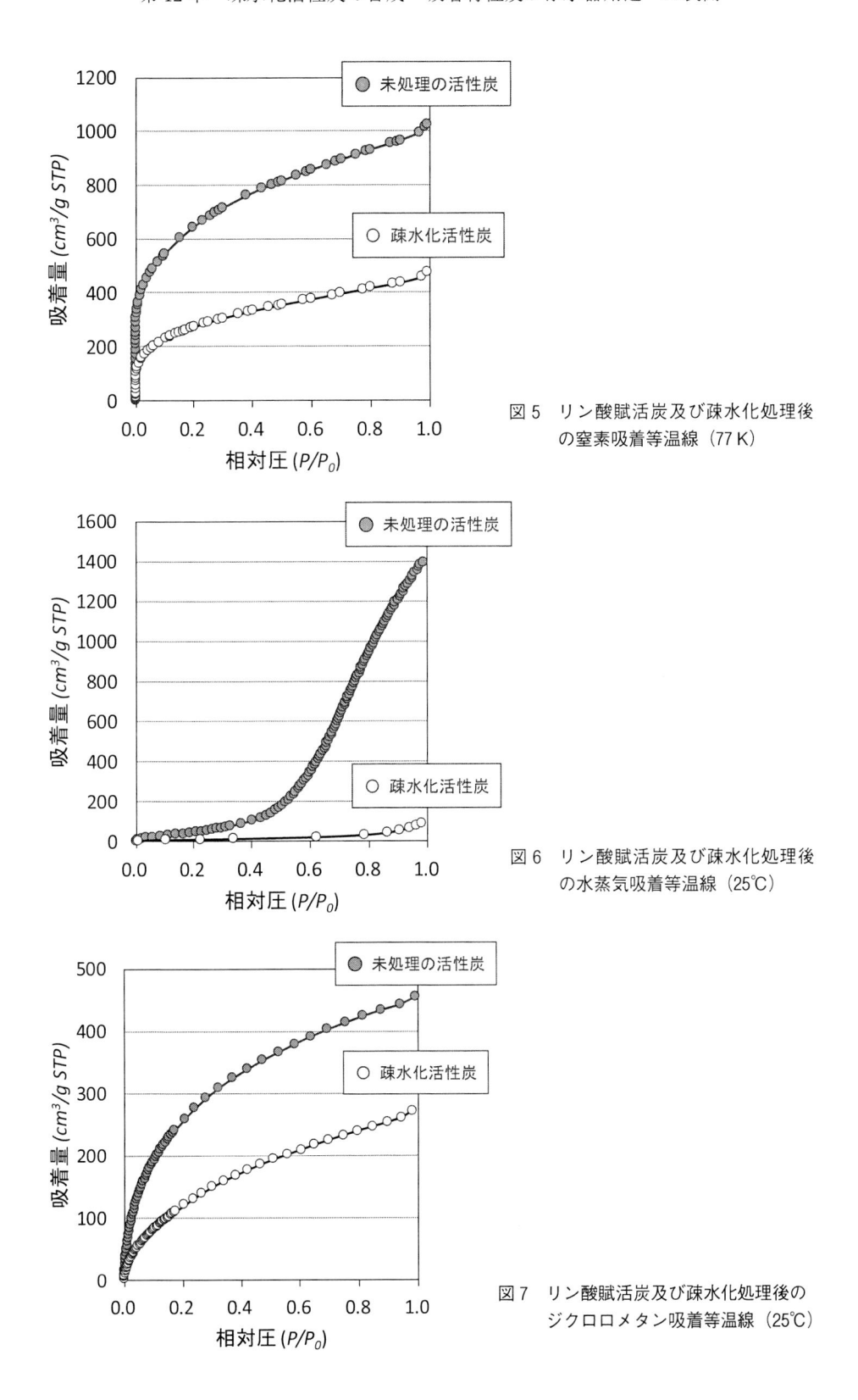

図 5　リン酸賦活炭及び疎水化処理後の窒素吸着等温線（77 K）

図 6　リン酸賦活炭及び疎水化処理後の水蒸気吸着等温線（25℃）

図 7　リン酸賦活炭及び疎水化処理後のジクロロメタン吸着等温線（25℃）

孔は 0.3 nm 以下となり，窒素も通らなくなる。その為，疎水化材を多量に反応させる場合は，ミクロ孔が多いヤシ殻活性炭より，アルカリや塩化亜鉛，リン酸等の薬品賦活された大きい細孔を有する活性炭が適している。

　続いてリン酸賦活された活性炭に HMDS を 3 倍量反応させた疎水化活性炭の窒素及び水蒸気，ジクロロメタンの吸着等温線を図 5，6，7 に示す。3 倍量の HMDS で処理することで，比表面積が 2307 m²/g のリン酸賦活された活性炭は 991 m²/g まで細孔は減少してしまうものの，図 2 のヤシ殻をベースにした活性炭と比べその低下度合いは抑えられる。図 6 より，3 倍量の HMDS で処理されたリン酸賦活炭の水蒸気の吸着挙動は特異的である。相対圧が 1 付近でも水蒸気の吸着はほぼ吸着が生じない，これはナノスケールの空間があるにもかかわらず，飽和水蒸気下でも水が凝集しないという，極めて疎水的な空間である。しかしながら図 7 よりジクロロメタンの様な有機溶剤であれば，細孔内に普通に吸着現象が生じることがわかる。この様に，トリメチルシリル基でコートされた疎水化活性炭は特異な疎水空間を有し，新たな用途開発が期待できる。

3　浄水器用途への展開

　浄水場での高度浄水の普及により水道水の水質は大幅に改善されたが，近年，飲み水の関心が高まってきており，多くの人がミネラルウォーターや浄水器を購入するようになってきた。浄水器協会の調査に拠ると浄水器の普及率は全国で 36.2% であり[6]，都市部を中心に拡大が続いている。

　日本で販売されている浄水器は活性炭と中空糸膜を組み合わせたものが多く，活性炭により水道水中に含まれる残留塩素を接触分解して塩素臭を消し，中空糸膜により濁りと呼ばれるシリカ

やアルミナの微粒子や水道管の錆に由来する金属酸化物を除去できる。これらの成分を除去することで，水道水がおいしい水に変わることを多くの人が感じており，より高い安全性を求めて浄水器を設置している家庭は増加している。浄水器は取扱いの手軽さ，価格も安価であることから蛇口直結型が最も一般的であったが，近年はデザイン性に優れる浄水器本体をシンクの下に設置するビルドイン型，水栓蛇口にフィルターが入った蛇口一体型浄水器（図 8）の需要が伸びている。いずれにしても浄水器は，日本のあまり広くないキッチンで邪魔にならずコンパクトであることが求められる。

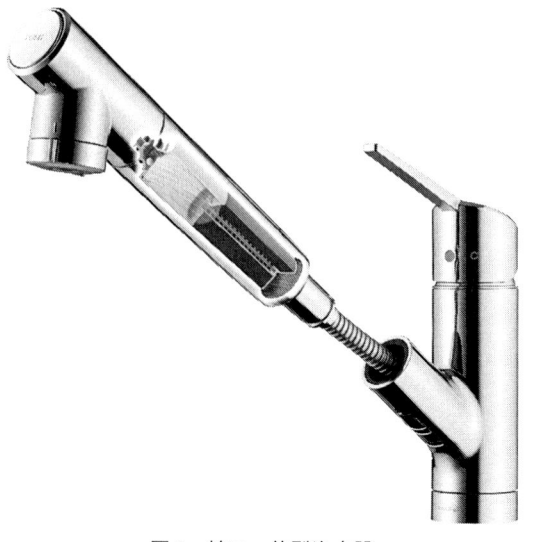

図 8　蛇口一体型浄水器
（資料提供：㈱タカギ）

　また，浄水器の高機能化に伴い，除去項目も増加傾向にあり，残留塩素，かび臭，農薬や住宅への引き込み管に起因する溶解性鉛だけでなく，発癌性が懸念されているトリハロメタンの除去も求められている。トリハロメタンは，水中に含まれる有機物（フミン質）と残留塩素との反応により生成される有機塩素化合物の総称であり，クロロホルム，ジクロロブロモメタン，クロロジブロモメタン，ブロモホルムがその代表である。水道水中のトリハロメタンのうち，半量近くはクロロホルムであると言われているが，分子量の小さいクロロホルムは活性炭で最も除去しにくく，浄水器性能の律速となっていた。

4　疎水化活性炭によるクロロホルム除去性能試験

　水中に溶解しているトリハロメタンの吸着原理は物理的な力（van der Waals 相互作用）に拠るものであり，活性炭の 2 nm 以下の細孔であるミクロ孔に引きつけられ吸着している。浄水器の様に高い処理速度でトリハロメタンを吸着除去する為には，活性炭のミクロ孔のサイズ，表面の親水性・疎水性のバランス及び接触効率を向上させる粒度を最適化する必要がある。

　2節で紹介した活性炭表面がトリメチルシリル基により被覆されている活性炭は，従来の活性炭よりも細孔表面が疎水化されており，疎水分子であるトリハロメタン（クロロホルム）除去に適していると考え除去性能の評価を行った。

　活性炭試料として，TC-100L（図2，3及び表2で紹介した活性炭）を用いて，活性炭重量に対して半分，等量，3倍の HMDS をそれぞれ反応させた疎水化活性炭を作製した。続いて得られた疎水化活性炭及び元炭について，JIS S 3201 に定められた家庭用浄水器試験方法に準拠して，クロロホルム除去性能評価を行った。クロロホルムの濃度が 60 ppb の試験水を，0.2 MPa

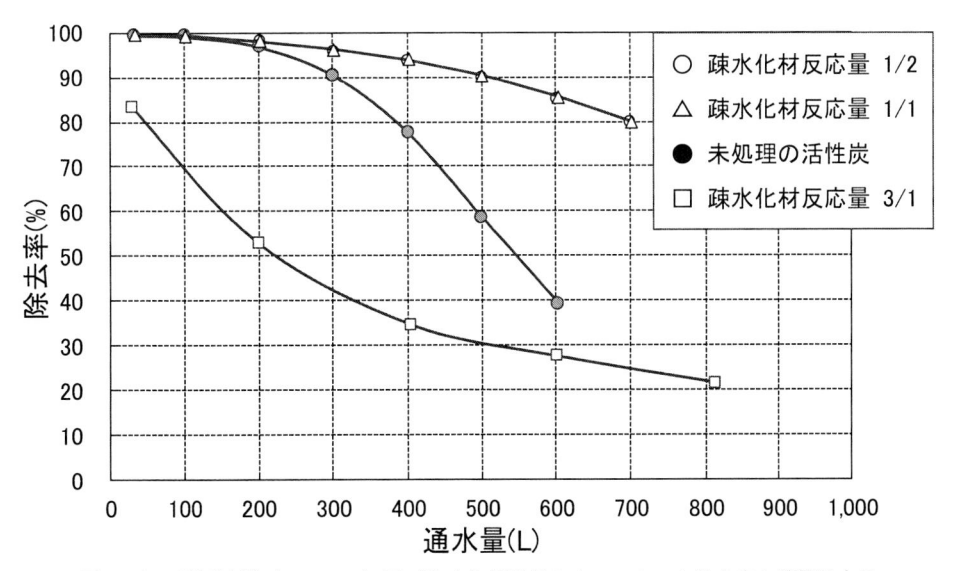

図9　ヤシ殻活性炭（TC-100L）及び疎水化処理品のクロロホルム除去率と積算通水量

の圧力条件下で，活性炭を充填したモジュールに向かって，3 L/分の流量で流した。通水量，除去率を表したグラフを図9に示す。浄水器の能力は，除去対象物質の除去率が80％に低下するまでの総ろ過水量を表示することが定められており，除去率が80％に低下するまでの通水量が多いろ材の方が，除去物質に適した吸着剤である。図9より除去率が80％になる通水量が，活性炭重量に対して半分，等量のHMDSを反応させた疎水化活性炭では700 Lと疎水化処理前の原料炭の375 Lと比較して2倍近くも伸びていることがわかった。逆に3倍量のHMDSを反応させた疎水化活性炭は50 Lであり，ケイ素化合物を過剰に反応させすぎた為，クロロホルム吸着に適した細孔が閉塞し，除去性能が大きく低下したと推定される。

表3　ヤシ殻活性炭（TC-100N）及び疎水化処理品の各種物性

	未処理の活性炭 TC-100N ●	疎水化活性炭1 ○	単位
仕込み重量比 （ヘキサメチルジシラン/活性炭）		1/8	
表面ケイ素濃度	−	2.2	[wt %]
かさ密度	0.476	0.504	[g cm^{-3}]
BET比表面積	1207	990	[m^2 g^{-1}]
全細孔容積 （$P/P_0 = 0.990$）	0.56	0.48	[cm^3 g^{-1}]

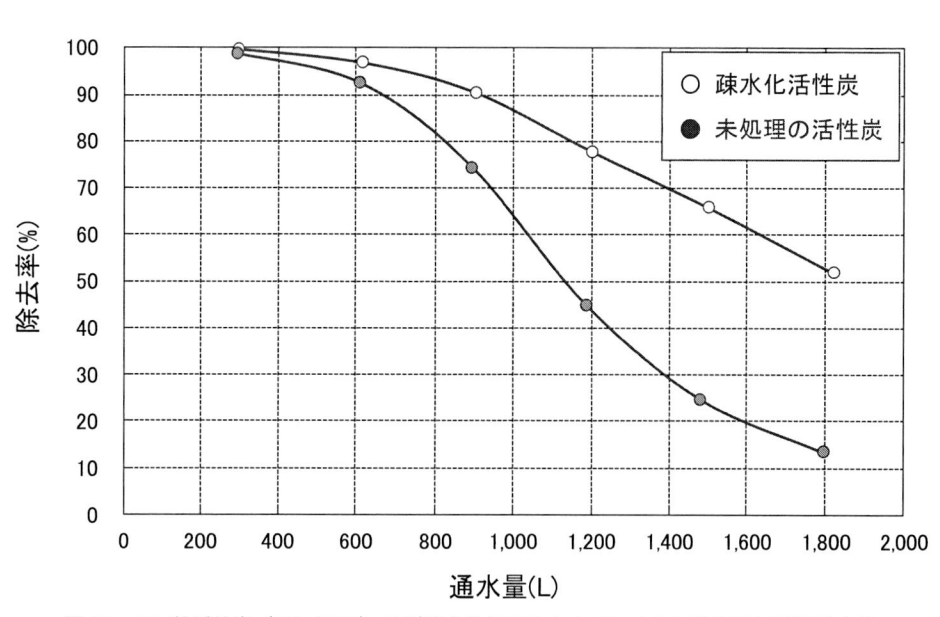

図10　ヤシ殻活性炭（TC-100N）及び疎水化処理品のクロロホルム除去率と積算通水量

　クロロホルム除去用の活性炭は，細孔の小さい低賦活の活性炭原料の方が適している為，TC-100N（BET 比表面積 1207 m²/g）を用いて，活性炭重量に対して 1/8 倍量の HMDS を反応させた疎水化活性炭を作製し各種物性（BET 比表面積，全細孔容積，ケイ素反応量）をまとめた結果を表 3 に示す。また，先ほどと同様に JIS S 3201 家庭用浄水器試験方法でのクロロホルム除去性能評価結果を図 10 に示す。

　図 10 より除去率が 80％になる通水量が，疎水化活性炭では 1150 L と疎水化処理前の原料炭の 810 L と比較して 1.4 倍上昇した。また表 2，3 より疎水化活性炭では，BET 比表面積及び全細孔容積が小さくなっているにも関わらず，クロロホルム除去量は伸びており，トリメチルシリル基に由来する細孔表面の疎水化により，クロロホルムの動的吸着性能が上昇していると考えられる。

5　おわりに

　活性炭は古くより人類の身近な材料であり，18 世紀には糖液や酒造用の脱色精製用途として，世界大戦時には毒ガス防護用として利用され発展してきた。現代でも高度浄水を筆頭に脱臭，空気浄化，空気中の窒素酸素分離，ガソリン蒸気の吸着（自動車用キャニスタ），メタン貯蔵，電気二重層キャパシタ等，環境や健康への意識の高まりとともに，その用途は拡大している。

　活性炭は古くよりある材料であるが，細孔及びその表面の制御を行うことで，新機能を有する用途開発など，まだまだ可能性の秘められた魅力ある材料である。本章では HMDS を用いて細孔表面を疎水的に修飾し，新たな浄水器用ろ材としての可能性を見出した。安全でおいしい水を提供する為の新しい浄水器用活性炭として期待される。

文　　献

1)　M. Harry & R. Francisco，活性炭ハンドブック，p. 179，丸善㈱（2011）
2)　北島衛，国富剛，青木基，トリハロメタン除去用活性炭，特開平 8-26711（1996）
3)　J. Parmentier, S. Schlienger, M. Dubois, E. Disa, F. Masin, T. A. Centeno, *Carbon*, **50**, 5135-5147（2012）
4)　秋山穰慈，関建司，佐藤正洋，若林完爾，疎水化炭素材及びその製造方法，特開 2016-166116（2016）
5)　H. Sakurai, A. Hosomi, M. Kumada, *Chem. Commun.*, **16**, 930（1968）
6)　（一社）浄水器協会，http://www.jwpa.or.jp/aq_ch.html

第13章　気体分離用中空糸カーボン膜の開発

吉宗美紀[*]

1　はじめに

　カーボン膜（炭素膜）は，膜の分離層が炭素あるいは炭化物によって形成された分離膜であり，アルミナ膜やシリカ膜，ゼオライト膜と並ぶ無機膜の一種である。カーボン膜は，膜の細孔径の大きさによって，マクロポーラスカーボン膜（＞50 nm），メソポーラスカーボン膜（2〜50 nm），マイクロポーラスカーボン膜（＜2 nm）に分類されるが，多くは0.3〜0.5 nmの細孔径を有するウルトラマイクロポーラスカーボン膜として作製されている。0.3〜0.5 nmは水素や酸素などの分子の大きさに匹敵し，ウルトラマイクロカーボン膜はその細孔を利用した分子ふるい効果（図1）により，難度の高い分子の分離において優れた分離性能を示すことから，分子ふるいカーボン膜とも呼ばれ，主に気体分離用途で開発が進められている[1~3]。さらに，カーボン膜は炭素の優れた耐薬品性や耐熱性といった無機膜としての特性も兼ね備えていることから，次世代分離膜としてその実用化が期待されている。

　カーボン膜の製造方法は，まず炭素前駆体となる高分子の薄膜を作製し，これを不活性雰囲気下において500〜1000℃で炭化させるのが一般的である[4]。膜の形状は，図2に示すように平膜，管状膜，中空糸膜に大別される。平膜カーボン膜は高分子のフィルム（平膜）を炭化させた膜，管状カーボン膜はアルミナなどの管状セラミックス基材の表面に前駆体高分子をコーティングして炭化させた膜，中空糸カーボン膜は前駆体高分子を外径2 mm以下の中空状（ストロー状）に成形して炭化させた自立型の膜である。それぞれラボスケールの研究では優れた分離性能が報告されているが，管状カーボン膜は膜コストが高く，平膜カーボン膜や中空糸カーボン膜は膜が脆いと破損しまう点に大きな課題があり，いずれも未だに実用化には至っていない。我々は，耐圧

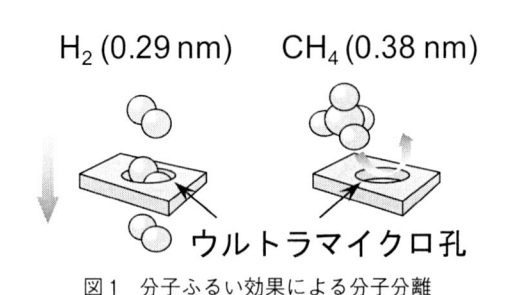

H₂ (0.29 nm)　　CH₄ (0.38 nm)

ウルトラマイクロ孔

図1　分子ふるい効果による分子分離

　　＊　Miki Yoshimune　（国研）産業技術総合研究所　化学プロセス研究部門
　　　　　　　　膜分離プロセスグループ　主任研究員

図2　カーボン膜の形状
（左から平膜，管状膜，中空糸膜）

性に優れ，軽量かつコンパクトな膜モジュールの設計が可能な中空糸カーボン膜に注目し，実用性を兼ね備えた高性能カーボン膜の開発を行ってきた。また，カーボン膜の特長を最大限に活かした分離系に展開し，新しい膜分離プロセスを提案することを目指した応用開発も行っている。

2　実用型カーボン膜の開発

　これまで数多くの高分子が合成されているが，カーボン膜の前駆体となる高分子には炭素収率の高さや熱安定性が要求されることから，前駆体として適用されているのはポリイミド（誘導体を含む）やポリアクリロニトリル，フェノール樹脂，セルロースなど十数種類の高分子に限られる[4]。この中で中空糸膜の紡糸性を有する高分子はさらに少なく，ほとんどの中空糸カーボン膜はポリイミドを用いて作製されてきた。しかし，ポリイミドカーボン膜は優れた分離性能を示すものの，原料コストが高く，膜の脆さが課題となっており，代替材料の開発が望まれていた。そこで我々は芳香族系高分子材料を中心に検討を進め，ポリフェニレンオキシド（PPO）から優れた分離性能を有する中空糸カーボン膜が得られることを初めて見出した[5]。PPO は図3に示す化学構造を有しており，そのまま炭化するだけでは融点で融解してしまいカーボン膜は形成され

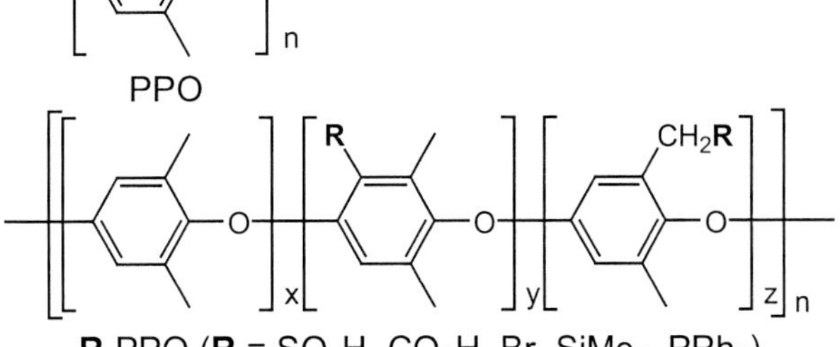

PPO

one-step reaction

R-PPO (R = SO_3H, CO_2H, Br, $SiMe_3$, PPh_2)

図3　PPO の化学構造および誘導体合成反応

ないが，炭化前に 200〜300℃での空気酸化処理を加えてポリイミドに類似した構造に変化させると，熱安定性が向上するため，ポリイミドカーボン膜に匹敵する膜を得ることが可能となる。PPO は比較的安価な高分子であり，中空糸膜の紡糸性も良く，炭素収率も高いことから，実用型カーボン膜の前駆体として適していると考えられる。

　続いて，我々は PPO カーボン膜の膜性能のさらなる向上を目指して，PPO の化学構造の修飾を検討した[5〜7]。図 3 に合成した PPO 誘導体の化学構造を示す。合成においては，製造コストを考慮して PPO から高収率かつ 1 段で合成できる反応を選択した。化学修飾によって導入した置換基は，スルホン基（SPPO），カルボキシル基（CPPO），ブロモ基（BrPPO），トリメチルシリル基（TMSPPO），ジフェニルホスフィノ基（PPhPPO）の 5 種類である。図 4 に，PPO および PPO 誘導体から作製したカーボン膜の酸素／窒素分離性能を比較したグラフを示している。膜の分離性能は透過係数と理想分離係数の積で表されることから，グラフの右上ほど性能が高いと言えるが，PPO 系カーボン膜はいずれも高分子膜の性能限界線を上回る分離性能を示し，ポリイミドカーボン膜に匹敵する性能を有することが分かる[8]。また，置換基の種類で比較すると，スルホン基の導入により理想分離係数が向上し，トリメチルシリル基の導入で透過係数が向上することが分かった。トリメチルシリル基の効果について詳細を検討した結果，炭化後もトリメチルシリル基由来の Si 成分が膜中に残存しており，それによって膜の細孔容積が増大した結果，透過係数が向上したことを確認している[7]。

　一方で，中空糸カーボン膜の大きな課題である「膜の脆さ」という視点で見ると，PPO カーボン膜も TMSPPO カーボン膜も分離性能は高いものの十分な強度を持っておらず，量産化に向

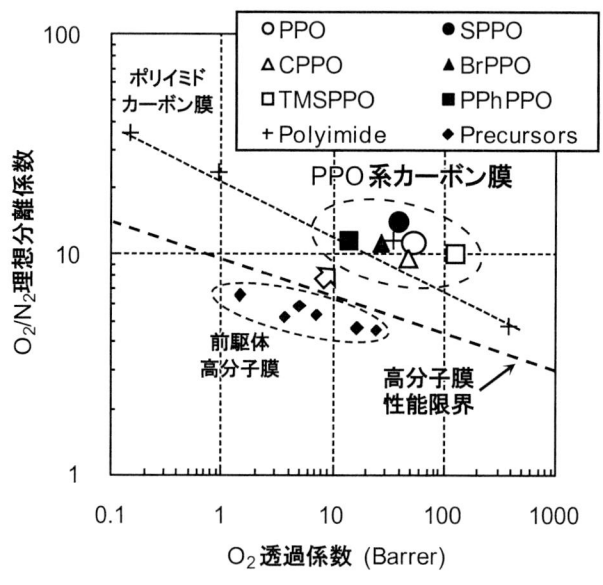

図 4　PPO 系カーボン膜の酸素／窒素分離性能
（測定 25℃）

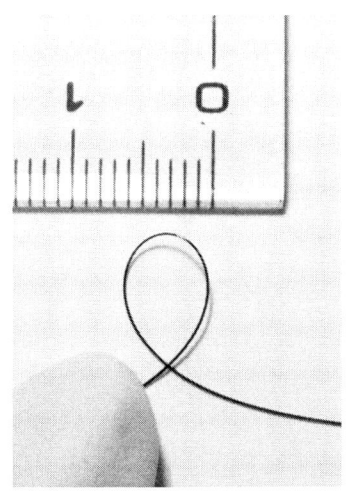

図5　600℃焼成した SPPO カーボン膜の柔軟性

図6　カーボン膜モジュールの試作品

けては破損の少ないカーボン膜の開発が要求されていた。そこで，PPO 系カーボン膜について引張強度の評価を行ったところ，SPPO カーボン膜が優れた特性を有していることを見出し，膜の外径を小さくすることにより，図5に示すような柔軟性を持たせることに成功した[9]。このカーボン膜を用いることで，実用装置の基本単位となる膜モジュール（図6）の作製において膜が破損する頻度が従来に比べて大幅に減少し，カーボン膜の実用化に向けて大きな課題を克服することができた。膜の分離性能も，600℃焼成膜で二酸化炭素／メタン理想分離係数が 100 以上と高い水準を維持している。

3　カーボン膜の分離特性

　膜の分離特性の評価は，分離対象となる分子（気体）の透過測定によって行い，純成分の透過速度（あるいは透過係数）と理想分離係数の値を算出し，他の分離膜との比較や膜分離プロセス設計に用いられている[10]。ここで，透過速度とは，単位圧力差，単位膜面積，単位時間あたりの気体の透過量を表し，理想分離係数は，A 分子と B 分子の透過速度の比で定義される。カーボン膜の基本透過特性の例として，600℃焼成 SPPO カーボン膜の透過気体の分子サイズと透過速度の関係を図7に示した（30℃測定）。カーボン膜は，小さな分子である水素（0.29 nm）や二酸化炭素（0.33 nm）の透過速度が大きく，メタン（0.38 nm）のような大きな分子の透過速度は小さくなるという透過挙動を示している。このようにカーボン膜の透過特性は，気体の分子サイズに大きく依存するため，図7のグラフは膜の細孔径分布を反映しており，このカーボン膜の細孔径は約 0.4 nm と見なすことができる。SPPO カーボン膜の水素／メタン理想分離係数は約600 と一般的な高分子膜に比べて高い値を示しており，非常にシャープな細孔径を利用した分子ふるい効果により分子の分離において優れた性能を与えている。カーボン膜の細孔径分布は，前

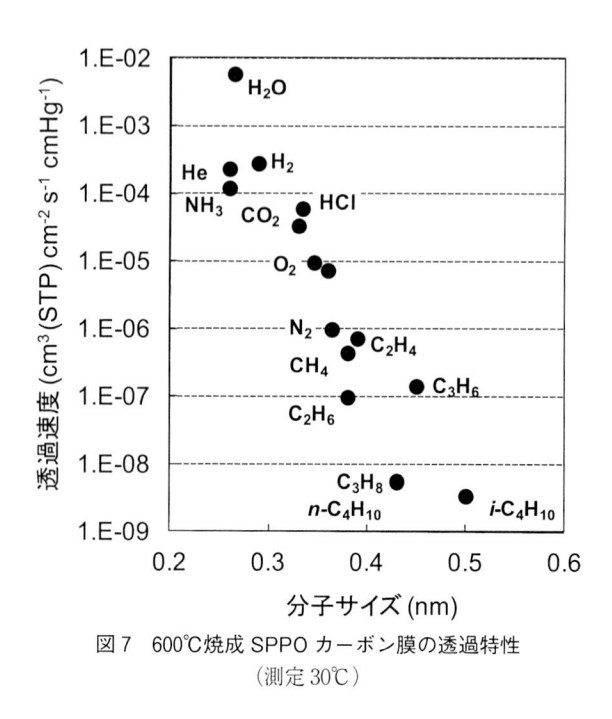

図7　600℃焼成 SPPO カーボン膜の透過特性
（測定 30℃）

駆体の化学構造よりも膜の焼成温度や焼成時間に大きく影響を受けるため，焼成温度を高くすれば透過速度は減少するが，膜の細孔径が小さくなるため理想分離係数を向上させることが可能である。また，透過温度を高くすれば分子運動が活性化するため，理想分離係数は下がるが透過速度を増加させることが可能である。

　混合気体の分離は対象となる分子の透過速度比（＝理想分離係数）を利用して行うことから，図7のグラフは目的とする分離系の適用可否を判断する目安となる。例えば，水素とメタンの透過速度比は約600倍あり，水素の透過速度も十分に大きいことから分離が容易と見なせるが，酸素と窒素においては透過速度比が10程度と小さいため分離は難しい。分離プロセスの設計においては，目的とする分子の回収濃度や回収率，分離コストを考慮して，必要となる透過速度と理想分離係数を算出し，それに合わせて膜の設計や操作条件の最適化を行う。ただし，例えば水素とメタンの分子サイズの差はわずかに 0.09 nm（0.9 Å）であり，混合気体の分離において目的を達成するためには無欠陥かつ分子レベルの非常に緻密な膜設計が必要となることに注意が必要である。

4　カーボン膜の応用

　上記で述べた通り，カーボン膜は分子ふるい効果によって分子（気体）の分離に対して優れた分離性能を発揮する。また，カーボン膜は，アンモニアや塩化水素のような腐食ガス，アルコールのような有機溶剤系に対しても十分な耐性を有しており，既存の高分子膜が適用できなかった分離系への応用が期待される。このようなカーボン膜の特長を活かした次世代型分離プロセスを

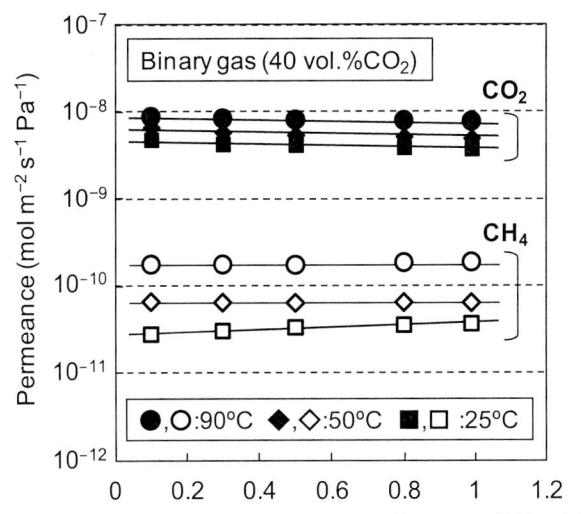

図 8　SPPO カーボン膜の二酸化炭素／メタン分離における供給圧力依存性

構築するために，我々は市場ニーズが高く，かつ既存の分離膜の適用が難しいあるいは優位性が見込める分離系をターゲットにすることとした。その例として，二酸化炭素／メタン分離，有機溶剤の脱水，有機ハイドライドからの水素分離について，検討結果を紹介する。

4.1　二酸化炭素／メタン分離

　二酸化炭素／メタンの混合気体は，バイオガスの主成分であり，温暖化対策と石油代替エネルギー製造の両面からその分離技術の開発が期待されている。バイオガスの主成分は 50〜75 vol.% のメタンと 25〜50 vol.% の二酸化炭素であり，その他微量な水や硫化水素などを含んでいる。二酸化炭素の分離技術は吸収法を中心に実用化レベルに近づいているが，カーボン膜は二酸化炭素選択性が高く，水や硫化水素への耐性を有するため，効率の高い分離プロセスの構築が期待される。

　図 8 に，SPPO カーボン膜を 195 本充填した膜モジュール（膜面積 259 cm^2）による二酸化炭素／メタンの混合気体分離試験結果を示す[11]。高分子膜を用いた混合気体分離では，しばしば二酸化炭素による膜の膨張あるいは可塑化が原因で分離性能の低下が起こることが報告されているが，カーボン膜では供給圧力が高くなると二酸化炭素透過速度が若干低下して，選択性も低下するが，圧力依存性は小さく，単ガスでの分離性能を混合系でも維持できることを確認している。カーボン膜の課題は透過速度が比較的小さいことでさらなる性能向上が必要であるが，洋上などの限られたスペースへの設置においては有効な分離膜であると考えられる。

4.2　有機溶剤の脱水とエステル化反応への応用

　カーボン膜は水素などの気体だけでなく，水やアルコールのような液体も気相で分離（蒸気透過あるいは浸透気化分離）することにより気体分離と同様に分離が可能である。省エネ型エタ

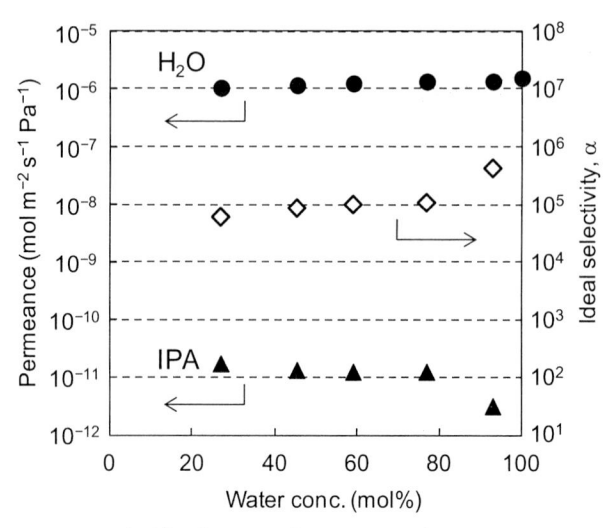

図9　SPPO カーボン膜の水／イソプロパノール分離における供給濃度依存性

ノール脱水精製法として A 型ゼオライト膜やポリイミド膜が実用化されているが，これらの膜は優れた分離性能を示すものの，酸・塩基条件下あるいは水過剰条件下には適用できないという問題が指摘されており，カーボン膜の適用余地があると考えられる。

　図9に，75℃での浸透気化試験における SPPO カーボン膜の水／イソプロパノール（IPA）分離に与える供給濃度依存性を示した[12]。水濃度が高いほど水の透過速度も大きくなるが，高い透過速度を保ったまま選択性10000以上を示しており，水過剰条件下でも優れた分離性能を示すことは明らかである。SPPO カーボン膜は主に分子ふるい型の分離機構を示すため，エタノールのような C2 以下の小さい分子に対しては選択性が低かったが，細孔径の制御により優れた分離性能を示すことを見出しており，現在適用溶剤の拡大を進めている。

　一方，エステルは，溶媒や燃料，香料や医薬品などの原料となる重要な化成品である。アルコールとカルボン酸を原料として合成する場合は平衡反応であるため，高い収率で得ることが難しく，水の除去方法が課題となる。そこで，膜反応器によって，水を系内から選択的に除去して反応を促進することが提案され，脱水膜として主にゼオライト膜での検討が行われている。分離膜には高い脱水性能に加えて，膜が耐酸性を有している必要があるが，現在市販されている A 型ゼオライト膜は耐酸性が低いため，カルボン酸や酸触媒が直接膜に接触しない運転方法が適用されている。その点でカーボン膜は耐酸性に優れるため，優位性を持つと考えられる。

　我々は，SPPO カーボン膜を用い，モデル系として p-トルエンスルホン酸を触媒とするイソプロパノールとプロピオン酸（PA）のエステル化反応の検討を行った。図10に，エステル化反応における PA の転化率の経時変化を示す。膜脱水をしない場合，転化率は85％であったが，反応系から水を選択分離することで転化率を97％に向上させることができた。このカーボン膜はカルボン酸や酸触媒に対して耐性を示し，優れた水選択性を有することから，多様な脱水反応

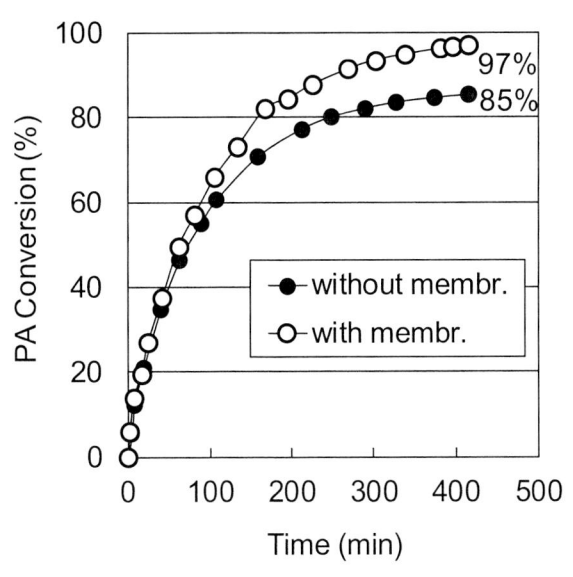

図 10　エステル化反応における PA 転化率の経時変化

への応用が期待される。

4.3　有機ハイドライドからの水素分離

　本開発は，有機ハイドライドの一種であるメチルシクロヘキサンの脱水素反応から生成した水素とトルエンから燃料電池自動車（FCV）用超高純度水素の分離精製にカーボン膜の適用を目指すものである。FCV 用の水素規格では，水素中の全炭化水素が 2 ppm 未満（トルエン換算 0.28 ppm 未満）と定められており，優れた水素選択性とトルエンへの耐性が要求される。さらには，既存技術である吸着法（PSA 法）に比べて高い回収率と省エネ性に加えて，設置スペースの制限から分離装置のコンパクトさも合わせて必要となる。

　我々は，カーボン膜の細孔構造の微細制御法として，炭素 CVD 法の採用[13]により FCV 用水素規格を満足する水素／トルエン選択性 30 万以上の高性能カーボン膜の開発に成功した。そして水素／トルエン混合ガス条件下での長期試験を実施し，図 11 に示すように，1000 時間にわたって透過側へのトルエン透過は検出されず，100GPU 前後の安定した透過速度を維持することを確認した。また，膜プロセス計算の結果，PSA 法と比較して，本カーボン膜を用いた膜分離法を採用することにより，水素分離にかかる消費エネルギーを約 60% 削減可能であることを明らかにしており，FCV 用超高純度水素精製プロセスへの適用に非常に有望である。

5　カーボン膜のモジュール製造

　一般的に無機膜の大型モジュール化では，膜性能のばらつきや欠陥（ピンホール）の発生など

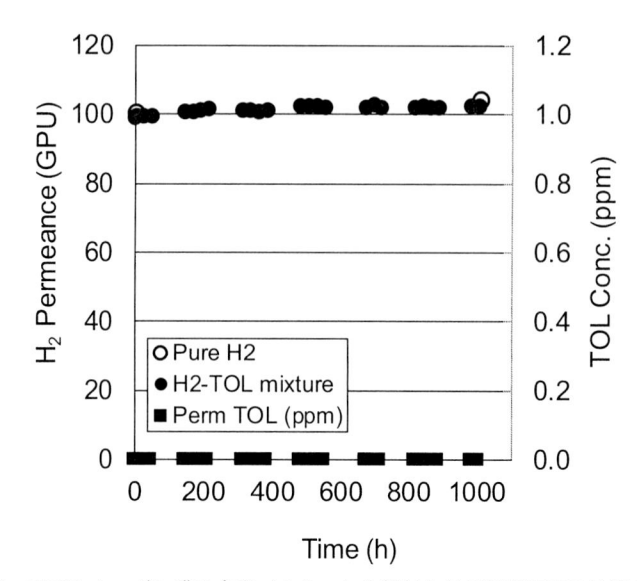

図11　SPPO カーボン膜の水素／トルエン分離における透過速度の長期安定性

により，スケールが大きくなるほど分離性能が低下することが知られており，無機膜の実用化における大きな課題となっている。また，モジュールを構成するケース材，接着剤などの部材が分離対象に耐性を有することも重要である。

　カーボン膜のモジュール開発は，我々が開発した中空糸カーボン膜の製造技術に基づき，NOK ㈱が担当し，カーボン膜製造方法の改善，シール方法の開発，モジュール構造の最適化などに取り組んだ[14]。その結果，図 12 に示すような 1 m³/h 規模の水素精製能力を有する大型カーボン膜モジュールを開発することに成功した。この大型モジュールは，非常に優れた水素分離性

図12　大型カーボン膜モジュールの外観写真

能を有しており，スケールアップしても性能が低下することなく，カーボン膜本来の優れた気体分離性能を維持していることが大きな特徴である。また，JXTG エネルギー㈱で実施した実運転条件による水素／トルエン混合気体分離試験で，FCV 用水素規格を満足する高純度水素を数百時間にわたって安定的に製造できることを確認している[15]。

6　おわりに

　カーボン膜の社会実装に向けて，低コストで優れた分離性能を有する実用性カーボン膜の開発，膜モジュール開発，カーボン膜の特長を活かした分離用途の開発を行い，他の分離技術と比較して優位性を有する分離プロセスを提案してきた。今後も引き続き，NOK ㈱と共同で中空糸カーボン膜の量産化，さらなる大型モジュール化開発，多様な用途開発を推進して，カーボン膜の市場展開を目指す。カーボン膜が次世代の分離技術として普及するためには，膜のユーザー企業やエンジニアリング会社との連携が不可欠であり，ぜひご協力をお願いしたい。

文　　　　献

1)　A. F. Ismail, L. I. B. David, *J. Memb. Sci.*, **193**, 1-18 (2001)
2)　P. J. Williams, W. J. Koros, "Advanced Membrane Technology and Applications", 599-632, John Wiley & Sons, Inc. (2008)
3)　W. N. W. Salleh, A. F. Ismail, T. Matsuura, M. S. Abdullah, *Sep. Purif. Rev.*, **40**, 261-311 (2011)
4)　S. M. Saufi, A. F. Ismail, *Carbon*, **42**, 241-259 (2004)
5)　M. Yoshimune, I. Fujiwara, H. Suda, K. Haraya, *Chem. Lett.*, **34**, 958-959 (2005)
6)　M. Yoshimune, I. Fujiwara, H. Suda, K. Haraya, *Desalination*, **193**, 66-72 (2006)
7)　M. Yoshimune, I. Fujiwara, K. Haraya, *Carbon*, **45**, 553-560 (2005)
8)　L. M. Robeson, *J. Membr. Sci.*, **320**, 390-400 (2008)
9)　M. Yoshimune, K. Haraya, *Sep. Purif. Technol.*, **75**, 193-197 (2010)
10)　原谷賢治，伊藤直次，ガス分離膜プロセスの基本と応用，分離技術会 (2015)
11)　M. Yoshimune, K. Haraya, *Energy Procedia*, **37**, 1109-1116 (2013)
12)　M. Yoshimune, K. Mizoguchi, K. Haraya, *J. Membr. Sci.*, **425-426**, 149-155 (2010)
13)　M. Yoshimune, K. Haraya, *Sep. Purif. Technol.*, 2019, in press
14)　山本浩和, *NOK TECNICAL REPORT*, **29**, 17-20 (2017)
15)　プレスリリース: http://www.jst.go.jp/pr/announce/20170309/index.html

第14章　炭素膜の製膜とガス分離性能

喜多英敏[*]

1　はじめに

　膜による気体分離は 1970 年代後半米国における水素分離膜の実用化以来，有機高分子膜が主に用いられてきたが，高分子膜の化学構造と気体透過選択性の相関についての探索が進むと共に，透過係数の大きな膜は分離係数が小さくなるトレード・オフの傾向[1,2]が顕著で，その分離性能は過去 20 年間あまり向上が認められず，近年は高選択かつ高透過性の気体分離膜を得るための新しい膜設計指針の探索が続けられ，オングストロームサイズの細孔による分子ふるい能を膜に導入する検討が活発化している。いわゆる"分子ふるい膜"は既存膜の分離性能をしのぐ理想的な分離膜といえるが，有機高分子多孔質膜で孔径をオングストロームレベルのゼオライト細孔のようなシャープな細孔径分布に制御することは困難で，検討されている多孔質素材はゾルーゲル法や CVD 法によるシリカ，水熱合成法によるゼオライト，分相法による多孔質ガラス，高分子前駆体を熱処理した分子ふるい炭素などの無機材料である。

　このような無機分離膜の研究開発は，孔径の大きな精密濾過膜や限外濾過膜に始まり，ナノ濾過そしてゼオライト膜による浸透気化分離への応用へと展開した[3~9]。一方，無機膜による気体分離は米国のマンハッタン計画の中で多孔質膜が 6 フッ化ウラン-235 の濃縮で大規模に使用された以外は近年まで注目されることが少なかった[6]。従来の無機多孔質素材では細孔径が大きく高い分離選択性が得られなかったためであるが，前述のようにオングストロームサイズの細孔をもつ無機多孔質膜が報告され水素分離膜や二酸化炭素分離膜として注目されている[8,9]。多孔体に含まれる細孔は細孔径によってミクロ孔（～2 nm），メソ孔（2~50 nm），マクロ孔（50 nm～）に IUPAC によって分類されている。多孔質膜による気体分離は，膜に開いた孔に対する気体分子の透過性の差を利用して分離するもので，透過する物質の種類，条件，膜の孔径などにより，クヌーセン拡散，表面拡散，毛管凝縮またはミクロポアフィリングおよび分子ふるいによる分離に分類され，高い分離性はミクロ孔中での透過成分の表面拡散，毛管凝縮またはミクロポアフィリング，あるいは分子ふるい機構で発現する[7]。

　本章では高分子前駆体の優れた成形性を活かして，平膜のほか中空糸状に製膜した自立膜や多孔質支持体上に製膜した複合膜として，検討が進んでいる炭素膜による気体分離について紹介する。

　＊　Hidetoshi Kita　山口大学　大学院創成科学研究科　教授（特命）

2　炭素膜の製膜

　多環芳香族分子の集合体である炭素は，その集合様式の違いによって多様な構造をとり，分離材料としても炭素系多孔体（主に活性炭）は古くから用いられてきた。炭素多孔体は数十ナノメートル以下の細孔径を持ち，大きな表面積，電子授受能，耐薬品性といった特徴を有し，現在では吸着による分離・精製や触媒などで広い用途がある。さらに，炭素材料はカーボンナノチューブやグラフェンなどで代表されるナノマテリアルとして従来の材料にない高機能性材料として期待されており，膜素材としても興味ある材料である。

　炭素膜は高分子を前駆体として数百度以上で熱処理することにより熱分解・炭化を経て作製する。炭素膜の報告例としては Barrer らが 1960 年代始めに高表面積のミクロ孔を有する炭素粉末を高圧で成形した例[10]があるが，Koresh, Soffer が種々の高分子前駆体を熱分解して作製した炭素膜が高い気体分離性を示すことを報告した例[11]が嚆矢である。これを契機にイスラエルでセルロース系の中空糸を前駆体とした炭素膜のベンチャー企業が設立されている。その後，炭素膜の前駆体としてポリアクリロニトリル，ポリイミド，フェノールホルムアルデヒド樹脂，フルフリルアルコール樹脂，ポリフェニレンオキシドやリグノセルロースなどを用いて分子ふるい炭素膜の作製が検討されている[12,13]。

　図 1，図 2 に非対称構造のポリイミド中空糸前駆体膜と炭素膜の断面 SEM 写真を示す。ポリイミドを 500℃ 以上で不活性ガス中熱処理を行うと膜は黄褐色から光沢のある黒色に変化し，膜重量は 700℃ では 30〜40％ まで減少する。イミド環の熱分解により H_2O，CO，CO_2 などの脱ガスが起こり膜は多孔質化する。さらに 700℃ や 800℃ の高温での熱処理では多孔質化と共に縮合環化が進み多環芳香族化が進行し膜の緻密化が起こる。

　図 3 はポリイミドを前駆体とする炭素膜の透過電子顕微鏡写真である。膜構造は一部に結晶らしきコントラスト（図中の○印）が認められるが，膜の広角 X 線回折パターンはアモルファス状態で，細孔径約 0.5 nm の多孔質構造である。

　近年，高分子膜の熱分解による炭素膜形成過程の MD シミュレーションも報告されている[14]。図 4 ではポリエーテルイミドの熱分解による反応性ラジカルの形成と原子の転移が引き続いて起り，化学構造の転移・分解を経てナノレベルの細孔を有する非晶質炭素構造が形成される。

　炭素膜の製膜条件としては，前駆体の選択のほか，炭化温度，昇温速度，炭化時間，炭化雰囲気などの炭化条件や酸化や CVD などの後処理などがある。

　形成した膜が自立膜としては強度が不足する場合は，多孔質支持体上に前駆体膜を形成し炭素膜とする。多孔質支持体としてはゼオライト膜やシリカ膜の支持体として利用されているアルミナなどの多孔質セラミックが用いられる。前駆体膜は，ディップ法でモータを使って前駆体溶液中に浸漬した多孔質支持体を，一定速度で引き上げて支持体に前駆体をコートする方法や，ディスク上にスピンコートする方法が用いられている。炭素膜への焼成は雰囲気を調整できる各種の電気炉が用いられる。図 5 はアルミナ多孔質体（細孔径約 0.1 ミクロン）上に製膜したリグニン

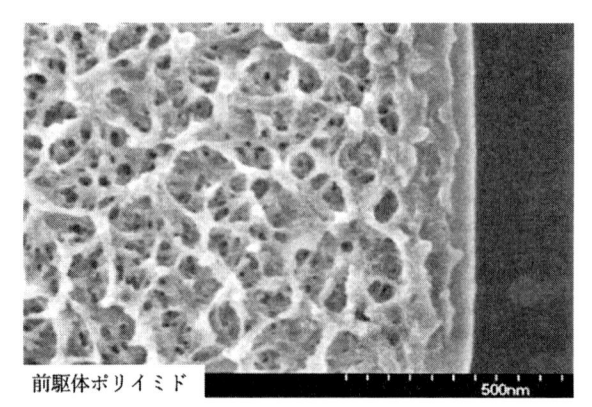

前駆体ポリイミド

図1　ポリイミド中空糸前駆体膜の断面 SEM 写真

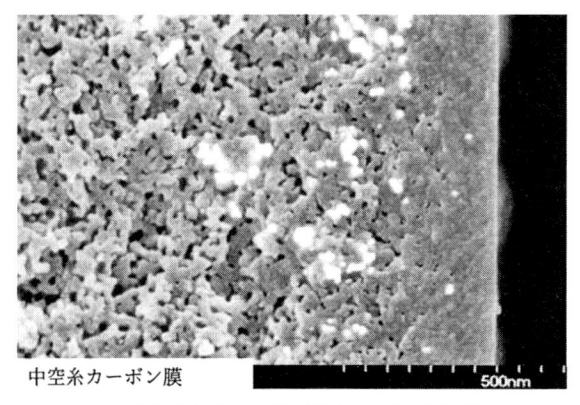

中空糸カーボン膜

図2　ポリイミド中空糸炭素膜の断面 SEM 写真

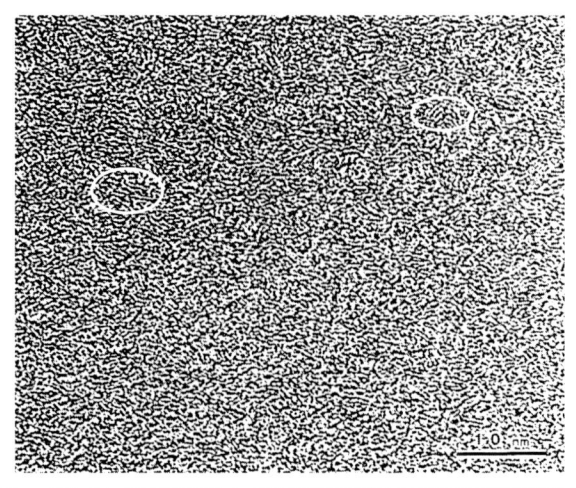

図3　ポリイミドを前駆体とする炭素膜断面の透過電子顕微鏡写真
× 2,000,000

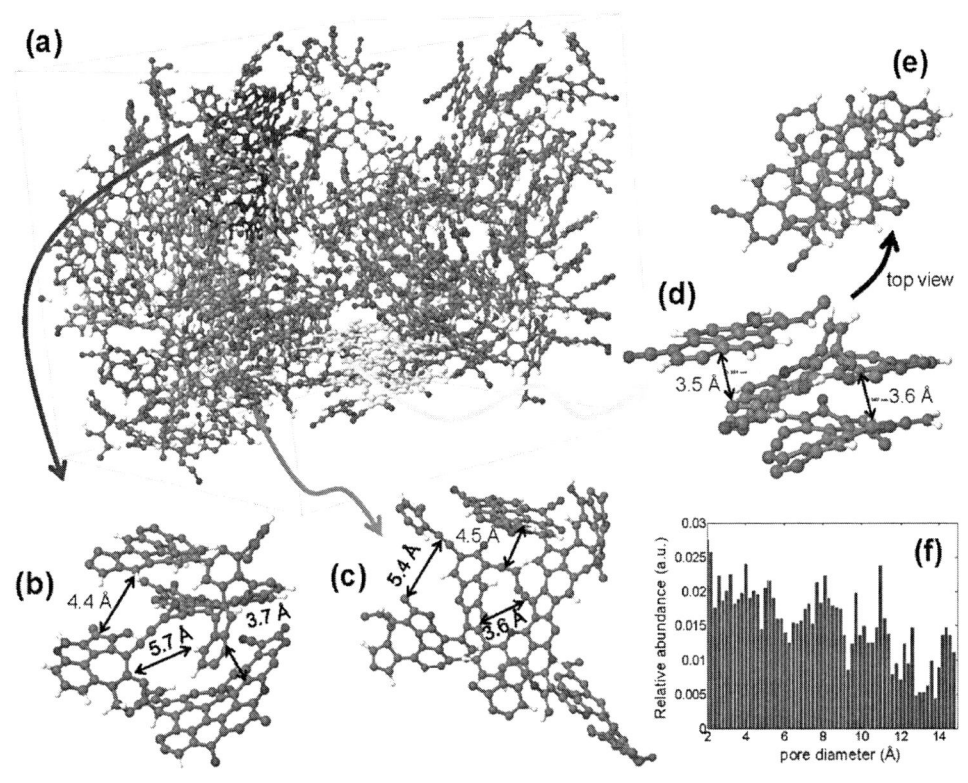

図 4　ポリエーテルイミドの熱分解により形成された多孔質構造の MD シミュレーション[14]

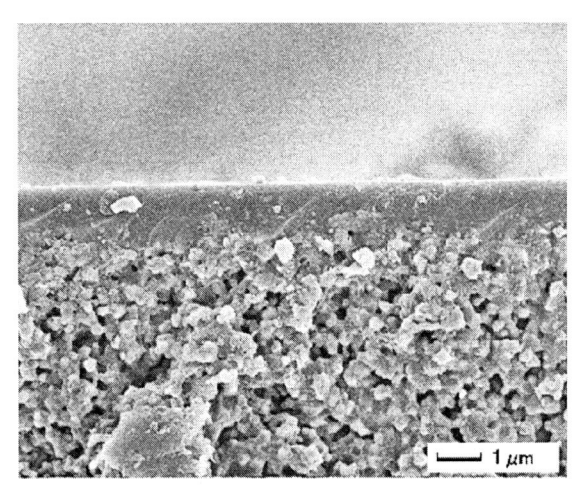

図 5　アルミナ多孔質体（細孔径約 0.1 ミクロン）上に製膜したリグニン素材を
前駆体とした複合炭素膜の断面 SEM 写真

素材を前駆体とした複合炭素膜の断面 SEM 写真である。膜厚 1 ミクロン前後の均質な炭素膜が製膜可能である。複合膜の場合には下地の多孔質支持体で機械的強度を補えるので前駆体の選択肢が拡がる。

3　炭素膜の気体分離性能

表 1 に代表的な炭素膜の気体分離性能を示す[12]。炭素膜は優れた水素選択透過性や二酸化炭素分離性能において，既存の高分子膜に比べて優れた透過性能を有し注目されている。種々の高分子膜の透過選択性の探索が進むと共に，選択性の高い膜は透過性が小さく，透過性が大きくなると選択性が小さくなるトレード・オフの関係が明瞭になり，膜性能の上限が明らかになってきている。図 6 に CO_2/CH_4 系における高分子膜の透過性能と分離性能のトレード・オフの関係を示す[13]。図 6 のトレード・オフラインの上限を超える膜素材として，無機多孔質体の炭素膜（図 6 の CMS）がゼオライト膜やシリカ膜と並んで活発に研究されている。図 7 は Koros らが報告している天然ガスからの二酸化炭素分離を目的としたパイロットスケールのポリイミド（Matrimid[®]5218）を前駆体とする中空糸炭素膜モジュールである[15]。吉宗らもスルホン化ポリ

表 1　代表的な炭素膜の気体分離性能[12]

前駆体ポリマー[a]	タイプ[b]	炭化温度 [℃]	T (℃)	透過速度 [GPU][c]			理想分離系数			備考[d]
				H_2	CO_2	O_2	H_2/CH_4	CO_2/CH_4	O_2/N_2	
Resol PF	ST	500, 1h	35	380	83	19	370	82	7.9	
	ST	700, 1h	35	110	20	4.2	690	140	8.9	
S-PF/PF	ST	500, 1.5h	35	167	31	6.8	930	170	11	
	ST	500, 1.5h	35	400	120	30	180	54	12	
Novalak PF	SF	700	25	-	6.0	3.3	-	70	10	
lignocresol	ST	600, 2h	35	210	35	8.9	680	110	10	
PFA	SF	450	23	1.81	-	0.17	-	-	30	
PFA	ST	600	25	18.0	8.0	2.52	55	82	13	
PVDC-PVC	SF	700	25	-	-	1.4	-	-	14	
BPDA/6FDA-TrMPD	HF	550	20	171	73	15-14	450	190	11-14	混合系
BPDA-DDBT/BADA	HF	600	35	-	400	100	-	-	6	
6FDA-DABZ	FM	700, 1h	35	34	5.0	1.4	1200	180	11	
6FDA-mPD	FM	700, 1h	35	220	92	19	140	60	8	
Kapton	FM	800, 2h	35	13.4	2.6	0.7	-	-	12	
	FM	950, 1h	35	1.06	0.07	0.018	-	-	22	
BPDA-ODA	ST	700, 0h	65	-	79	22	-	57	7.5	
BPDA-based PI	HF	700	50	420	-	-	540	-	-	混合系
	HF	850	120	310	-	-	680	-	-	

　a）PF：フェノール樹脂，PFA：ポリフルフリルアルコール，BPDA-，6FDA-：各種ポリイミド
　b）SF：複合膜（シート），ST：複合膜（チューブ），FM：自立膜（平膜），HF：自立膜（中空糸）
　c）GPU $= 10^{-6} cm^3 (STP)/(cm^2 scmHg)$
　d）特記無しは単成分気体での測定

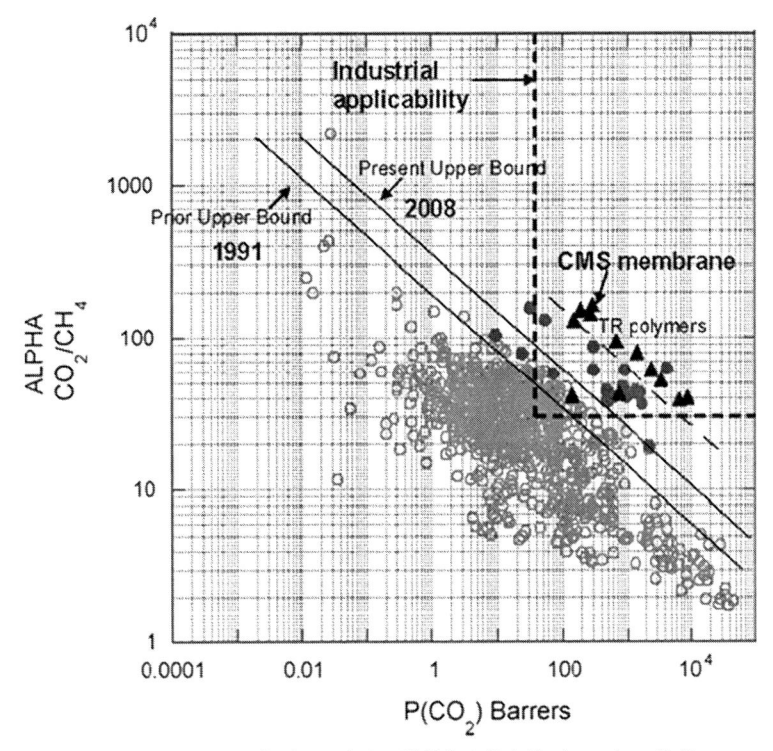

図6　CO_2/CH_4分離系での高分子膜性能と炭素膜（CMS）の比較

図7　パイロットスケールテストで用いられたポリイミドを前駆体とする炭素膜[15]

フェニレンオキシドを600℃で熱分解することにより，中空糸炭素膜の二酸化炭素分離を報告しており，25℃において，CO_2のパーミアンスが13.9×10^{-6} cm^3(STP)/(cm^2scmHg），CO_2/N_2とCO_2/CH_4の分離性がそれぞれ58，197と報告されている[16]。図8はスルホン化ポリフェニレンオキシド中空糸高分子膜を真空雰囲気下600℃，650℃，700℃でそれぞれ1時間焼成して作製した炭素膜の各種気体透過性（90℃）である[17]。いずれの炭素膜も透過気体の分子サイズに大き

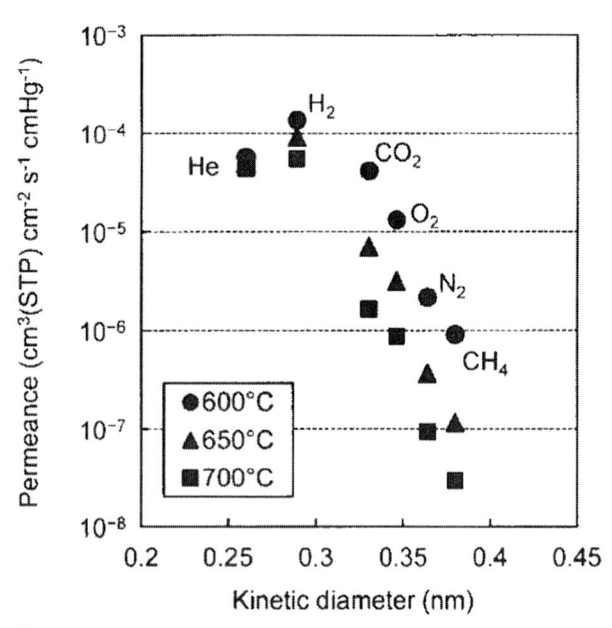

図8 スルホン化ポリフェニレンオキシドを前駆体とする中空糸炭素膜の気体透過性 （90℃）[17]

く依存した分子ふるいの透過挙動を示す。尚，炭素膜の気体透過速度は，図8のように先ず焼成の進行とともに膜の多孔質化が進行して前駆体膜に比べて透過性が増加し，その後，焼成温度の上昇に伴い膜の緻密化が進行して透過性は減少し分離性は増加する。その為，分離対象の気体系によって，一般的には気体透過性極大点と分離性極大点が異なるため，好ましい透過分離性能の膜の製膜条件の最適化が必要である。

　図9は米国で石炭およびバイオマス由来の合成ガスから製造された水素の分離用にパイロットスケールテストで検討された炭素膜モジュールである。こちらは多孔質支持体上に形成した複合

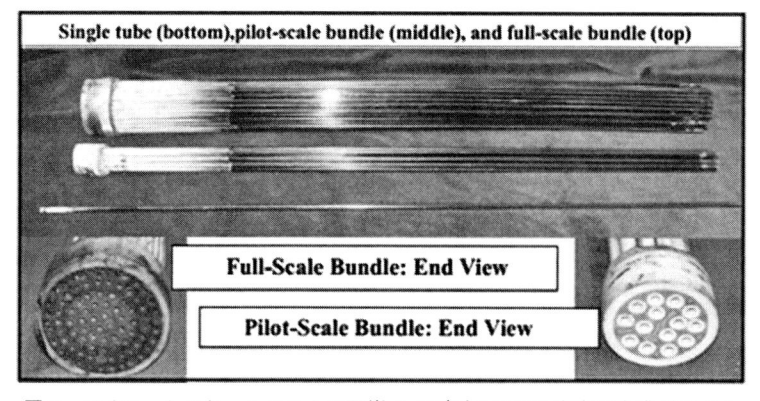

図9 パイロットスケールテストで石炭およびバイオマス由来の合成ガスから
製造された水素の分離用に使用された炭素膜モジュール[18]

膜で検討されている[18]。

　さらに，炭素材料はカーボンナノチューブやフラーレンなどで代表されるナノマテリアルとして従来材料にない高機能性材料として期待されており，それらの膜化も試みられている。陽極酸化アルミナ多孔質体上に酸化グラフェンを減圧濾過した 1.8〜18 nm の薄膜（膜面積 4 cm^2）では，等モルの H_2/CO_2 と H_2/N_2 混合ガスに対して 20℃ から 100℃ で気体透過実験が行われ，水素の透過速度が約 10^{-7} mol/(m^{2}sPa)，H_2/CO_2 と H_2/N_2 の分離係数が 20℃ でそれぞれ 3400 と 900 と報告されている[19]。

4　おわりに

　実用化している高分子の気体分離膜の需要は窒素富化，次いで脱湿，炭酸ガス，水素分離となっているが，膜による気体分離は，水素エネルギー開発や地球持続のための技術開発において，蒸留法，吸収法，吸着法につぐ 4 番目の革新的分離技術として期待を集めている。今後その期待に応えるためには，分離性能とコストの両面で従来の膜をしのぐ新しい膜の実用化が必要である。膜分離法の発展は，膜素材の改良と膜形態の設計技術の進歩により成し遂げられてきた。実用化している高分子膜の分子設計の多様性や，製膜上の長所とナノメートルサイズの細孔を持つ分子ふるい膜の優れた分離性能を生かせる炭素膜には，様々な応用展開が期待される。特に温暖化ガスの分離回収に資する CO_2 分離膜に関する研究開発として，高分子膜，促進輸送膜やイオン液体含有膜に無機膜，さらには膜コンタクターなどの様々な研究開発が進められている中で，無機膜の研究開発は，平成 4〜12 年の「二酸化炭素高温分離・回収再利用技術研究開発」と平成 14〜18 年に行われた「高効率高温水素分離膜の開発」の 2 つの大型プロジェクトとして我が国で活発に行われた結果，膜性能は 10 年前のレベルを大きく上回り世界のトップレベルにある。その中で炭素膜は実用化を念頭に置いた生産性やコストの点ではゼオライト膜やシリカ膜に比べて優位にあり，今後の発展が期待される。

文　　　献

1)　L. M. Robeson, *J. Memb. Sci.,* **320**, 390（2008）
2)　L. M. Robeson, Z. P. Smith, B. D. Freeman, D. R. Paul, *J. Memb. Sci.,* **453**, 71（2014）
3)　H. P. Hsieh ed., "Inorganic Membranes for Separation and Reaction", Elsevier, Amsterdam（1996）
4)　A. J. Burggraaf and L. Cot ed., "Fundamentals of Inorganic Membrane Science and Technology", Elsevier, Amsterdam（1996）

5) N. K. Kanellopoulos ed., "Recent Advances in Gas Separation by Microporous Ceramic Membranes", Elsevier, Amsterdam (2000)

6) R. W. Baker, "Membrane Technology and Application 3rd Ed.", Wiley, U. K. (2012)

7) 日本膜学会編, 膜学実験法―人工膜編　日本膜学会 (2006)

8) 喜多英敏 (監修), エネルギー・化学プロセスにおける膜分離技術, S&T 出版 (2014)

9) 中尾真一, 喜多英敏 (監修), 二酸化炭素・水素分離膜の開発と応用, シーエムシー出版 (2018)

10) R. Ash, R. M. Barrer and C. G. Pope, *Proc. Roy. Soc.* **A271**, 19 (1963); R. Ash, R. M. Barrer and T. Foley, *J. Memb. Sci.*, **1**, 355 (1976)

11) J. E. Koresh and A. Soffer, *J. Chem. Soc. Faraday Trans.*, **26**, 2457, 2472 (1980); J. E. Koresh and A. Soffer, *Sep. Sci. Technol.*, **18**, 723 (1983)

12) H. Kita, "Materials Science of Membranes for Gas and Vapor Separation", Yu. Yampolskii, I. Pinnau and B. D. Freeman (Ed.), pp. 373-389, Wiley, New York (2006)

13) J. A. Lie, X. He, I. Kumakiri, H. Kita, and M. B. Hagg, "Hydrogen Production, Separation and Purification for Energy", A. B. Basile, F. D. Dalena, J. T. Jianhua Tong, and T. N. Vezirolu (Ed), pp. 405-431, Institution of Engineering and Technology (2017)

14) J. B. S. Hamm, A. R. Muniz, L. D. Pollo, N. R. Marcilio, I. C. Tessaro, *Carbon*, **119**, 21 (2017)

15) O. Karvan, J. R. Johnson, P. J. Williams, W. J. Koros, *Chem. Eng. Technol.*, **36**, 53 (2013)

16) Yoshimune M, Haraya K: *Energy Procedia*, **37**, 1109 (2013)

17) 吉宗美紀, 原谷賢治, 膜, **41**, 96 (2016)

18) D. Parsley *et al.*, *J. Memb. Sci.*, **450**, 81 (2014)

19) H. Li, Z. Song, X. Zhang, Y. Huang, S. Li, Y. Mao, H. J. Ploehn, Y. Bao, M. Yu, *Science*, **342**, 95 (2013)

第15章　窒素ドープポーラスカーボン触媒の開発

立花直樹*

1　電気化学エネルギーデバイス用カーボン系触媒

近年，地球温暖化や化石燃料価格の高騰・変動が社会問題になっており，太陽光，風力等の自然エネルギーを利用した発電が注目を集め，過度な化石燃料への依存からの脱却が図られている。この自然エネルギーを利用して発電した電気を，電池に充電もしくは水電解して水素を得ることで，これらをそれぞれ利用した電気自動車および燃料電池車の走行に関する二酸化炭素の発生量をゼロとすることができる。また，これらの自動車は窒素酸化物（NO_x）や粒子状物質（PM）等を全く排出しないことから，世界の主要都市や，自動車保有台数が急増して大気汚染が深刻化している新興国で，ガソリン・ディーゼル車の自動車排出ガス規制の強化と併せて，その普及が急速に進められている。

図1に将来の二次エネルギー（電気，水素）のフローの概略を示す。カーボン材料はエネルギーデバイスの電極内で導電パスとなり，白金や金属酸化物微粒子等の電気化学触媒の担体とし

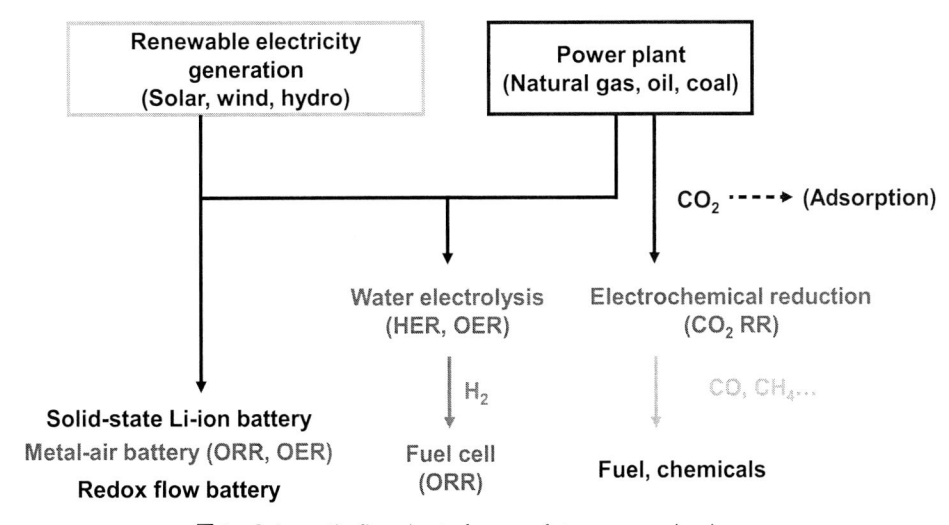

図1　Schematic flowchart of a near future energy landscape

ORR：Oxygen reduction reaction，OER：Oxygen evolution reaction，
HER：Hydrogen evolution reaction，CO_2 RR：CO_2 reduction reaction.

---

*　Naoki Tachibana　（地独）東京都立産業技術研究センター　先端材料開発セクター
　　　副主任研究員

てこれまで長く使用されてきた。2009 年に Dai らは窒素ドープカーボンナノチューブが酸素還元反応（Oxygen reduction reaction：ORR）に対して高い触媒活性を示すことを報告し[1]，特にこの十年間でカーボン系触媒の研究は大きく発展した。ドーピング元素としては窒素だけでなく，硫黄，ホウ素，リン，また，これらの元素を複数種ドープしたカーボン系触媒が優れた活性を示し，併せて計算化学の観点から触媒サイト・メカニズムの検討が進められている。加えて，これらのヘテロアトムをドープしたカーボン系触媒は酸素発生反応（Oxygen evolution reaction：OER）や水素発生反応（Hydrogen evolution reaction：HER）にも高い触媒活性を示す[2,3]。ORR，OER，HER は，それぞれ燃料電池および金属空気電池の放電時のカソード反応，水電解セルおよび金属空気電池の充電時のアノード反応，水電解セルにおけるカソード反応である。これらのエネルギーデバイスは将来のエネルギー利用において中心的な役割を担うと考えられ，低コストなカーボン系触媒による貴金属触媒の代替や効率の向上が期待されている。また，窒素ドープカーボンは CO_2 還元反応に対する触媒として作用し[4]，多孔性の窒素ドープカーボンは CO_2 吸着材としても優れた性能を示すことが報告されている[5]。

　金属空気電池は酸素を正極活物質とし，金属あるいは金属化合物を負極活物質として用い，化学反応のエネルギーを電気エネルギーとして取り出す電気化学エネルギーデバイスである。金属空気電池は空気中の酸素を正極活物質として使用し，正極にあたる空気極を非常に薄くすることができるため，電池に占める空気極の重量や体積は極めて小さい。したがって，通常の電池に必要な正極活物質を貯蔵するためのスペースがゼロとなり，その理論エネルギー密度が極めて大きくなる。負極活物質としては安価な鉄や亜鉛を使用することができ，エネルギー密度およびコストの両面からポストリチウムイオン電池の一つとして注目されている。図 2(a)に金属空気電池の一例として亜鉛空気電池の概略を示す。正極である空気極に窒素ドープマイクロポーラスカーボンを酸素還元触媒として使用した亜鉛空気電池は市販の白金触媒を使用した電池と比較して高い出力密度を示したことが報告されている[6]。また，電池内部で充電を行う場合，空気極では酸素還元反応の逆反応である酸素発生反応が進行し，その反応を促進させるため，通常は酸素発生活性を示す触媒が併せて必要となるが，窒素ドープカーボンは酸素発生触媒としても働くことができるため，この両反応の進行を促進させる二元機能触媒として使用した例も報告されている[7]。金属空気電池の空気極には一般的にガス拡散型電極が使用される。ガス拡散型電極とは気体反応物質の電気化学的酸化還元反応を直接起こさせることができる電極である。図 3(a)に示すように，この電極は通常，ガス拡散層と触媒層からなる。ガス拡散層は PTFE 等の結着材と疎水性のカーボンからなる。カーボンとしては比較的，粒子径の大きなアセチレンブラックが用いられることが多く，スムーズなガス拡散パスを形成し，かつ電解液の漏出および空気側からの水分の混入を防ぐことができる[8]。また，触媒層は触媒，カーボン等の導電性の触媒担体および PTFE バインダーからなる。触媒層にて進行する酸素還元反応は電極内部に三次元的に存在する活物質（酸素）－電解質－触媒からなる三相界面（図 3(b)）で反応が進行する。したがって，大きな電流密度を得るためには，反応サイトである三相界面を，より多く生成させる必要があり，電極性能

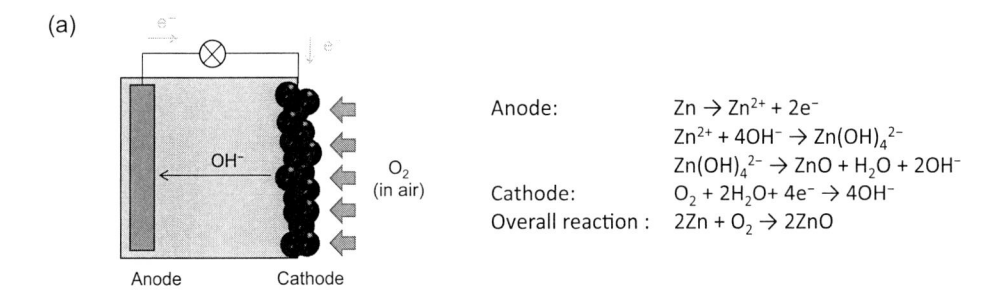

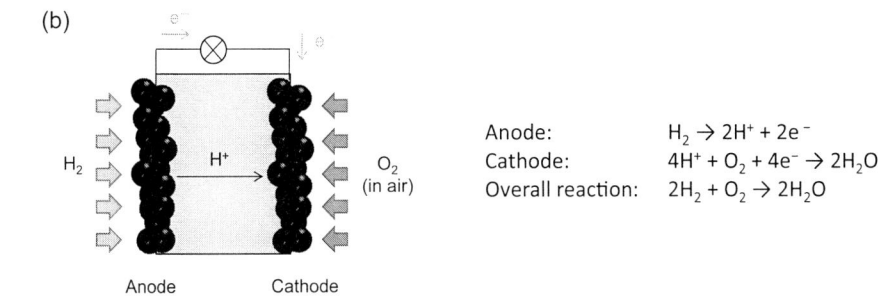

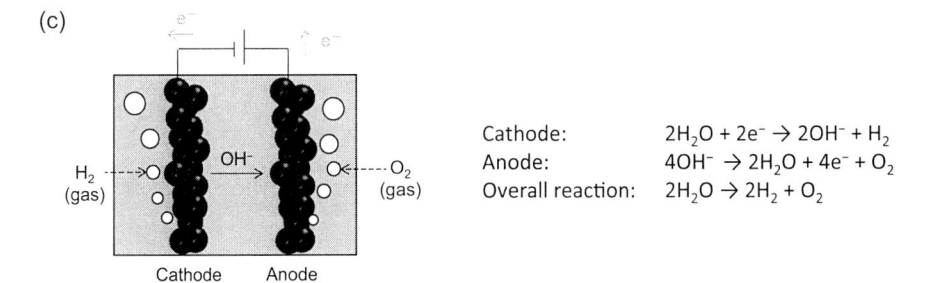

図2　Schematic illustrations of (a) Zn–air battery, (b) fuel cell, and (c) water–splitting electrolyzer

に優れたガス拡散電極を作製するためには，活性の高い触媒を用いるだけでなく，触媒層の微細構造を制御する必要がある。ガス拡散型電極に窒素ドープグラフェン等のメソ，マクロ孔をほとんど有しない触媒を使用する場合は細孔の発達したカーボンブラック等を添加することで凝集を抑制でき[9]，また，触媒層内でガス拡散パスを形成しているものと考えられる。

　一方，燃料電池およびその燃料となる水素の製造方法についての研究開発も盛んに進められている。東日本大震災後の 2014 年 4 月に閣議決定された「エネルギー基本計画」では，原子力発電所の停止とこれに伴う化石燃料への依存の増大や温室効果ガス排出量の増加といった社会情勢の大きな変化が反映され，経済産業省により「水素・燃料電池戦略ロードマップ」が策定されて普及に向けて燃料電池車や家庭用燃料電池コージェネレーションシステム，水素供給設備等に対して補助金等の支援が実施されている。図 2(b)に固体高分子型燃料電池の概略を示す。正極，負

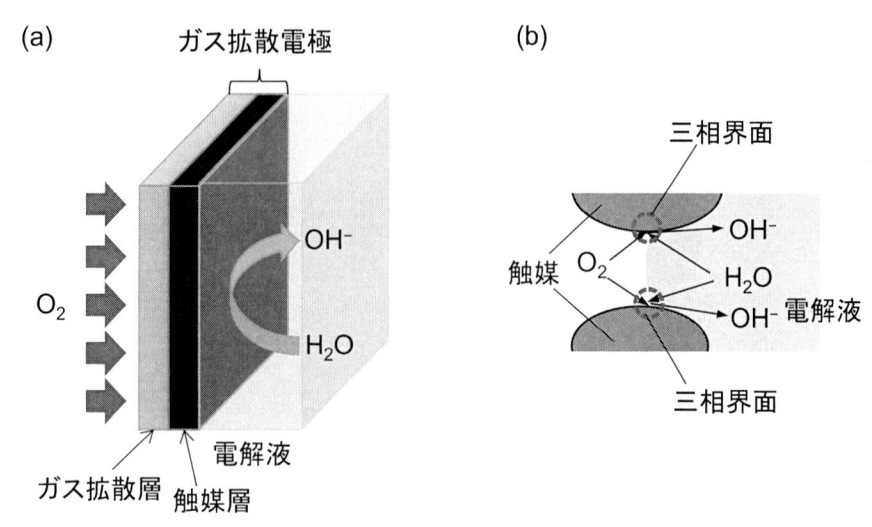

図3 (a)ガス拡散電極および(b)三相界面のモデル

極の活物質はそれぞれ酸素ガス（空気）および水素ガスが使用されるため，通常，両極ともにガス拡散型電極を使用する。正極の酸素還元触媒として窒素ドープカーボンを使用した燃料電池は高い出力密度が得られ，また安定した電流が得られたことが報告されている[10]。水電解は純度の高い水素を容易に得ることができ，実用技術としてはアルカリ水電解法と固体高分子形水電解法とがある。電解セルのアノードでは酸素発生反応，カソードでは水素発生反応がそれぞれ進行する。図2(c)にアルカリ水電解の概略を示す。アルカリ水電解法は，水酸化カリウムを用いて水電解を行う方法であり，これまで大規模水素製造方法として実績が豊富である。固体高分子形水電解法では，図2(b)に示した固体高分子型燃料電池における反応とは逆方向の反応が進行してカソードで水素が発生する。

2　窒素ドープカーボン系触媒の合成法

　炭素源，窒素源を含んだ前駆体を不活性ガス下，もしくは炭素源をアンモニア雰囲気下で高温処理することで窒素ドープ炭素材料を得ることができる。また，この前駆体に鉄源あるいはコバルト源を加えて熱処理して得た触媒は Fe-C-N 触媒，Co-C-N 触媒とも呼ばれている。この手の触媒の歴史は古く，1964 年に Jasinski が Co フタロシアニンの酸素還元活性を報告した[11]。1976 年に Jahnke らが $Fe-N_4$ や $Co-N_4$ の大環状錯体を 700℃ 以上で熱処理することによって酸素還元活性が向上することを報告し[12]，以来，様々な前駆体を用いて得たカーボン系触媒が報告されている。一方で，1991 年にカーボンナノチューブ，2004 年にグラフェンといった特徴的な形態をもつ新しいナノカーボンが報告された。このカーボンナノチューブおよびグラフェンは，黒鉛と同様に炭素原子が sp^2 結合した六角格子から成るが，黒鉛はこの炭素六角網面の積層体の集合からなる多結晶体であるのに対して，カーボンナノチューブは炭素六角網面が同軸環状

になり，グラフェンは炭素六角網面一層のシートからなり，特異な物性を示すことから注目されている。このカーボンナノチューブあるいはグラフェンを炭素源とし，これに窒素源を担持，あるいはアンモニア雰囲気下でおよそ700〜1100℃で熱処理することで，窒素ドープカーボンナノチューブあるいは窒素ドープグラフェンを得ることができる。窒素源としてはメラミン，シアナミド，アクリロニトリル，尿素等が用いられている。また，他の合成法としてはCVD法，窒素プラズマ処理等が提案されている。窒素ドープカーボン系触媒は，隣接した炭素原子に非対称な電荷分布を生じ，この特徴的な電荷分布に起因してカーボンとは異なる高い酸素還元活性を示すと考えられているが，ドープ量が多すぎる場合は炭素六角網面を成すsp^2ネットワークが壊れ，π電子モビリィティが減少することが報告されている[13]。

3　金属空気電池用窒素ドープポーラスカーボンナノ粒子触媒

　本節では，高比表面積かつ多孔性のカーボンブラックを炭素前駆体，シアナミドを窒素前駆体として，熱処理法によって合成した窒素ドープポーラスカーボンナノ粒子（Nitrogen-doped porous carbon nanoparticles：NPCN）について解説する。このNPCNは特徴的な細孔構造を有し，細孔容積および比表面積が大きいため，活性点をナノ粒子表面に多数形成し，かつ反応物および生成物の物質拡散に優れる[14]。カーボンブラック（CB）の前処理として不活性ガス雰囲気下で900℃4時間，熱処理を施したカーボンブラック（CB-HP）もしくは硝酸処理を施して酸素官能基を導入したカーボンブラック（CB-NP）を炭素源とし，これをシアナミド水溶液に含浸させた後，蒸発乾固して得た前駆体を不活性ガス雰囲気下で，まず550℃で4時間保持して，続けて800〜1100℃の範囲で4時間，熱処理を行ってNPCNを得た。無処理のCB，CB-HP，CB-NPを炭素源として合成したNPCNをそれぞれNPCN-noP，NPCN-HP，NPCN-NPと表す。図4にエックス線回折（X-ray diffraction：XRD）パターンを示す。シアナミドは550℃4時間の加熱によって重縮合反応が進行し，メレムユニットが連結したポリマーが積層したカーボンナイトライド（C_3N_4）を生成する。C_3N_4は約700℃以上の加熱で分解されるためNPCN-HP 1000℃，NPCN-NP 1000℃においてC_3N_4由来のXRDピークは確認できず，この熱分解により発生した窒素を含むフラグメントによってCB表面に窒素がドープされる。窒素ドープ炭素材料の窒素種はXPSスペクトル解析により評価することができ，図5(a)のようにN1sピークを波形分離することで，それぞれの化学結合状態の占める割合を算出することができる。図5(b)に元素濃度の定量結果およびN1sピークの波形分離結果より求められた各窒素種の表面濃度を示している。NPCN-NPおよびNPCN-HPの表面におけるpyridinic N濃度およびpyrrolic N濃度は合成温度の上昇に伴って大きく減少するが，800〜1000℃の範囲においてはquaternary Nの濃度はあまり変化しない。これは，炭素六角網面の端に位置するpyrrolic Nやpyridinic Nと比較して面中に位置するquaternary Nは安定であるためであると考えられる。また，高温（＞600℃）での熱処理によってpyridinic Nはquaternary Nに変化するため[15]，加熱処理温度の増加に伴い

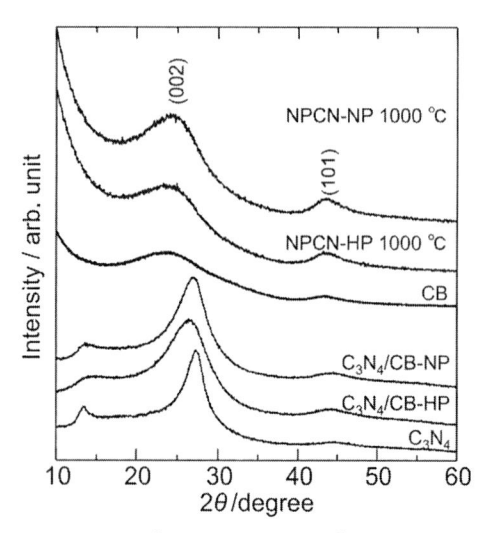

図4　XRD patterns of NPCN-NP 1000℃, NPCN-HP 1000℃, CB, C₃N₄/nitric acid-pretreated CB (CB-NP), C₃N₄/heat-pretreated CB (CB-HP), and C₃N₄
(Reprinted from[14], Copyright (2017), with permission from Elsevier.)

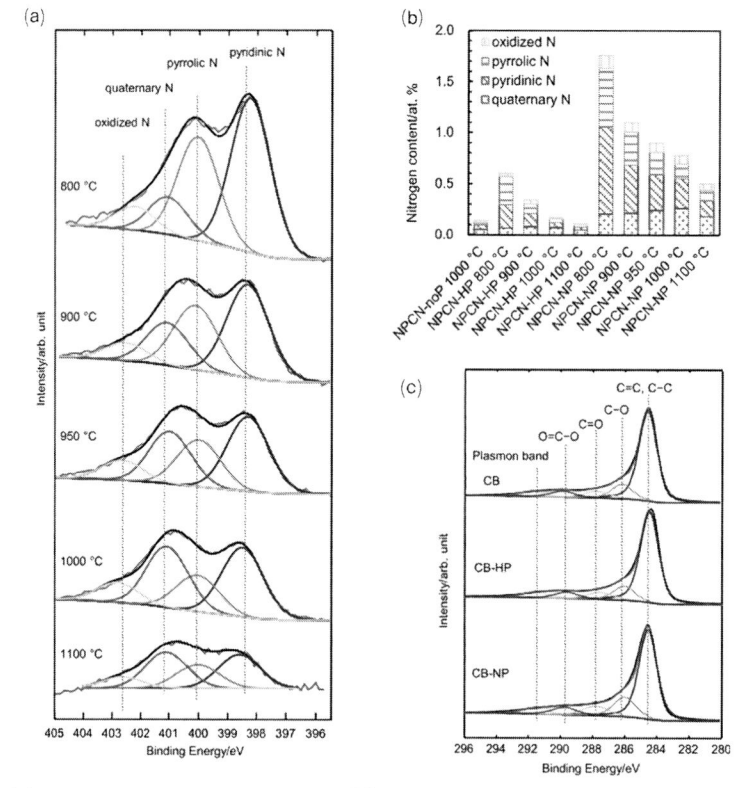

図5　(a) XPS N1s spectra of NPCN-NPs. (b) Contents of four nitrogen species in NPCNs. (c) XPS C1s spectra of CB, CB-HP, and CB-NP
(Reprinted from[14], Copyright (2017), with permission from Elsevier.)

quaternary N の濃度が増加して NPCN-NP は 1000℃で quaternary N の濃度が最も高くなったと考えられる。また，NPCN-NP は同温度で熱処理した NPCN-HP と比較して，窒素濃度が高くなった。C1s ピークの波形分離により硝酸処理を施した CB はカルボニル基やカルボキシル基の濃度が増大していることが確認でき（図5(c)），これらの酸素官能基が炭素−窒素結合の生成に寄与しているものと考えられる[16]。

　NPCN-HP 1000℃，NPCN-NP 1000℃の一次粒子は，粒子外周部に沿うようにおよそ 2, 3 nm 幅の炭素六角網面が数層重なったグラファイト状の微結晶子が確認でき，粒子内部に向かうにつれてアモルファスな構造をとる（図 6(a)，(b)）。これは出発原料である CB に由来する。一次粒子径は 30 nm ほどであり，この一次粒子が凝集して 100〜300 nm ほどのアグロメレートを形成し，さらにアグロメレートが連なってアグリゲートを形成している（図 6(c)，(d)）。これらの NPCN は一次粒子表面のグラファイト状の微結晶子間にスリット状のマイクロポア（＜2 nm）を形成していると考えられ，アグロメレート中の凝集した一次粒子間に約 2〜20 nm のメソポア，さらに，アグロメレート間に 20 nm 以上のメソポアおよびマクロポアを形成している。これらの細孔を詳細に評価するために，ガス吸着測定を行った（図 7(a)）。NPCN-noP および NPCN-HP はアグロメレート中のメソ細孔（2〜20 nm）容積が増大し（図 7(b)），併せて比表面積（図 7(c)）が増加していることが確認できる。これは，C_3N_4 が熱分解する際に発生するフラグメントによって一次粒子間がエッチングされたものと推測される。CB は硝酸処理に伴い，細

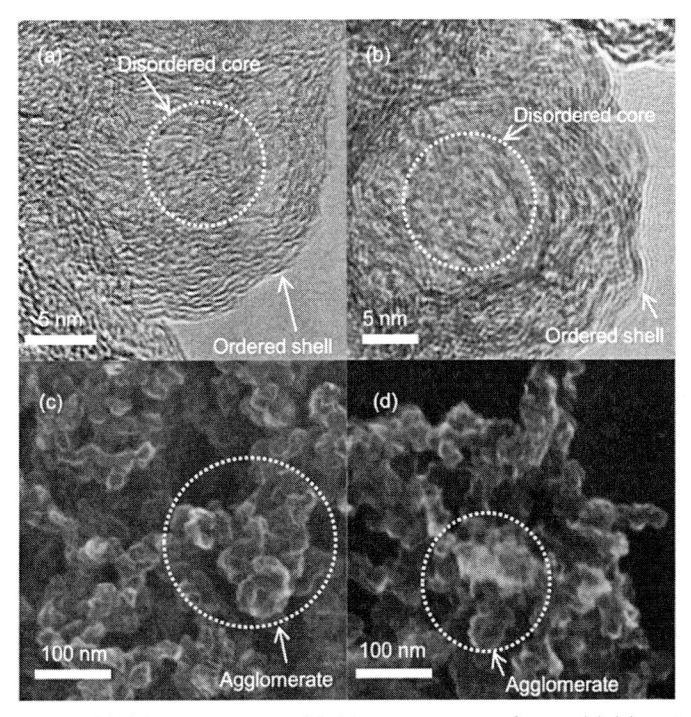

図 6　(a), (b) TEM and (c), (d) SEM images of (a), (c) NPCN-HP 1000℃ and (b), (d) NPCN-NP 1000℃
(Reprinted from[14], Copyright (2017), with permission from Elsevier.)

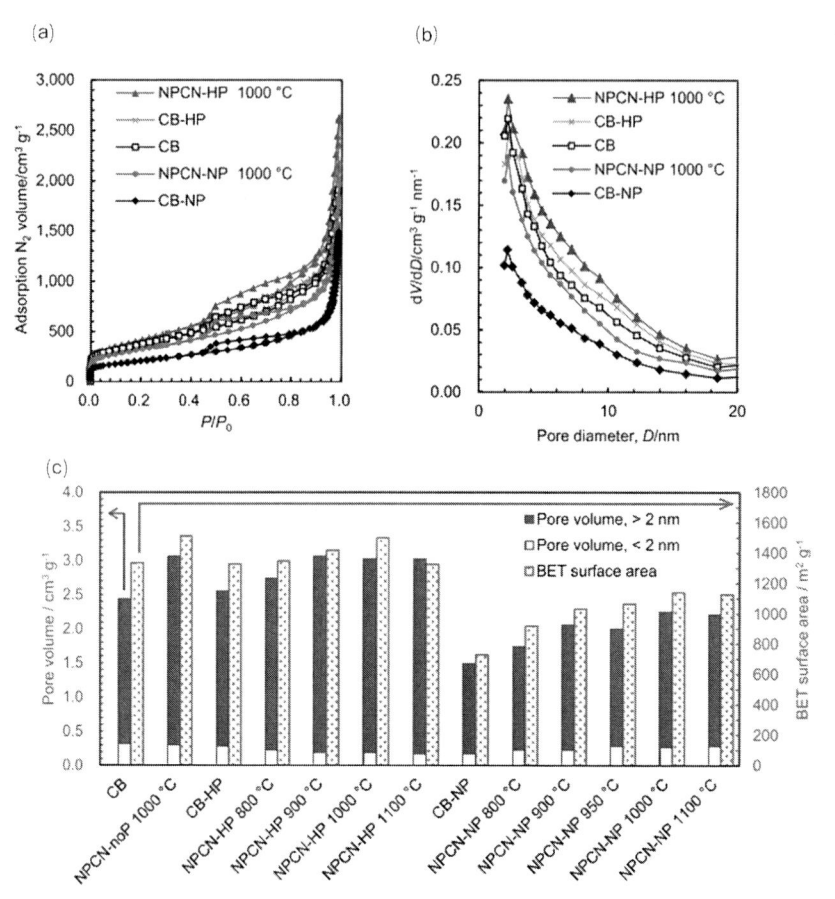

図 7　(a) N₂ adsorption-desorption isotherms, and (b) pore size distributions of NPCN-HP 1000℃, CB-HP, CB, NPCN-NP 1000℃, and CB-NP. (c) Results of pore volume and BET surface area determinations for all samples

(Reprinted from[14], Copyright (2017), with permission from Elsevier.)

孔容積および比表面積が大きく減少したが，シアナミドを含浸させた後，熱処理を行うと細孔容積および比表面積が増大することが確認できた。

　酸素還元活性は回転ディスク電極（Rotating disk electrode：RDE）により評価した。RDE 測定では電極自身を回転させることによって，遠心力で電極表面の溶液は外側に流され，それを補う溶液を回転軸を中心として電極に向かって流すことができる。したがって，回転中心軸に対して強制的に定常的な物質輸送が実現する。図 8 (a)，(b)は NPCN の電位スイープボルタモグラム（Linear sweep voltammogram：LSV）であり，NPCN-NP 1000℃ が最も貴な酸素還元開始電位を示した。電極表面の拡散層の厚さは回転数に依存し，回転数が大きいほど薄くなるため，限界拡散電流密度の値が大きくなる（図 8 (c)）。観測される電流 i は Koutecky-Levich の式[17]より

$$i^{-1} = i_k^{-1} + i_l^{-1} \tag{1}$$

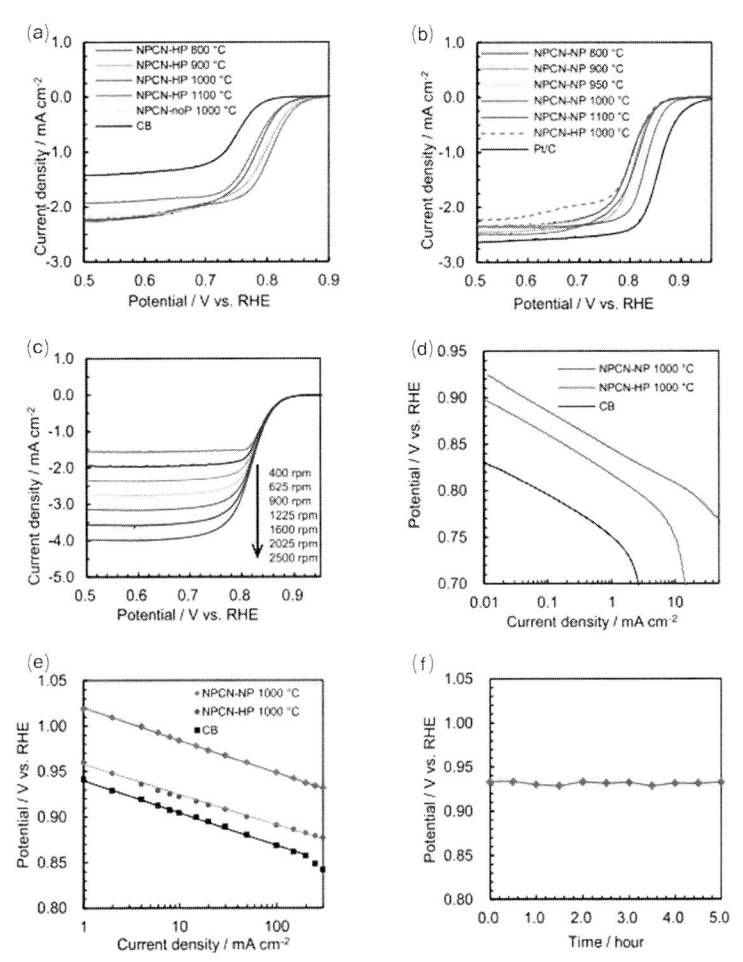

図8 (a) LSV curves of NPCN-HPs and CB, and (b) NPCN-NPs and Pt/C at a rotation rate of 900 rpm measured by RDE. (c) LSV curves of NPCN-NP 1000℃ at different rotation rates. (d) Tafel plots obtained after correction of RDE data for O_2 diffusion and (e) the plots obtained from iR-corrected polarization curves of GDEs of NPCN-HP 1000℃, NPCN-NP 1000℃, and CB. (f) Potentials under a galvanostatic condition of 300 mA cm^{-2} for a GDE of NPCN-NP 1000℃ (Reprinted from[14], Copyright (2017), with permission from Elsevier.)

と表される。i_k は活性化支配電流密度，i_1 は限界拡散電流密度である。式(1)を用いて求めた活性化支配電流密度の対数を横軸とし，電位を縦軸で表したプロット（ターフェルプロット）を図8(d)に示す。また，NPCN を触媒層に用いたガス拡散型電極のターフェルプロットを図8(e)に示す。通常，ガス拡散型電極の測定によって得た分極特性は，高電流密度においてガス拡散が律速となり，ターフェルプロットは直線から外れるが NPCN-NP 1000℃ は高電流密度にわたって電流密度の対数と電位との間に直線関係が確認でき，また，300 mA cm^{-2} における電位はほとんど変化しなかった（図8(f)）。このガス拡散電極の 250 mA cm^{-2} における電位は，市販の白金担持カーボン触媒を使用したガス拡散電極の電位に匹敵する。大きな細孔容積をもつ NPCN-NP

1000℃は，その大きな比表面積により多数の活性点が分散し，かつガス拡散パスを形成していると考えられ，ガス拡散型電極用酸素還元触媒に適している。

4　白金担持窒素ドープポーラスカーボンナノ粒子触媒

　現在，もっとも使用されている酸素還元触媒は白金（あるいは白金合金）担持カーボンであり，主に燃料電池用電極触媒として販売されている。これらの白金触媒は，高い酸素還元活性を示すが，小型化や高出力化，発電効率の向上およびその使用量の低減のために，さらなる活性の向上が望まれている。これを実現するために，これまで非カーボン系の担体としてナイトライドやカーバイド，酸化物等の検討が進められてきた[18]。これらに担持された白金（あるいは白金合金）は相互作用してその活性や安定性が向上することが報告されているが，カーボン系の担体と比較すると，導電性や比表面積，コスト面で劣る。近年，ヘテロアトム原子をドープした炭素材料を

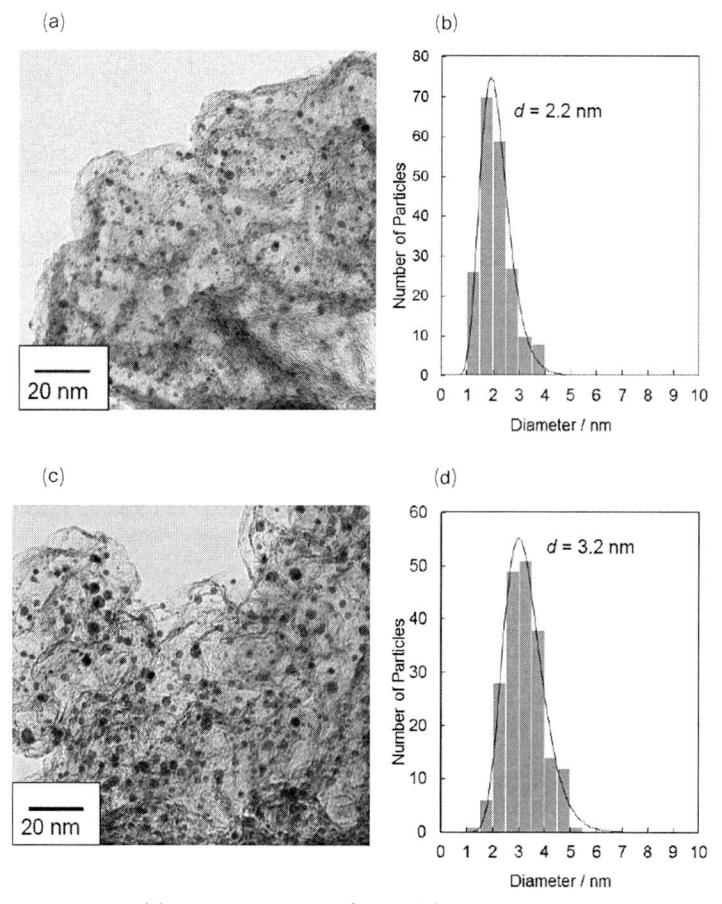

図9　TEM images of (a) Pt/NPCN-NP 1000℃ and (c) Pt/CB. Particle size distributions of (b) Pt/NPCN-NP 1000℃ and (d) Pt/CB[20]

白金触媒の担体として使用した例が報告されている[19]。窒素ドープにより，炭素材料担体上での白金の核生成が促進され，結果として均一な小さな粒子径をもつ白金ナノ粒子が生成し，また，金属－担体相互作用やスピルオーバーによる酸素還元活性の向上のメカニズムが提案されている。

　図9(a), (c)は前節で取り上げた窒素ドープポーラスカーボンナノ粒子触媒を白金担体として使用した Pt/NPCN-NP 1000℃ および Pt/CB の TEM 像である。これらの TEM 像より得られた粒度分布を図9(b), (d)に示す。NPCN-NP 1000℃ に担持した白金の平均粒子径は2.2 nm となり，カーボンブラックに担持したもの（3.2 nm）と比較して大幅に小さくなった。この Pt/NPCN-NP 1000℃ は Pt/CB と比較して，0.85 V vs. RHE における質量活性が1.7倍に向上した[20]。白金の質量活性は，RDE 実験結果および DFT 計算結果より，およそ2.2 nm で最も高いことが報告されており[21]，この最適な粒子径が Pt/NPCN-NP 1000℃ の高い活性の要因の一つとなっていると考えられる。

文　　献

1)　K. Gong *et al., Science,* **323**, 760（2009）
2)　Y. Zheng *et al., ACS Nano,* **8**, 5290（2014）
3)　L. Zhang *et al., ACS Catal.,* **7**, 7855（2017）
4)　G. L. Chai *et al., Chem. Sci.,* **7**, 1268（2016）
5)　G. P. Hao *et al., Adv. Mater.,* **22**, 853（2010）
6)　L.-Y. Zhang *et al., J. Power Sources,* **359**, 71（2017）
7)　L. Hadidi *et al., Nanoscale,* **7**, 20547（2015）
8)　M. Hayashi *et al., Electrochemistry,* **78**, 529（2010）
9)　M. Shao *et al., Chem. Rev.,* **116**, 3594（2016）
10)　J. Shui *et al., Sci. Adv.,* **1**, e1400129（2015）
11)　R. Jasinski *Nature,* **201**, 1212（1964）
12)　H. Jahnke *et al., Top. Curr. Chem.,* **61**, 133（1976）
13)　Z. R. Ismagilov *et al., Carbon,* **47**, 1922（2009）
14)　N. Tachibana *et al., Carbon,* **115**, 515（2017）
15)　J. R. Pels *et al., Carbon,* **33**, 1641（1995）
16)　X. Li *et al., J. Am. Chem. Soc.,* **131**, 15939（2009）
17)　Y. Garsany *et al., Anal. Chem.,* **82**, 6321（2010）
18)　Y. J. Wang *et al., Chem. Rev.,* **111**, 7625（2011）
19)　Y. J. Wang *et al., Prog. Mater. Sci.,* **82**, 445（2016）
20)　N. Tachibana *et al., ECS Trans.,* **80**, 1043（2017）
21)　M. Shao *et al., Nano Lett.,* **11**, 3714（2011）

第16章 電気化学エネルギーデバイス用 シームレスカーボン電極

白石壮志[*1]，畠山義清[*2]

1 はじめに

ポーラスカーボンとは細孔が発達した炭素材料のことであるが，細孔の大きさに応じて様々な用途がある。特にナノ細孔が発達したポーラスカーボン，すなわち「炭素ナノ細孔体」は，比表面積が大きく，かつ吸着ポテンシャルが深いために，吸着剤として優れた特性を有する。炭素ナノ細孔体を電極として用いた蓄電デバイスの一つが電気二重層キャパシタ（EDLC）である[1,2]。EDLC は炭素ナノ細孔体電極と電解液界面に形成される電気二重層を誘電体として機能する。EDLC の充放電は，電気二重層における電解質イオンの吸脱着によってなされるため（図1），機能的に類似している二次電池とは異なり化学反応が関わらない。したがって，EDLC には繰り返しの充放電に強く，入出力密度に優れるという特徴がある。しかしながら，二次電池と比較すると EDLC はエネルギー密度（体積で規格化した貯蔵エネルギー量）が低く（セルベースで最大約 10 Wh L^{-1}），エネルギー密度の改善が求められている。

キャパシタが蓄えるエネルギー（E）は，充電電圧（V）の二乗とキャパシタ容量（C）の積に比例する（$E = CV^2/2$）。このことから，キャパシタの最大充電電圧（耐電圧）ならびに容量を改善できれば，キャパシタのエネルギー密度が向上することになる。一般的には耐電圧は電解

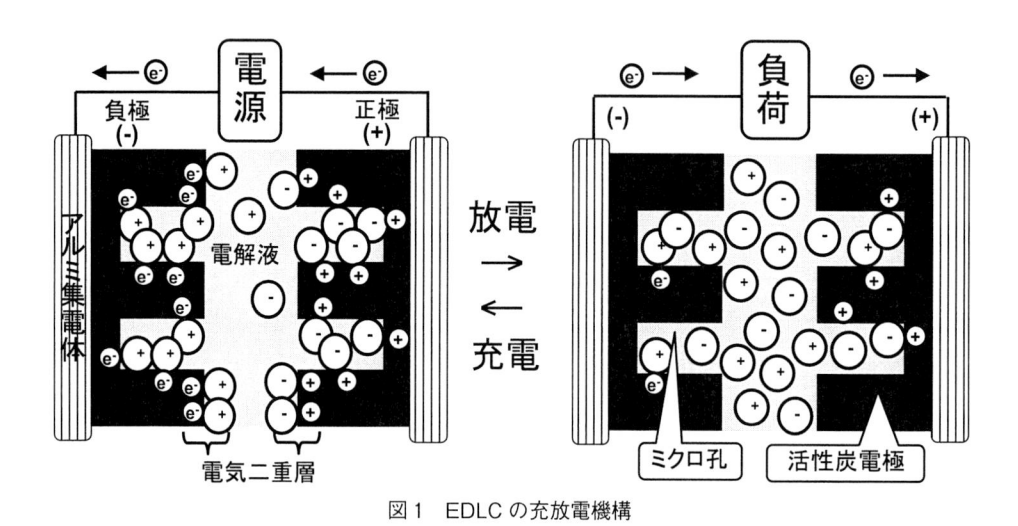

図1　EDLC の充放電機構

＊1　Soshi Shiraishi　群馬大学　大学院理工学府　分子科学部門　教授

＊2　Yoshikiyo Hatakeyama　群馬大学　大学院理工学府　分子科学部門　助教

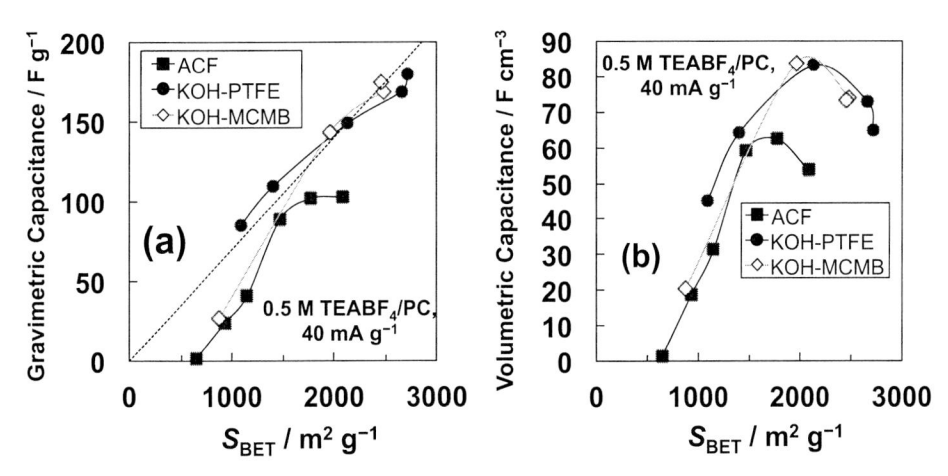

図 2　活性炭電極（ACF：活性炭素繊維，KOH-PTFE：PTFE 系多孔質炭素の KOH 賦活物，
　　　KOH-MCMB：メソフェーズ小球体の KOH 賦活物）の比表面積と容量（電解液には，0.5
　　　M（C$_2$H$_5$）$_4$NBF$_4$/プロピレンカーボネートを使用）の相関[8,9]
(a)重量比容量，(b)体積比容量

　液の電位窓（Electrochemical Window）が支配し，一方，容量は炭素ナノ細孔体電極の細孔構
造が強く影響すると考えられている。

　EDLC の耐電圧の改善，すなわち高電圧化を目的として，イオン液体やスルホン系有機溶媒
を用いた電解液等が実用化されている[3,4]。容量に関してはここ 20 年程度で活発に研究が行わ
れ，炭素ナノ細孔体電極の容量と細孔構造との相関はかなり明らかにされている[5~7]。その結果，
EDLC に最適な細孔構造が見出されつつも，逆に細孔構造制御だけではこれ以上の容量の改善
が困難であることも分かってきた。代表的な炭素ナノ細孔体である「活性炭」の電極に関して，
二重層容量と比表面積の相関を図 2 に示した。活性炭は，炭素マトリスクのガス化操作（賦活と
呼ばれる）によってミクロ孔を主に発達させた炭素ナノ細孔体のことであり[8]，EDLC 用電極材
だけでなく吸着剤としても広く実用的に使われている。図 2 を見ると，重量比容量（電極重量で
規格化した容量）は電極比表面積に比例して増加するが，体積比容量（体積で規格化した容量）
には極大があることが分かる[8,9]。体積比容量はエネルギー貯蔵を目的とした EDLC では極めて
重要な値である。活性炭では賦活の特性として比表面積を増やすと細孔容積も増加する。このた
め，体積比容量が極大値を示すのは，比表面面積の増大による重量比容量の増加と細孔容積の増
大による電極かさ密度の低下がトレードオフになっているためである。

　活性炭ではなく，炭素六角網面シートが一定の層間隔で積層しているような理想的な細孔構造
を有する構造体であれば体積比容量はどの程度期待できるであろうか。その検討内容を図 3 に示
す。理想的な炭素ナノ細孔体であっても EDLC 用活性炭として代表的なヤシ殻系水蒸気賦活炭
の体積比容量の 2 倍程度であると見積もられる[8,9]。したがって，EDLC のエネルギー密度改善
には，細孔構造制御だけでなく高電圧化にも注目すべきである[10,11]。

- 幅0.8nmのスリット状細孔を持つ炭素細孔体
- スリット状細孔の細孔壁は一枚の炭素六角網面（グラフェン）
- 炭素網面両面の比表面積は2630 m^2 g^{-1}、密度は黒鉛と同じ2.25 g cm^{-3}
- 面積比容量は8 µF cm^{-2}

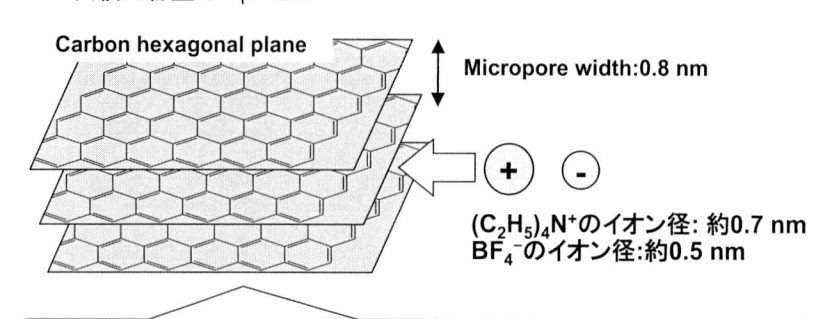

図3 炭素ナノ細孔体電極の細孔構造最適による体積比容量の改善とその限界

　従来では EDLC の高電圧化のためには電位窓の広い電解液を開発するのが王道である。しかし，電位窓は電極の材質依存性があり，EDLC の耐電圧は炭素ナノ細孔体電極の結晶性・細孔構造・表面化学状態にも強く影響を受ける。炭素ナノ細孔体電極表面には電解液の電気分解に対して少なからず触媒性があるため[12]，白金電極等で実測された電位窓から期待されるようなEDLC の耐電圧は得られない。このことから，EDLC の高電圧化のためには炭素ナノ細孔体電極側の改良も必要であると言える。

　EDLC に耐電圧を越えた充電を行うと電極界面での電気分解に伴い容量が著しく減少するため，実質的なエネルギー密度は増加せずむしろ低下する。高電圧充電による炭素ナノ細孔体電極の容量低下の要因は複雑であるが，以下のように大別できる。

① 電気分解による分解析出物・分解ガスによる細孔閉塞
② バインダーの分解や分解物の堆積による電極内の電気的ネットワークの破壊
③ 分解ガスによるキャパシタセルの変形・破壊

①に関しては電解質イオンが吸脱着できる表面が減少するためであり，理解しやすい。一方，②は一見すると①と区別がつかない。しかし，EDLC の特徴である入出力特性を特に低下させる因子であるため，その抑制方法は重要である。③に関しても安全に関わることでもあるため本来は無視できないが，キャパシタのセルの構造設計に関わることであるのでここでは扱わない。著者らは，②に注目して研究を進めた結果，電極の電気的ネットワークの強化には電極の三次元構造が重要であるとの結論に到り，キャパシタ用電極として優れた高電圧充電耐性を有する「シームレス活性炭」を開発した。本章では，シームレス活性炭電極に関して EDLC 電極材としての基礎特性を中心に概説し，他の用途として空気リチウム電池の空気極としての特性についても述べる。

2　キャパシタ用シームレス活性炭電極

　市販の EDLC に使われている活性炭電極は多数の活性炭粒子と導電補助材であるカーボンブラックをバインダーで結着することで製造されている。このようなコンポジット電極の三次元構造のイメージを図 4(a)に示す。このようなコンポジット構造では，電極の内部抵抗の要因となる電気的接触点が多数存在するが，電極内の活性炭粒子同士がバインダーによって強く連結している限り粒子間の電気的な接触抵抗は低く抑えられ，電極内の電気的ネットワークは保たれる。しかし，高電圧充電によってバインダーが分解される，あるいは分解析出物が粒子間あるいは粒子と電極集電体との接触を緩ませると，結果として電極内部抵抗が増加する。つまり，高電圧充電によって電極内部の電気的ネットワークが破壊されて EDLC が劣化する。著者らは電気的ネットワークを強化するため，集電体に発泡アルミニウムシートを利用する手法[10,11,13]，ならびに粒子粒界の存在しないシームレスな電極構造体[10,11,14]の活用を提案している。図 4 の(b)，(c)にそれぞれの三次元構造のイメージを示した。前者の場合，集電体のマクロ孔内部に活性炭粒子が密に充填されているため集電体と活性炭の電気的接触が高い。後者では，粒子間の電気的接触自体が存在しないので電極内部抵抗が本質的に増加しにくい。

　シームレス活性炭電極はバインダーレスのカーボンモノリスの一種であるが，著者らは粒子界面がないことを強調するために「シームレス」と名付けている。著者らがアイオン㈱と共同開発したシームレス活性炭電極は，連通したマクロ孔からなる多孔質フェノール樹脂を出発物質に用

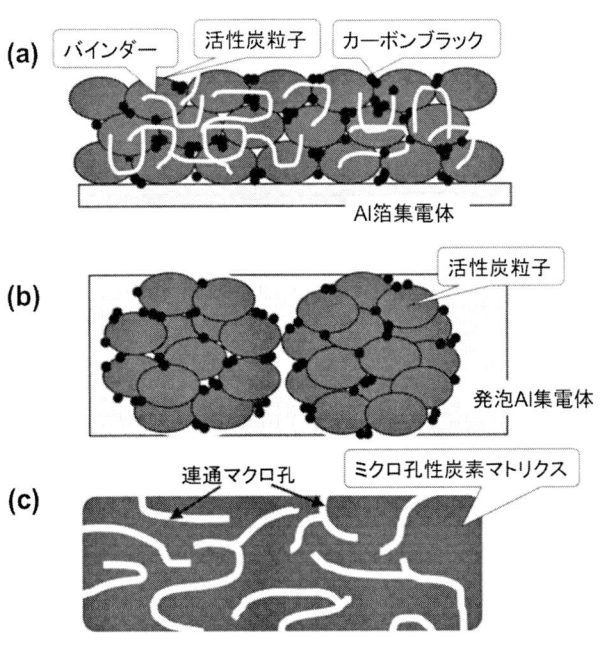

図 4　各種 EDLC 用活性炭電極の構造イメージ

(a)従来型活性炭電極，(b)発泡 Al 集電体を用いた活性炭電極，(c)シームレス活性炭電極

いている。フェノール樹脂は活性炭の典型的な出発物質である。したがって，炭素化・賦活によって形状を維持したまま多孔質フェノール樹脂の活性炭化が可能である[10,11,14]。図5に出発物質の多孔質フェノール樹脂ならびにシームレス活性炭電極の走査型電子顕微鏡（SEM）像を示す。多孔質フェノール樹脂の連通マクロ孔構造が炭素化・賦活後も維持されて，シームレスな活性炭の構造体となっていることが分かる。

　シームレス活性炭電極を用いた EDLC の高電圧充電耐性について以下に実例を紹介する。なお，EDLC は二次電池と異なり充放電サイクル試験よりも一定の高電圧で保持するフロート充電に弱い[15,16]。このことを踏まえ，高電圧充電耐性はフロート法による耐久試験によって評価した。図6は，従来型の EDLC 用活性炭コンポジット電極（クラレケミカル製 YP50F）ならびに

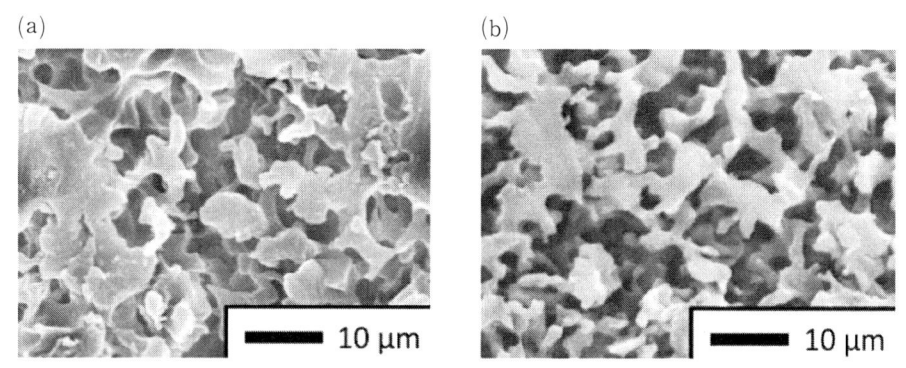

図5　(a)多孔質フェノール樹脂（シームレス活性炭の出発物質）ならびに
　　　(b)シームレス活性炭電極（S_{BET}：約 1700 $m^2\,g^{-1}$）の走査型電子顕微鏡（SEM）像

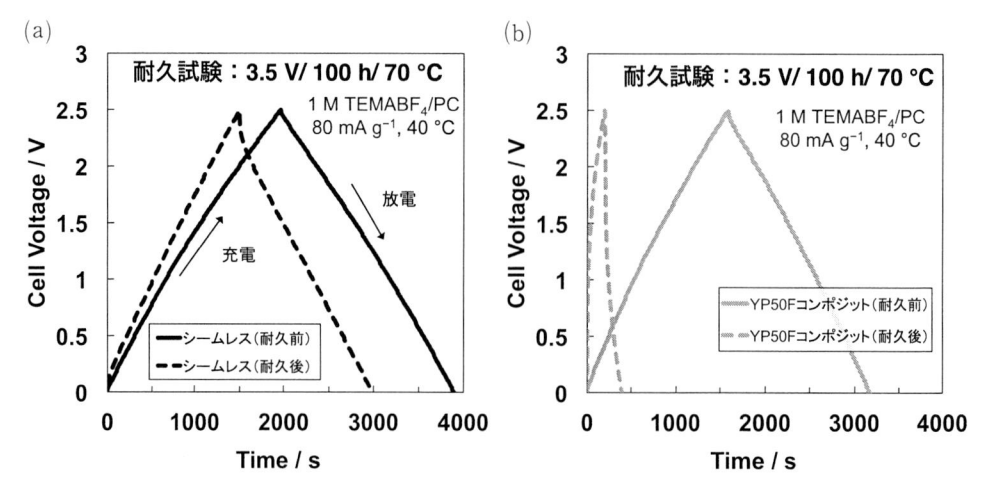

図6　二極式・定電流法（80 $mA\,g^{-1}$，40 ℃，電解液：1 M $(C_2H_5)_3CH_3NBF_4$/プロピレンカーボネート）による充放電曲線の耐久試験（フロート充電法：3.5 V，70 ℃，100 h）の前後での変化
　　　(a)シームレス活性炭電極（BET 比表面積：約 1700 $m^2\,g^{-1}$），
　　　(b) YP50F（BET 比表面積：約 1600 $m^2\,g^{-1}$））コンポジット電極

シームレス活性炭電極を用いた EDLC に関する高電圧充電前後での充放電曲線である。耐久試験の前では，両電極ともセル電圧は充放電によって直線的に変化した。これはキャパシタに典型的な挙動である。シームレス活性炭電極では，耐久試験後でも充電放電曲線は耐久試験前と比べてかなり維持できている。一方，活性炭コンポジット電極の場合には耐久試験後では曲線の勾配が非常に大きくなり，容量が大きく減少した。図 6 から算出した耐久試験前後での二重層容量の維持率はシームレス活性炭電極の場合で約 80% であるのに対して，活性炭コンポジット電極では約 20% 以下であった。高電圧充電後の容量維持率は活性炭の細孔構造・容量評価時の測定条件（電解液・電流密度・温度等）にも依存するが，今回の条件においてこれほどの優位性が観察されるのは極めて特徴的である。

　前述したように電極かさ密度が低いと実用的に重要な体積比容量・体積エネルギー密度も低くなる。そこで，著者らとアイオン㈱は体積比容量を改善した高密度型シームレス活性炭電極を開発した[17]。図 7 に高電圧充電前後の EDLC のラゴンプロットを示す。高密度型シームレス活性炭電極は，YP50F コンポジット電極を用いた EDLC と互角以上の体積エネルギー密度・体積出力密度特性を有しつつ，過酷な高電圧充電後でも一定の特性を維持する。したがって，シームレス活性炭電極は，EDLC の高電圧化ならびに実質的なエネルギー密度の向上に非常に効果的であると言える。

　シームレス活性炭電極は，リチウムイオンキャパシタ（LIC）の正極に用いても高電圧充電耐性の改善効果を示す[17]。LIC はリチウムイオン電池の黒鉛負極を用いたハイブリッド型のキャパシタであり，EDLC に比べて高エネルギー密度のキャパシタとして既に実用化されている。表 1 に，リチウムイオンドープ済黒鉛負極を用いた LIC の耐久試験（4.5 V，100 h，40 ℃）の結果をまとめた。高密度型シームレス活性炭電極を正極に用いると，従来の YP50F コンポジット電極を用いた場合に比べて体積比容量を損なわずに，耐久性を高めることができる。この結果から

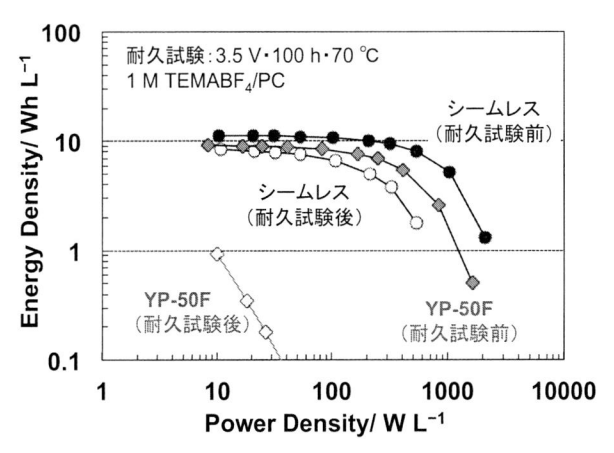

図 7　高密度型シームレス活性炭電極を用いた EDLC のラゴンプロットに関する耐久試験
　　　（フロート充電法：3.5 V，70 ℃，100 h）前後での変化
　　　評価は二極式定電力法（40 ℃，電解液：1 M TEMABF$_4$/PC）を用いて行った。

表1 LIC の耐久試験結果

（耐久試験条件：4.5 V, 100 h, 40℃）[17]

正極	BET 比表面積 $[m^2\,g^{-1}]$	初期体積容量 $[F\,cm^{-3}]$	容量維持率 [%]
シームレス活性炭電極	1530	**41**	**93**
YP50F コンポジット電極	1590	38	80

電解液には，1 M LiPF6/エチレンカーボネート・エチルメチルカーボネート混合溶液を用いた。容量は正極の電極体積で規格化した。

シームレス活性炭電極は EDLC に限らずハイブリッドキャパシタ全般にも耐久性改善効果が期待できると言えよう。

3　空気リチウム電池用シームレス活性炭電極

　空気リチウム電池は，負極に金属リチウム，正極にポーラスカーボンを用いたリチウム二次電池である。リチウムイオン電池の約3倍のエネルギー密度を有すると言われ，次世代型の二次電池として注目されている[18]。空気リチウム電池の放電・充電反応は以下の様に表される。

　　負極：Li $\rightleftarrows$ Li$^+$ + e$^-$
　　正極：2Li$^+$ + O$_2$ + 2e$^-$ $\rightleftarrows$ Li$_2$O$_2$
　　　（右方向矢印が放電，左方向が充電）

　シームレス活性炭電極は，出発物質の多孔質フェノール樹脂が濾過材として開発されたこともあって，細孔内における物質の拡散は速やかに進む。したがって，シームレス活性炭電極は空気リチウム電池の空気極として期待できる。

　図8(a)，(b)にシームレス活性炭電極を用いた空気リチウム電池の初回放電曲線，ならびに比表面積と空気極容量の相関を示した。図8(a)から，同程度の比表面積を有する EDLC 用活性炭コンポジット電極と比較して，シームレス活性炭電極が空気極として大きな放電容量を有することがわかる。また，その容量は比表面積の増加に伴い増大する。シームレス活性炭電極が大きな容量を示す理由として，連通マクロ孔が酸素の拡散に寄与すること，放電生成物である過酸化リチウムによる細孔閉塞を低減していること等が考えられる。

　比表面積と放電容量の相関図（図8(b)）から，放電容量が比表面積に比例することが明らかとなった。一方，空気リチウム電池の空気極にはメソ孔性炭素材料が適しているとの報告もあり[19]，空気リチウム電池における空気極における細孔構造と放電容量との相関は興味深い。今後は，空気極として最適な電極三次元構造ならびに細孔構造を明らかにすると同時に，放電・充電の可逆性を高める担持触媒[20]等の開発を進めてゆく。

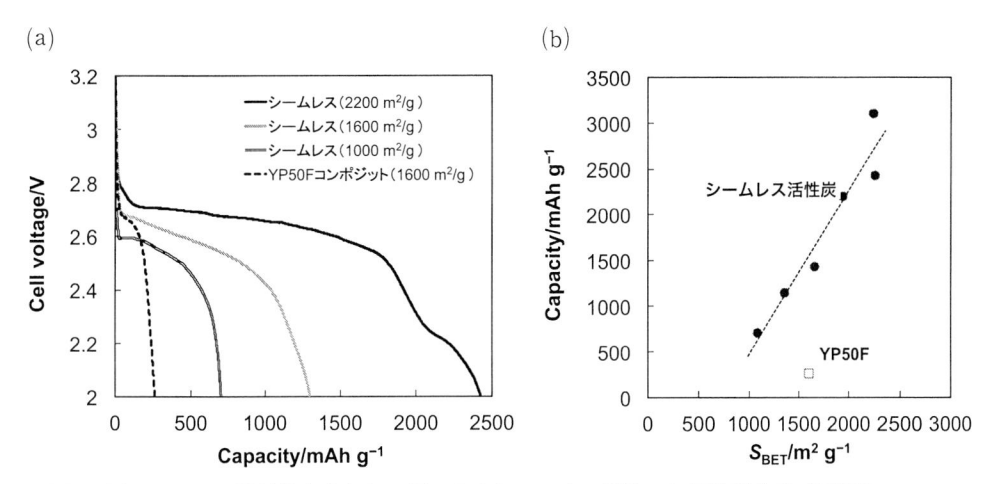

図8　(a)シームレス活性炭を空気極に用いた空気リチウム電池の初回放電曲線（電解液：1 M Li (CF$_3$SO$_2$)$_2$N/テトラグライム，電流密度：0.5 mA（電極面積：1.9 cm^2）），(b)空気極の比表面積と初回放電容量の関係

4　おわりに

本章ではシームレス活性炭電極のキャパシタ電極としての特性について主に述べた。シームレス活性炭の電極特性以外の特徴としては生産性の高さと複雑な形状が付与可能であることの2点が挙げられる。図9に研究室の賦活炉を用いて製作した 10 cm × 10 cm サイズのシームレス活

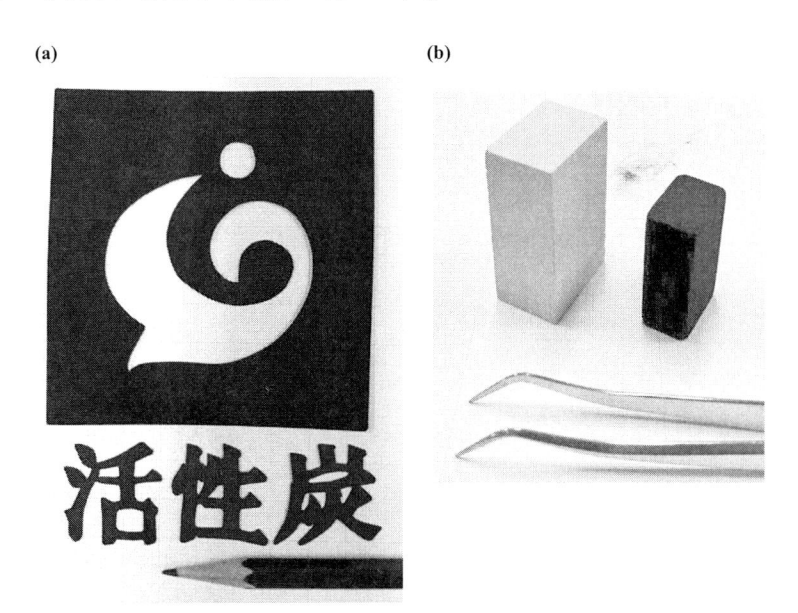

図9　(a) 10 cm × 10 cm サイズの高密度型シームレス活性炭電極（切り抜きは群馬大学のロゴ）と文字形状シームレス活性炭，(b)シームレス活性炭角柱（左は出発物質の多孔性フェノール樹脂角柱）の外観

性炭，アイオン㈱で試作した文字形状のシームレス活性炭，ならびに角柱形のシームレス活性炭の外観を示す。シームレス活性炭は，出発物質の多孔質フェノール樹脂が既に濾過材として実用化されていること（商品名：ミクロライト），従来からの炭素化・賦活技術が応用できること，等の理由によって大学の研究室においても比較的生産性良く作成できる。また，出発物質の多孔質フェノール樹脂は柔らかく複雑な形状に加工が可能であるため，その形状をそのまま反映させたシームレス活性炭が製造できる。なお，シームレス活性炭電極は既にキャパシタメーカーでの実証試験が開始されているだけでなく，コインサイズのサンプルについては㈲筑波物質情報研究所にて一般販売されている[21]。

キャパシタ用途におけるシームレス活性炭電極の現状の課題は，高電圧充電に伴う電気分解の抑制効果そのものはないことである。ただし，炭素ナノ細孔体の窒素ドープによる表面修飾[9~11,22]やエッジフリーを生かしたグラフェン表面[23,24]を利用することでEDLCの耐久性の改善ができることが明らかにされていることから，今後はシームレス構造と表面・結晶構造制御を組み合わせることが肝要である。

謝辞

本章で紹介した研究成果の一部はJSPS科研費17H03123，19K04998の助成ならびに群馬大学元素機能科学プロジェクトの援助によるものである。関係各位に深く感謝する。

文　　献

1) B. E. Conway, 電気化学キャパシタ～基礎・材料・応用～（直井勝彦，西野敦，森本剛 監訳代表），pp. 11-27，エヌ・ティー・エス（2001）
2) 石川正司，未来エネルギー社会をひらくキャパシタ，pp. 1-22，ケイディーネオブック（2010）
3) T. Sato, *Electrochem.*, **72**, 711-715（2004）
4) K. Chiba, T. Ueda, Y. Yamaguchi, Y. Oki, F. Shimodate, and K. Naoi, *J. Electrochem. Soc.*, **158**, A872-A882（2011）
5) P. Simon and A. Burke, *Interface*, **17**, 38-43（2008）
6) E. Frackowiak, *Phys. Chem. Chem. Phys.*, **9**, 1774-1785（2007）
7) M. Inagaki, H. Konno, and O. Tanaike, *J. Power Sources*, **195**, 7880-7903（2010）
8) 白石壮志，2008最新電池技術大全，149-155，電子ジャーナル（2008）
9) S. Shiraishi, *Key Eng. Mater.*, **497**, 80-86（2012）
10) 白石壮志，セラミックス，**50**，633-636（2015）
11) S. Shiraishi, *Bol. Grupo Español Carbón*, **28**, 18-24（2013）
12) 白石壮志，蓄電デバイスの今後の展開と電解液の研究開発，pp. 293-306，シーエムシー出

版（2014）

13) 星野孝二，織戸賢治，白石壮志，山口貴史，電気二重層型キャパシタ，特開 2012-94737（特許第 5782611 号）（2012）

14) 塚田豪彦，恩田公康，宮地宏，白石壮志，遠藤有希子，蓄電デバイスの電極用活性炭及び蓄電デバイスの電極用活性炭の製造方法，特開 2013-201170（特許第 6047799 号）（2013）

15) D. Weingarth, D. Foelske-Schmitz, and A. & Kötz, *J. Power Sources*, **225**, 84-88（2013）

16) S. Shiraishi and Y. Hatakeyama, *Tanso*, **2019**(289), 154-158（2019）

17) 塚田豪彦，恩田公康，宮地宏，白石壮志，遠藤有希子，蓄電デバイスの電極用活性炭及びその製造方法，特開 2015-61053（特許第 6485999 号）（2015）

18) M. Hayashi and T. Shodai, *Electrochem.*, **78**, 529-539（2010）

19) M. Hayashi, H. Minowa, M. Takahashi, and T. Shodai, *Electrochem.*, **78**, 325-328（2010）

20) T. Ohsaki and Y. Sato, *Electrochem.*, **83**, 41-48（2015）

21) 筑波物質情報研究所（TMIL），http://www.tmil.co.jp/

22) S. Shiraishi, S. Kawaguchi, I. Shimabukuro, and Y. Hatakeyama, *Tanso*, **2019**(289), 139-147（2019）

23) H. Nishihara, T. Simura, S. Kobayashi, K. Nomura, R. Berenguer, M. Ito, M. Uchimura, H. Iden, K. Arihara, A. Ohma, Y. Hayasaka, and T. Kyotani, *Adv. Funct. Mater.*, **26**, 6418-6427（2016）

24) Y.-W. Chi, C.-C. Hu, H.-H. Shen, and K.-P. Huang, *Nano Lett.*, **16**, 5719-5727（2016）

第17章 MgO鋳型ポーラスカーボンを用いた電気化学キャパシタ

加登裕也[*]

1 はじめに

　電気化学キャパシタは，リチウムイオン電池などの二次電池と比べて入出力特性および寿命に優れるため，ピークアシストやエネルギー回生，再生可能エネルギーの電力平準化などに応用されている[1]。現在最も一般的に使用されている電気化学キャパシタは，ファラデー反応を伴わず，電極へのイオンの物理吸着のみでエネルギーを蓄える，電気二重層キャパシタ（EDLC）である。EDLCの電極材料には，ポーラスカーボン（一般に，比表面積の大きい活性炭）が用いられる。これまでに，EDLCの性能向上を目指して，多くの研究者がポーラスカーボンの細孔構造の最適化を行ってきた[2~7]。ミクロ孔（直径2nm以下）を多く有するミクロポーラスカーボンは，一般に比表面積が大きくなるため，たくさんの電荷を蓄えることができる。一方で，高出力用途には，ミクロ孔よりもメソ孔（直径2~50nm）を多く有するメソポーラスカーボンを用いる方が望ましい。ミクロ孔内よりもメソ孔内の方が，イオンの移動抵抗が小さいため高速移動しやすいからである。このようなメソ孔の効果は，比較的粘性が高く，電気伝導度の小さい有機系電解液の場合に顕著である。水系電解液の場合，硫酸水溶液ではメソ孔の効果が観察されているが，水酸化カリウム水溶液中では明白な効果はない[8~13]。電荷媒体となるイオンのサイズが大きく依存すると考えられている。このように，メソポーラスカーボンは入出力特性に優れた細孔構造を有しているが，メソ孔が過剰に存在すると電極密度が小さくなってしまう欠点がある。そのため，体積あたりの容量が小さくなる場合があり[14,15]，用途に応じて，カーボンの細孔構造を設計することが重要である。以上のような細孔構造制御に加え，エネルギー密度の向上を目的としたハイブリッドキャパシタの研究開発も行われている[16~18]。最も一般的なハイブリッドキャパシタはリチウムイオンキャパシタ（LIC）である。例えば，負極に黒鉛，正極に活性炭を用いた蓄電デバイスで，リチウムイオン電池（LIB）の負極とEDLCの正極を組み合わせたものである。負極ではLiのインターカレーションによるファラデー反応が起こり，正極ではEDLCとまったく同じ原理で非ファラデー反応のイオン吸着のみで電荷を蓄える。このような蓄電原理から，LICはLIBとEDLCの中間的な特性を持つことが知られている。

　著者は，メソ孔を容易に制御できるMgO鋳型ポーラスカーボンを用いて，有機系EDLCの出力特性や低温特性，耐久性[19~22]，さらにナトリウムイオンハイブリッドキャパシタ（Na-IC）

＊　Yuya Kado　（国研）産業技術総合研究所　創エネルギー研究部門
エネルギー変換材料グループ　主任研究員

への応用[23~25]などについて検討を行ってきた。本稿では，その一部を解説する。

2　MgO 鋳型ポーラスカーボンの製造方法

　これまでに，MgO 粒子を鋳型として用いたポーラスカーボンの製造方法が開発されている[26,27]。この MgO 鋳型炭素化法は，不融化および賦活過程が不要であることに加え，ゼオライトやシリカを鋳型に用いた従来の鋳型炭素化法と異なり，弱酸で鋳型を除去することができるため，比較的簡便なプロセスである。そのため，MgO 鋳型ポーラスカーボンは現在，東洋炭素㈱において CNovel®（クノーベル®）という製品名で工業製品化されている。製造方法を以下に簡単に述べる（詳細は参考文献[26,27]を参照）。MgO 前駆体（MgO 粒子）と，カーボン前駆体（ポリビニルアルコール，フェノール樹脂など）を混合したのち，不活性雰囲気下で熱処理（1000℃など）を行うと，表面がカーボンに被覆された MgO 粒子が得られる。その後，希硫酸などの酸性水溶液中で MgO 粒子を溶出すると，MgO 鋳型ポーラスカーボンが得られる。MgO 鋳型に起因するメソ孔を多く有することが特徴であり，細孔構造は鋳型として用いる MgO 粒子のサイズ，MgO 前駆体とカーボン前駆体の混合比などによって容易に制御することができる。また，クエン酸マグネシウムなど C，Mg および O をすべて有する材料を前駆体として用いれば，他の材料を加えることなく MgO 鋳型ポーラスカーボンを合成することができる。

3　MgO 鋳型ポーラスカーボンの細孔構造

　本節では，一例として，クエン酸マグネシウム由来 MgO 鋳型ポーラスカーボンについて解説する。MgO 鋳型ポーラスカーボンの細孔は，カーボン前駆体の炭素化における脱ガス由来のミクロ孔と MgO 鋳型由来のメソ孔からなる。メソ孔同士は連結した連通孔であり，メソ孔を形成するカーボン壁表面に浅くミクロ孔が位置するような階層的構造である[27]。図 1 は，クエン酸マグネシウムを 1000℃で熱処理して得られた 4 種の MgO 鋳型ポーラスカーボンの窒素吸着等温線である。比較のため，市販のミクロポーラス活性炭（YP-17）の等温線も示す。4 種の MgO 鋳型ポーラスカーボンは，クエン酸マグネシウムの熱処理過程において，異なる昇温速度（1, 10, 20, 40℃ min^{-1}）を用いて合成した。以後，これらのポーラスカーボンをそれぞれ MPC-1，MPC-10，MPC-20，MPC-40 と呼称する。図 1 において，低圧領域のみで窒素吸着量が増大している活性炭に比べ，高圧領域でも窒素吸着量が増大している MgO 鋳型ポーラスカーボンは，メソ孔を多く持つことがわかる。表 1 にこれらのポーラスカーボンの細孔容積と表面積をまとめる。すべての MgO 鋳型ポーラスカーボンが活性炭を上回る約 2000 m^2 g^{-1} の総表面積を有する。また，熱処理時の昇温速度が大きいほど，メソ孔容積が増大し，昇温速度が小さいほど，ミクロ孔容積が増大することが示された。熱処理過程において，ゆっくりと昇温するほど，カーボンがより効率的に MgO 粒子表面を被覆し，鋳型となる MgO 粒子の成長を抑制するため，結果とし

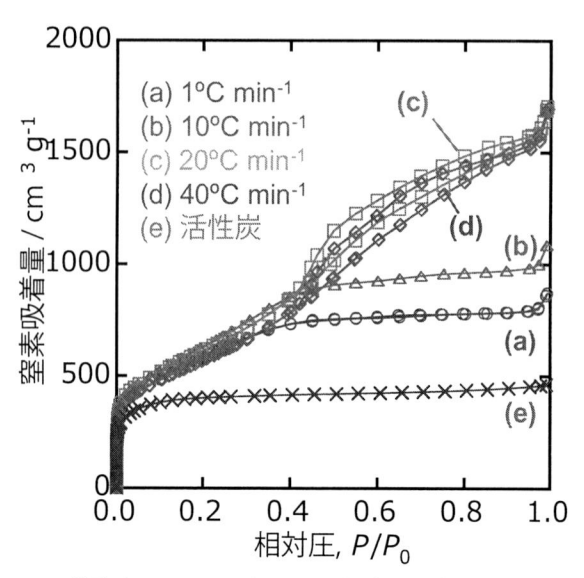

図1　MgO鋳型ポーラスカーボンと活性炭（YP-17）の窒素吸着等温線

表1　MgO鋳型ポーラスカーボンと活性炭（YP-17）の細孔容積および表面積

カーボン	全細孔容積 / $cm^3 g^{-1}$	αs 解析		
		総表面積 / $m^2 g^{-1}$	ミクロ孔容積 / $cm^3 g^{-1}$	メソ孔容積 / $cm^3 g^{-1}$
MPC-1	1.20	1940	0.99	0.21
MPC-10	1.70	2000	0.95	0.75
MPC-20	2.40	2050	0.76	1.64
MPC-40	2.35	1960	0.52	1.83
活性炭	0.70	1580	0.58	0.12

全細孔容積：相対圧 $P/P_0 = 0.95$ における吸着量より決定した細孔容積
メソ孔容積：全細孔容積とミクロ孔容積の差

て生成するメソ孔が小さくなったと推測している。このように，クエン酸マグネシウムを原料に用いれば，熱処理時の昇温条件の設定変更のみで，ポーラスカーボンの細孔構造を制御することができる。これまでのMgO鋳型ポーラスカーボンの細孔構造は，原料の選択や配合比の調整によって制御されてきたこと[26,27]を踏まえると，同一の原料を用いる本手法は，新しい細孔構造制御法である。

4　MgO鋳型ポーラスカーボンの電気二重層キャパシタへの応用[19~22]

MgO鋳型ポーラスカーボンのEDLC用電極材料としての性能を評価した例を紹介する。電極は，活物質であるMgO鋳型ポーラスカーボンに，導電材のカーボンブラック，バインダーのポリテトラフルオロエチレン（PTFE）をそれぞれ5wt％加え，混錬することで作製した。セルは

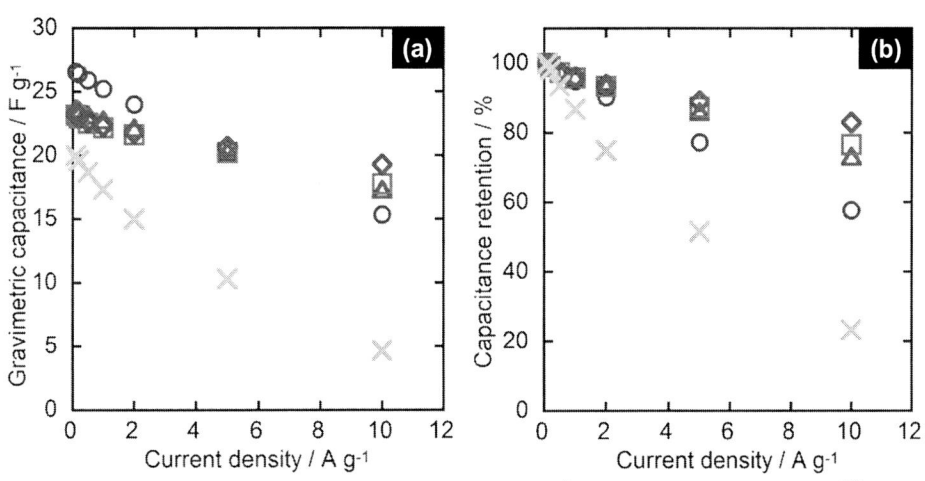

図2　(a)各電流密度における重量比容量と(b) 0.1 A g⁻¹ における容量に対する保持率[21]
（○ MPC-1，△ MPC-10，□ MPC-20，◇ MPC-40，× YP-17）
（Elsevier より転載許可）

2 極式のラミネートセルなどを用い，一般的な有機系電解液である 1 M の四フッ化ホウ酸テトラエチルアンモニウム塩を含む炭酸プロピレン（TEABF₄/PC）中で定電流充放電測定を行った。図 2 に，(a)各電流密度における重量比容量と，(b) 0.1 A g⁻¹ における容量に対する容量保持率を示す。容量は，2 極の総重量を基準として計算した値である。比較のため，活性炭（YP-17）電極の結果も示している。MgO 鋳型ポーラスカーボンは，活性炭に比べて大きな重量比容量を示した。これは表 1 に示すように，MgO 鋳型ポーラスカーボンの大きい総表面積に起因する。特筆すべき特性は，電流密度の増加に対する容量保持率が非常に高い点である。要因として，MgO 鋳型ポーラスカーボンはメソ孔を持つため，イオンの拡散抵抗が小さく，イオンの速い移動が可能であると考えられる[20]。また，MgO 鋳型ポーラスカーボンの中でも，熱処理時の昇温速度が大きい場合の方が，高い容量保持率を示す傾向が見られた。これは，表 1 におけるメソ孔容積の増加傾向と一致している。ところで，過去の研究例[28,29]では，このような優れた電流応答性は，細孔構造よりも酸素官能基，特にカルボキシル基が少ないためであると報告されている。しかし，本研究における MgO 鋳型ポーラスカーボンのカルボキシル基は，活性炭のそれに比べて，むしろ多く存在することが X 線光電子分光法により示唆された。したがって，本研究では上記のようなカルボキシル基の影響は観察できず，メソ孔内の速いイオン拡散が優れた電流応答を可能にしたと考えている。以上のように，MgO 鋳型ポーラスカーボンは高い重量比容量と優れた電流応答性を示した。しかし，上述の通り，メソ孔を多く持つ MgO 鋳型ポーラスカーボンは，電極密度および体積比容量に実用上の課題がある。そこで，細孔構造と電極密度，および体積比容量の関係を明らかにするために，以下のような考察を行った。図 3 に，ポーラスカーボンの細孔容積とそれを活物質とした場合の電極密度の関係をまとめた。結果として，細孔容積，特にメソ孔容積が増加するほど，電極密度が減少した。MgO 鋳型ポーラスカーボンの中では，最

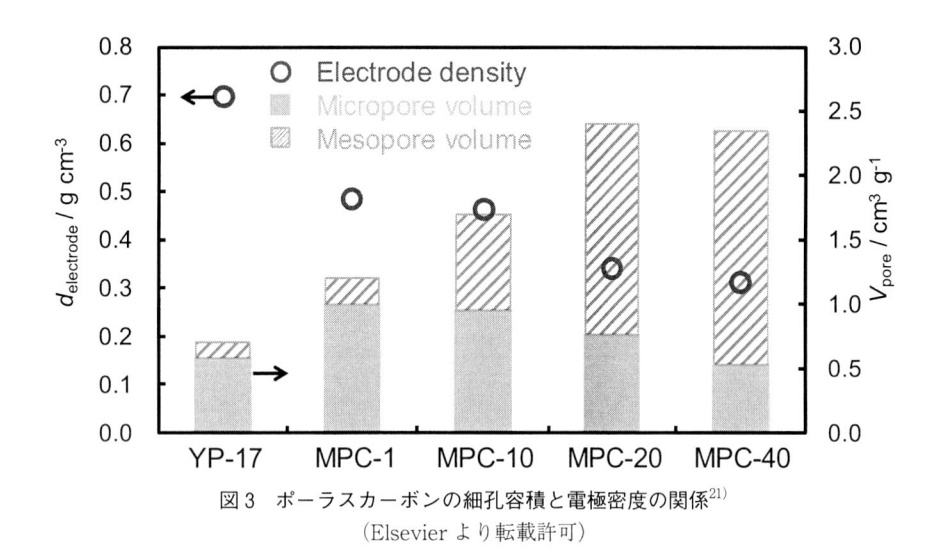

図3　ポーラスカーボンの細孔容積と電極密度の関係[21]
（Elsevier より転載許可）

もゆっくりと昇温して合成された MPC-1 が最も大きな電極密度（$0.48\,\mathrm{g\,cm^{-3}}$）を示したが，活性炭よりは小さい。一般に，電極材料の細孔容積が小さいほど，電極密度は大きくなる傾向にあるが，比表面積は小さくなる。したがって，EDLC の容量が電極材料の比表面積に大きく依存することを考慮すると，優れた電流応答性と高い体積比容量を両立するためには，適切な量のミクロ孔とメソ孔を設計することが重要である。各電流密度における体積比容量を図4に示す。電流密度が小さい場合，活性炭の体積比容量が最も高くなった。MgO 鋳型ポーラスカーボンの

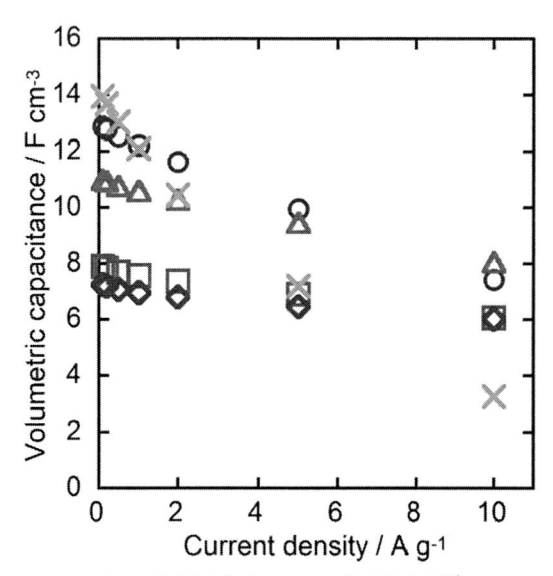

図4　各電流密度における体積比容量[21]
（○ MPC-1，△ MPC-10，□ MPC-20，◇ MPC-40，× YP-17）
（Elsevier より転載許可）

中では MPC-1 が最も高い体積比容量を示し，活性炭に匹敵する値を示した。他の MgO 鋳型ポーラスカーボンは小さい電極密度に応じて，体積比容量も低い。しかしながら，10 A g^{-1} など高い電流密度で比べると，すべての MgO 鋳型ポーラスカーボンが活性炭よりも高い体積比容量を発揮した。これは，高い電流密度の場合には，イオンの高速移動を可能にするメソ孔のメリットが，電極密度を低下してしまうメソ孔のデメリットよりも優位であることを示している。一方，図 2(b) において，MPC-10，20，40 それぞれの差に着目すると，MPC-1 と MPC-10 の差や活性炭と MPC-1 の差に比べると，メソ孔による電流応答性向上の程度が小さいように見える。これは，少量のメソ孔によって電流応答性は大幅に向上するが，一定量を超えるとその効果が小さくなることを示唆している。以上の結果から，EDLC の幅広い応用を念頭にすると，活性炭よりも少しだけ多くのメソ孔を持ち，比較的高い重量比容量と体積比容量および優れた電流応答性を示した MPC-1 が，本節における最有力電極材料候補として挙げられる。なお，サイクル特性についても，MPC-1 は活性炭並みであることを確認している[21]。以上の結果は，今後の材料設計の指針となることが期待される。

5　MgO 鋳型ポーラスカーボンのナトリウムイオンキャパシタへの応用[23~25]

　ここまで MgO 鋳型ポーラスカーボンの EDLC への応用について述べてきたが，ハイブリッドキャパシタへの応用も可能である。最も代表的なハイブリッドキャパシタは上述の通り LIC であるが，Li 資源には限りがあり，また地域偏在性があるため，将来的に Li の需要が高まるに連れて Li の供給不安がある。これに対して，Na は海水中に含まれるため地域偏在性がなく，Li の約 500 倍の資源がある（クラーク数第 6 位）ため，将来的に Li を代替することが期待されている。このような背景から，ハードカーボンなどのカーボン材料を用いたナトリウムイオン電池（Na-IB）やナトリウムイオンキャパシタ（Na-IC）に関する研究が盛んに行われている[30~36]。本節では，ポリビニルアルコール/MgO 粒子を原料に合成された MgO 鋳型ポーラスカーボンを Na-IC の負極材料に適用した例について解説する。

　使用した MgO 鋳型ポーラスカーボンの細孔構造を表 2 に示す。900℃ で調製された細孔構造の異なる 4 種と，そのうち 1 種に 1000，1200 および 1500℃ で熱処理を施した 3 種，あわせて 7 種の MgO 鋳型ポーラスカーボンを用いた。BET（Brunauer-Emmett-Teller）法による表面積は 150~1160 m^2 g^{-1} であり，BJH（Barrett-Joyner-Halenda）法で計算される細孔径分布におけるピークサイズは，8~110 nm とメソ孔またはマクロ孔を多く有するポーラスカーボンである。まず，900℃ で得られた 4 種のカーボンを用いて充放電測定を行った。測定は，作用極に MgO 鋳型ポーラスカーボン，対極および参照極に Na 金属を用いた 3 電極方式で，2.00~0.01V vs. Na$^+$/Na の電位範囲で行った。電解液は，1 M のヘキサフルオロりん酸ナトリウムを含む炭酸プロピレン溶液（NaPF$_6$/PC）に，2 vol% の炭酸フルオロエチレン（FEC）を添加したものを用いた。900℃ で調製された上記 4 種のカーボンの中では，CN-3 が最も高い放電容量を示した。ポー

表2 BET表面積と、BJH法により決定されたメソ/マクロ孔に起因する表面積、細孔容積および細孔サイズ

カーボン	BET表面積 / $m^2 g^{-1}$	S_{BJH} / $m^2 g^{-1}$	V_{BJH} / $cm^3 g^{-1}$	D_{peak} / nm
CN-1	1160	860	1.00	8
CN-2	580	410	0.91	20
CN-3	240	200	0.99	91
CN-4	150	140	0.63	110
CN-3-1000	300	190	0.95	82
CN-3-1200	210	180	0.98	80
CN-3-1500	170	190	0.98	78

ラスカーボンを用いた場合のNaイオンの貯蔵メカニズムは、カーボンの層間または閉孔（ナノ空間）へのNa挿入と、カーボン表面への電気二重層吸着の組み合わせである。したがって、CN-3の結晶構造と細孔構造のバランスがNaイオンの貯蔵に最も適切であったと考えられる。なお、CN-1～4は細孔構造には違いはあるものの、同じ原料から同じ温度で焼成されているため、結晶構造に有意な差は見られない。そこで、カーボンの結晶性がNaイオンの貯蔵に及ぼす影響について詳細に検討するため、CN-3に対して不活性雰囲気下の1000、1200および1500℃で熱処理を行った。サイクリックボルタンメトリーを行った結果を図5に示す。熱処理温度が高いほど、$0.1 V$ vs. Na^+/Na の層間または閉孔（ナノ空間）へのNaの挿入に起因した酸化還元ピークが観察された[30, 32, 36]。また、充放電測定を行うと、サイクリックボルタモグラムの酸化還元に対応して、$0.1 V$ vs. Na^+/Na 付近にプラトー電位領域が観察された[25]。高温の熱処理がカーボンの結晶性を高めることで、Naの挿入サイトを増加させたと考えられる。これらの結果は、X線回折およびRaman分光法で示される結晶性の向上傾向と一致している[25]。図6はCN-3とその熱処理品を作用極として測定した放電容量である。低電流密度ではほとんど差がないが、1000℃処理品が優れた電流応答性を持ち、高電流密度では最も高い放電容量を示した。より高温で熱処理した場合の電流応答性はそれほど良くない。高温の熱処理に伴う比表面積の低下により電気二重層容量が減少し、かつ結晶性の向上によってファラデー反応であるNa挿入が主になることで、抵抗が大きくなったためと考えられる。言い換えれば、1000℃処理品の細孔構造と結晶性のバランスがNaイオンの高速貯蔵に最も適していると考えられる。一方で、これらのMgO鋳型ポーラスカーボンは不可逆容量が非常に大きく、1サイクル目のクーロン効率が極めて低い。図7にカーボンのBET表面積と、不可逆容量および1サイクル目のクーロン効率の関係を示す。BET表面積が増大するにしたがって、不可逆容量は増大し、クーロン効率は減少した。これはSEI（Solid Electrolyte Interface）形成によるものであり[37]、BET表面積依存性はLi系電解液の場合に見られる傾向と同様であるが、1サイクル目のクーロン効率が低いこと（30%以下）は、実用上の一つの課題であるが、Naイオンキャパシタを運転するために必須のプレドー

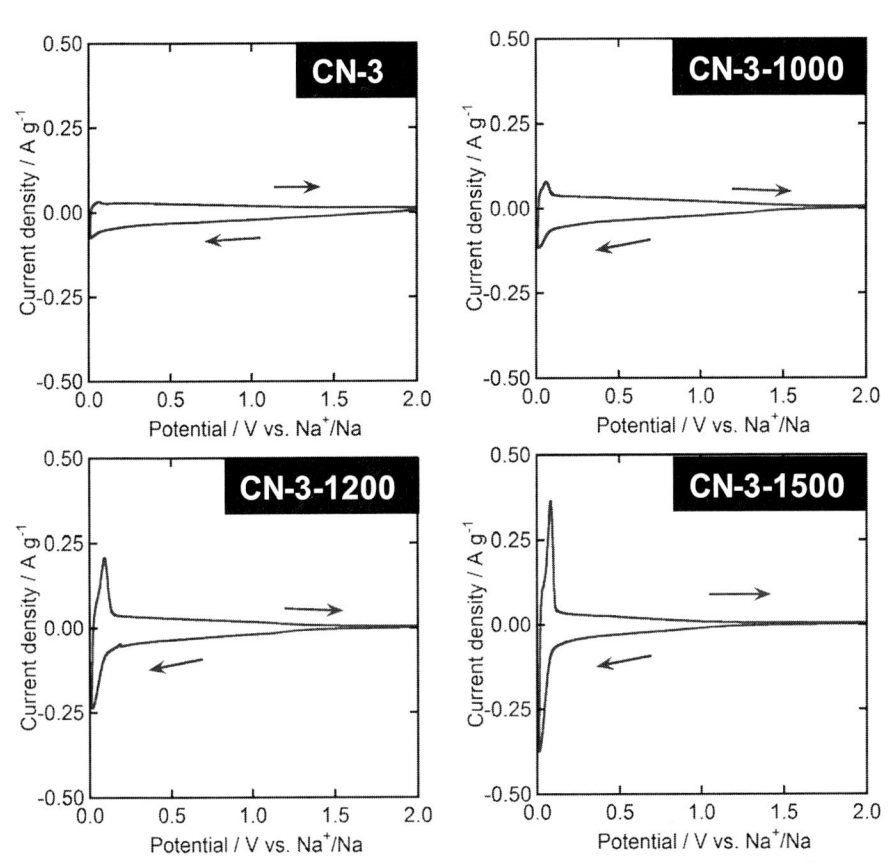

図5　900℃で調製されたCN-3とその熱処理品のサイクリックボルタモグラム[25)]

走査速度：$0.1\,\mathrm{mV\,s^{-1}}$

（Elsevierより転載許可）

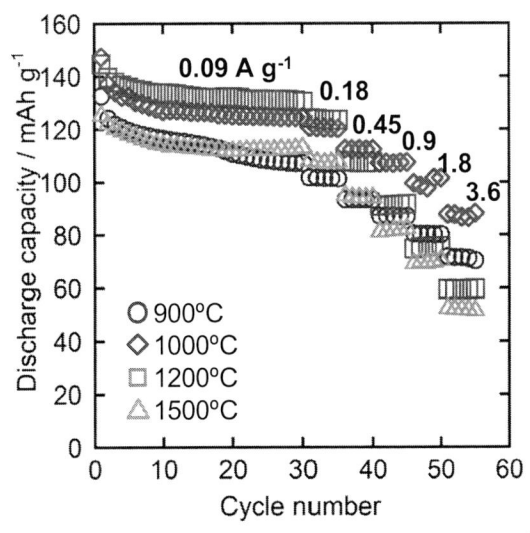

図6　900℃で調製されたCN-3とその熱処理品の放電容量[25)]

（Elsevierより転載許可）

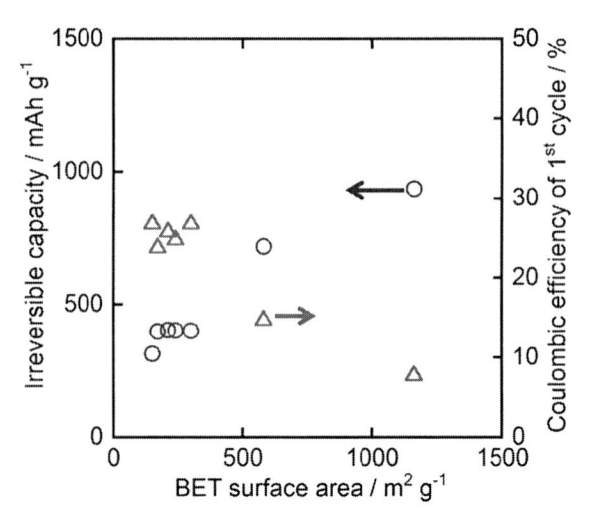

図7　ポーラスカーボンの BET 表面積と不可逆容量および 1 サイクル目のクーロン効率の関係[25]
（Elsevier より転載許可）

プ過程を通じて，初期の不可逆挙動を無効化することができると考えられる。

　最後に，Na-IC デバイスとしてのフルセル試験の結果を述べる。活性炭正極と MgO 鋳型ポーラスカーボン負極の組み合わせ（YP-CN セル）と，活性炭正極と Na イオン電池（Na-IB）で一般に用いられるハードカーボン（LN-0001）負極の組み合わせ（YP-LN セル）を比較した。負極へのプレドープは Na 箔を対極にして，24 時間短絡させることで行った。その後，セル電圧 1.7〜3.7 V の範囲で充放電測定を行ったところ，直線的に変化する充放電曲線が得られ，キャパシタ的な挙動が確認された[25]。また，MgO 鋳型ポーラスカーボン負極の場合，IR ドロップから算出される抵抗が，ハードカーボン負極の場合に比べて小さくなり，速い Na イオン貯蔵が可能であることが示唆された。その結果は，図 8 のラゴンプロット（体積あたり）においても明らかである。低出力密度では，いずれのセルも同程度のエネルギー密度を示したが，高出力密度では，MgO 鋳型ポーラスカーボンを用いた場合の方が，高いエネルギー密度を示した。特筆すべきは，第 4 節での議論と同様に，電極密度が小さいにもかかわらず高出力密度では高エネルギー密度（体積あたり）を実現できる点である。以上のように，MgO 鋳型ポーラスカーボンは，Na-IB の負極にも応用可能ではあるが，優れた電流応答性という利点を最大限に生かすことができ，プレドープ過程において初期の不可逆挙動を無効化できる Na イオンキャパシタの負極材料として非常に有用である。プレドープ条件や正負極の重量バランスの最適化によって，性能はさらに向上するだろう。

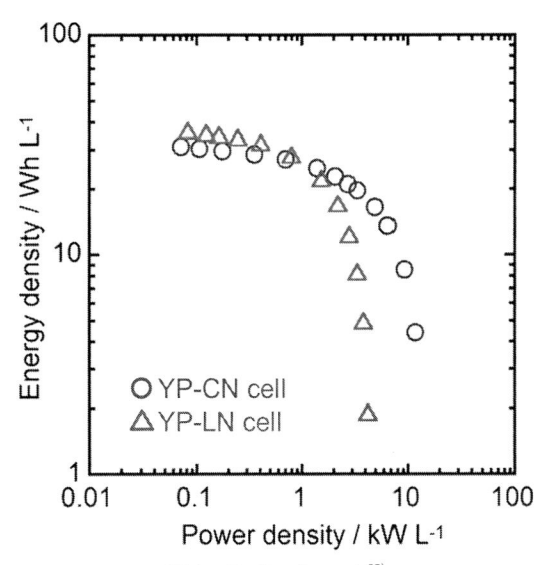

図8 ラゴンプロット[25]
正極：活性炭，負極：MgO 鋳型ポーラスカーボンまたはハードカーボン
（Elsevier より転載許可）

6 おわりに

　本稿では，MgO 鋳型ポーラスカーボンの細孔構造制御と電気化学キャパシタへの応用について解説した。本手法で得られる MgO 鋳型ポーラスカーボンは，1 種の原料から熱処理時の昇温速度を変化させるだけで，ミクロ孔とメソ孔の存在比率など細孔構造を制御することができる。EDLC の電極材料として使用した場合，ミクロ孔を多く有する従来の活性炭に比べると，メソ孔によってイオンの拡散抵抗が低減され，電流応答性が向上した。また Na-IC の負極材料として使用した場合，電気二重層吸着と Na 挿入を伴うファラデー反応の組み合わせによって優れた出力特性を示した。ただし，メソ孔を非常に多く有する場合は，電極密度が小さくなり，体積あたりの容量およびエネルギー密度が低くなることに注意が必要である。以上から，電気化学キャパシタの用途に応じて，ミクロ孔とメソ孔の存在比率を適切に制御することが重要である。

謝辞
　本稿における研究の一部は，東洋炭素㈱との共同研究として行われた。

文　　　献

1) E. Conway, "Electrochemical Supercapacitors: Scientific Fundamentals and Technological Applications", Kluwer Academic/Plenum Publisher, New York (1999)

2) S. Yoon, J. Lee, T. Hyeon, S. M. Oh, *J. Electrochem. Soc.*, **147**, 2507-2512 (2000)

3) E. Frackowiak, F. Béguin, *Carbon*, **39**, 937-950 (2001)

4) D. W. Wang, F. Li, H. T. Fang, M. Liu, G. Q. Lu, H. M. Cheng, *J. Phys. Chem. B*, **110**, 8570-8575 (2006)

5) W. Xing, S. Z. Qiao, R. G. Ding, F. Li, G. Q. Lu, Z. F. Yan, H. M. Cheng, *Carbon*, **44**, 216-224 (2006)

6) P. Simon and Y. Gogotsi, *Nat. Mater.*, **7**, 845-854 (2008)

7) M. Inagaki, H. Konno, O. Tanaike, *J. Power Sources*, **195**, 7880-7903 (2010)

8) H. Shi, *Electrochim. Acta*, **41**, 1633-1639 (1996)

9) G. Gryglewicz, J. Machnikowski, E. Grabowska, G. Lota, E. Frackowiak, *Electrochim. Acta*, **50**, 1197-1206 (2005)

10) Y. Wen, G. Cao, J. Cheng, Y. Yang, *J. Electrochem. Soc.*, **152**, A1770-A1775 (2005)

11) L. Wang, M. Toyoda, M. Inagaki, *New Carbon Mater.*, **23**, 111-115 (2008)

12) E. Ito, S. Mozia, M. Okuda, T. Nakano, M. Toyoda, M. Inagaki, *New Carbon Mater.*, **22**, 321-326 (2007)

13) L. Wang, M. Fujita, M. Inagaki, *Electrochim. Acta*, **51**, 4096-4102 (2006)

14) S. Mitani, S. I. Lee, S. H. Yoon, Y. Korai, I. Mochida, *J. Power Sources*, **133**, 298-301 (2004)

15) S. Mitani, S. I. Lee, K. Saito, Y. Korai, I. Mochida, *Electrochim. Acta*, **51**, 5487-5493 (2006)

16) V. Khomenko, E. Raymundo-Piñero, F. Béguin, *J. Power Sources*, **177**, 643-651 (2008)

17) K. Naoi, *Fuel Cells*, **10**, 825-833 (2010)

18) H. Wang, C. Zhu, D. Chao, Q. Yan, H. J. Fan, *Adv. Mater.*, **29**, 1702093 (2017)

19) Y. Kado, K. Imoto, Y. Soneda, N. Yoshizawa, *J. Power Sources*, **271**, 377-381 (2014)

20) Y. Kado, Y. Soneda, N. Yoshizawa, *J. Power Sources*, **276**, 176-180 (2015)

21) Y. Kado, K. Imoto, Y. Soneda, N. Yoshizawa, *J. Power Sources*, **305**, 128-133 (2016)

22) Y. Kado, Y. Soneda, *TANSO*, **280**, 182-187 (2017)

23) Y. Kado, Y. Soneda, N. Yoshizawa, *ECS Electrochemistry Letters*, **4**(2), A22-A23 (2015)

24) Y. Kado, Y. Soneda, N. Yoshizawa, *J. Appl. Electrochem.*, **45**(3), 273-280 (2015)

25) Y. Kado, Y. Soneda, *J. Phys. Chem. Solids*, **99**, 167-172 (2016)

26) T. Morishita, T. Tsumura, M. Toyoda, J. Przepiórski, A. W. Morawski, H. Konno, M. Inagaki, *Carbon*, **48**, 2690-2707 (2010)

27) 森下隆弘, *TANSO*, **2017**(278), 103-110 (2017)

28) T. A. Centeno, F. Stoeckli, *Electrochim. Acta*, **52**, 560-566 (2006)

29) M. Sevilla, S. Alvarez, T. Centeno, A. Fuertes, F. Stoeckli, *Electrochim. Acta*, **52**, 3207-3215 (2007)

30) D. A. Stevens, J. R. Dahn, *J. Electrochem. Soc.*, **147**, 1271-1273 (2000)

31) R. Alcántara, P. Lavela, J. F. Ortiz, J. L. Tirado, *Electrochem. Sol. State Lett.*, **8**, A222-A225

（2005）

32)　S. Komaba, W. Murata, T. Ishikawa, N. Yabuuchi, T. Ozeki, T. Nakayama, A. Ogata, K. Gotoh, K. Fujiwara, *Adv. Funct. Mater.*, **21**, 3859-3867（2011）

33)　A. Wenzel, T. Hara, J. Janek, P. Adelhelm, *Energy Environ. Sci.*, **4**, 3342-3345（2011）

34)　K. Tang, L. Fu, R. J. White, L. Yu, M.–M.Titirici, M. Antonietti, J. Maier, *Adv. Energy Mater.*, **2**, 873-877（2012）

35)　K. Kuratani, M. Yao, H. Senoh, N. Takeichi, T. Sakai, T. Kiyobayashi, *Electrochimica Acta*, **76**, 320-325（2012）

36)　G. Hasegawa, K. Kanamori, N. Kannari, J. Ozaki, K. Nakanishi, T. Abe, *J. Power Sources*, **318**, 41-48（2016）

37)　E. Frackowiak, F. Béguin, *Carbon*, **40**, 1775-1787（2002）

第18章 レドックスフロー電池用ポーラスカーボン電極

丸山 純[*]

1 はじめに

風力発電，太陽光発電の重要性が最近になり特に高まっている。これらの発電システムは，発電量が天候に左右される欠点を有するが，発生した電気エネルギーを化学エネルギーに変換し，貯蔵するシステムとの併用により，この欠点が克服されると考えられている。レドックスフロー（RFB）電池は，酸化還元（レドックス）活物質種溶液を外部のタンクなどに蓄え，ポンプなどにより電解セルに流通（フロー）させて充放電する電池である。レドックス種を貯めるタンクの大容量化によって，風力発電，太陽光発電などの余剰電力の貯蔵にも対応可能な，規模の大きな蓄電池として実用化，普及への期待が高まっている[1]。

RFB の電極においては，電解液との接触面積を広くし，かつ高い導電性を確保する必要があるため，これまで一般的に，炭素繊維をフェルト状やペーパー状に成形し，ポーラス電極として使用されてきた[2]。現在最も研究開発が進んでいるバナジウムレドックスフロー電池（VRFB）の場合，電極反応は以下のとおりである。

$$VO_2^+ + e^- + 2H^+ \underset{充電}{\overset{放電}{\rightleftarrows}} VO^{2+} + H_2O \qquad （正極）$$

$$V^{3+} + e^- \underset{放電}{\overset{充電}{\rightleftarrows}} V^{2+} \qquad （負極）$$

これらの電極反応が遅く，エネルギー効率が低いことが大きな課題の一つであり，ポーラスカーボン電極における反応促進が求められている。これまで主に，①カーボン表面酸化による酸素含有表面官能基付与[3~10]，②貴金属や金属酸化物などの触媒担持[11~17]，③カーボンナノチューブや酸化黒鉛還元体などの炭素材料との複合体形成[18~20]により反応促進が試みられてきたが，活性，コストの面で決め手となる技術は得られていない。筆者らは，それぞれの手法に関して研究を行い，新たな知見を得てきた。以下に最近の成果について紹介する。

2 ポーラスカーボン電極表面への酸素含有官能基付与の効果[21]

レドックス反応促進のためカーボン表面酸化を行う研究例は数多く報告されており，酸素含有

* Jun Maruyama （地独）大阪産業技術研究所 環境技術研究部 生産環境工学研究室 研究主任

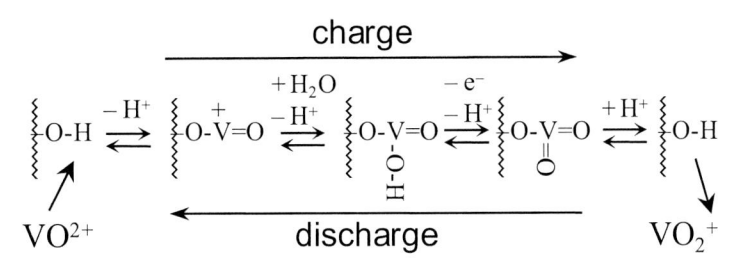

図 1　VRFB 正極における反応モデル

波線は炭素電極表面を表す。（Reproduced with permission from *J. Electrochem. Soc.*, **160**, A1293 (2013). Copyright 2013, The Electrochemical Society.）

表面官能基が反応に関わる図 1 のような反応モデルが提案されている[4,8,9]。このモデルでは，種々ある炭素表面官能基のうち，水酸基だけが考慮されており，その他の表面官能基については考慮されていないなど，詳細な反応機構については明らかになっていない。このように VRFB 電極反応に関して基礎的知見が不足しているのが現状である。これは，これまでの VRFB の研究は，基礎研究より，応用面に重きがおかれ，実用レベルの電池性能を得る取り組み，また，そのための新材料開発が優先されてきたためである。しかし，VRFB の効率向上のためには，反応機構を基礎的に解明し，反応促進の因子を明らかにすることが不可欠である。そこで筆者らは，グラッシーカーボン回転電極（GC RDE）を VRFB 炭素電極のモデルとして用いて，正極活物質のジオキソバナジウムイオン（VO_2^+）の還元反応を基礎的に調べ，反応機構を明らかにすることを試みた。

　1 M H_2SO_4 電解液中，Ar 雰囲気下，カーボンクロスを対極，Ag/AgCl/NaCl（3 M）（0.212 V vs SHE）を参照極として，電極電位を 1.8 V に一定時間保持することによって行い，GC の表面に酸素含有官能基を付与した。電気化学酸化前の GC，および 1.8 V に 10，20，30 分保持して電気化学的酸化を行った GC における，VO^{2+}，VO_2^+ を 5 mM ずつ含む 1 M H_2SO_4 水溶液（VO_2^+（5 mM）－VO^{2+}（5 mM）－H_2SO_4（1 M））中の電流電位曲線を種々の電極回転数で測定し，Koutecky–Levich 式を用いて，電解液中における拡散の影響を除いた，GC 表面上での VO_2^+ 還元反応の反応電流 I_K を求めた。図 2 に電極電位と log（$-I_K$/A）の関係（Tafel plot）を示す。GC の電気化学的酸化により VO_2^+ 還元反応電流が大きく向上し，さらに，酸化処理時間の増加とともに電流値が増加した。電気化学的酸化処理前の GC において，過電圧が小さい領域では，ほぼ直線的な関係が得られ，その勾配（Tafel 勾配）は -0.161 V decade^{-1} であった。この挙動は，これまでに報告されている結果と一致し，溶存バナジウムイオン種の化学反応，電荷移動過程を考慮した外圏反応機構により説明されている[22]。一方，電気化学的酸化処理を行った GC では，Tafel 勾配は酸化処理時間によらず，-0.087 V decade^{-1} 前後であった。この値は，これまでに提案された外圏反応機構では説明できない。そこで，筆者らは，図 1 に示された反応機構に加えて，キノン状表面官能基と水酸基状表面官能基の双方を考慮し，水酸基状表面官能基への還

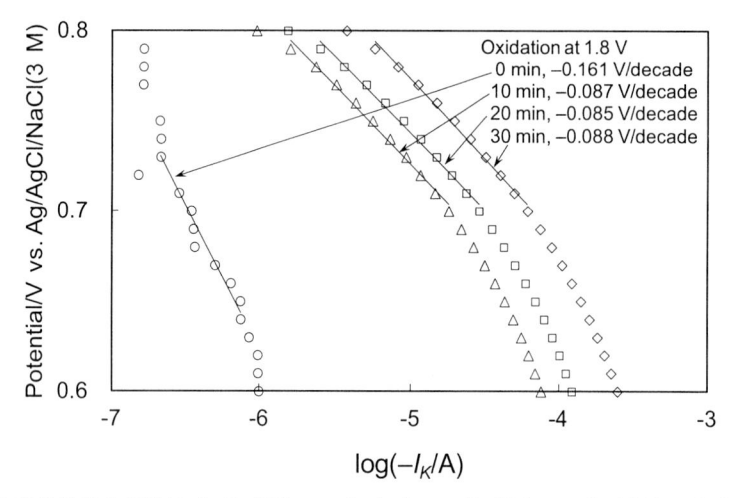

図2 電気化学的酸化処理前（0分（○），10分（△），20分（□），30分（◇））電気化学的酸化処理を行った GC 電極上における，VO$_2^+$（5 mM）− VO^{2+}（5 mM）− H$_2$SO$_4$（1 M）電解液中での VO$_2^+$ 還元反応電流（−I_K）の Tafel プロット

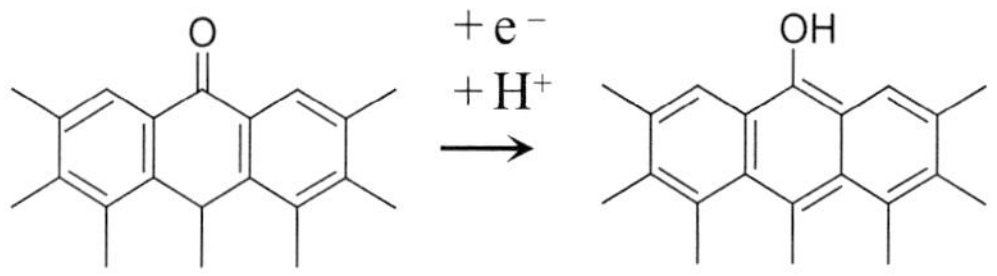

図3 キノン状表面官能基から水酸基状表面官能基への電気化学的還元の模式図

元（図3）と，VO$_2^+$ に始まる，炭素電極の水酸基状表面官能基に配位された状態で進行する内圏反応機構を考案した。その機構に基づいて得られる Tafel 勾配は，−0.083〜−0.084 V decade^{-1} となり，実験結果をうまく説明することが可能となった。

3 Fe−N$_4$ サイト含有炭素薄膜の被覆によるジオキソバナジウムイオン還元反応の促進[23]

このような外圏機構から内圏機構への反応機構の変化に伴うレドックス反応の促進は，炭素表面への酸素含有表面官能基付与だけではなく，非貴金属系燃料電池正極触媒としての炭素材料における活性点でもある[24,25]，metal−N$_4$ サイトの表面への付与によっても起こることが最近見出された。なお，metal−N$_4$ サイトの中心金属が Co の場合，ごく最近，水素発生反応に対する触媒能を有することがわかっており，多様な触媒能が見出されつつある[26]。

筆者らは，VRFB 正極放電反応であるジオキソバナジウムイオン（VO$_2^+$）還元反応に関し，一連の典型的な遷移金属が中心金属となるように炭素材料を作製して触媒能を調べた。炭素繊維

のモデルとして，また，高い分散性を有するカップスタック型カーボンナノファイバー
（CSCNT）を基材とし，金属フタロシアニン（MPc，M = TiO, VO, Mn, Fe, Co, Ni, Cu）
とともにるつぼに入れ，蓋をした上で 800℃で熱処理した。CSCNT と MPc の割合は 10：1 とし
た。酸洗浄を行い可溶性の金属分を除去し，MPc 由来炭素薄膜を被覆した CSCNT を触媒粉末
として得た。X 線光電子分光分析，ならびに X 線吸収微細構造の測定により，触媒表面には
metal−N_4 サイトが形成されていることが分かっている。触媒と固体電解質（Nafion）から触媒
層を作製して，GC 回転電極上（直径 3 mm）に 20 μg 固定し，Ar 雰囲気下，1 M H_2SO_4 水溶液
においてサイクリックボルタモグラムを測定し，また，VO_2^+（5 mM）−VO^{2+}（5 mM）−H_2SO_4（1
M）電解液において，25℃，Ar 雰囲気下，400〜2000 rpm で回転させながら電流電位曲線を測
定した。

　VO_2^+ 還元電流と，H_2SO_4（1 M）電解液中でのサイクリックボルタモグラムに囲まれた領域
の電気量 Q（ラフネスに相当）の関係を図 4 に示す。M = Fe 以外は，Q と還元電流値は比例関
係にあることから，電流値はラフネスに依存していることが分かる。一方，M = Fe の場合だけ
は異なり，大きな電流値を示すことがわかった。Tafel 勾配は，M = Fe 以外では，ほぼ−0.16
V decade^{-1} であった。前項同様，溶存バナジウムイオン種の化学反応，電荷移動過程を考慮し
た反応機構により説明される。一方，M = Fe の場合，異なる Tafel 勾配となり，−0.131 V
decade^{-1} であった。この値は，Fe−N_4 サイトを介した内圏機構（図 5）により VO_2^+ 還元反応

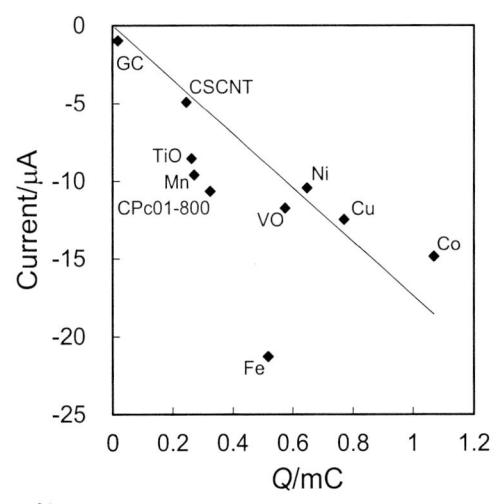

図 4　VO_2^+（5 mM）−VO^{2+}（5 mM）−H_2SO_4（1 M）電解液中での 0.6 V（vs. Ag/AgCl/3M NaCl）
　　　における VO_2^+ 還元電流（電極回転数は 2000 rpm）と，H_2SO_4（1 M）電解液中でのサイク
　　　リックボルタモグラムに囲まれた領域の電気量 Q（ラフネスに相当）の関係
　　　還元電流の符号をマイナスとした。図中に金属フタロシアニンの金属種を表示した。触媒層
　　　形成前の GC 電極の結果は「GC」，金属フタロシアニン由来炭素薄膜被覆前の CSCNT の結
　　　果を「CSCNT」中心金属なしのフタロシアニンを用いて作製した触媒の結果は「CPc01-800」
　　　と表示した。（Reproduced with permission from *ChemCatChem*, **7**, 2305 (2015). Copyright
　　　2015, John Wiley & Sons.）

が進行することを示唆しており，Fe–N_4 サイトは VO_2^+ 還元反応に対する触媒能を有することが明らかとなった。

　FePc 由来炭素薄膜被覆量を増やし，さらなる高性能を試みたところ，出発原料混合物中の FePc/CSCNT 比 (m) が 2 までは，表面 Fe 濃度，比表面積が向上し，VO_2^+ 還元電流が向上した。一方，m を過剰に増やすと細孔径が減少することにより電解質の浸透と物質移動が阻害され，性能が低下することも分かった（図6）[27]。また，触媒として FePc 由来炭素薄膜被覆 CSCNT，

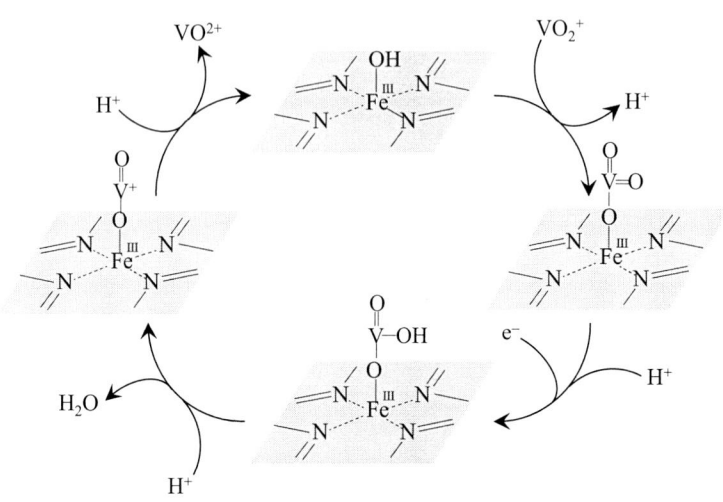

図5　Fe–N_4 サイトにおける VO_2^+ 還元反応機構の模式図

（Reproduced with permission from *ChemCatChem*, **7**, 2305（2015）. Copyright 2015, John Wiley & Sons.）

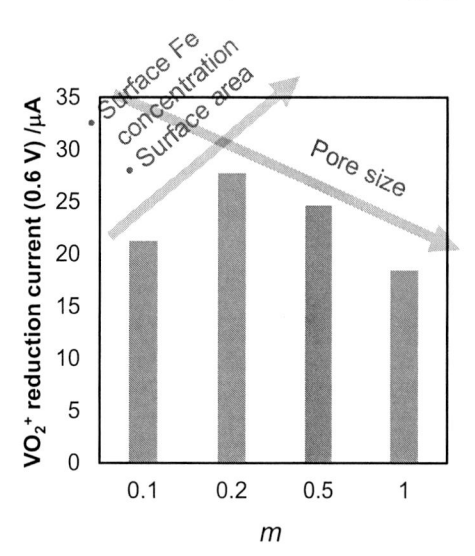

図6　出発原料混合物中の FePc/CSCNT 比と，生成した FePc 由来炭素薄膜被覆 CSCNT を 20 μg 固定したグラッシーカーボン回転ディスク電極における VO_2^+ 還元反応電流

電解液は VO^{2+}（5 mM）+ VO_2^+（5 mM）+ H_2SO_4（1 M），温度は 25℃，電極電位は 0.6 V vs. Ag/AgCl/NaCl（3 M），電極回転速度は 2000 rpm とした。

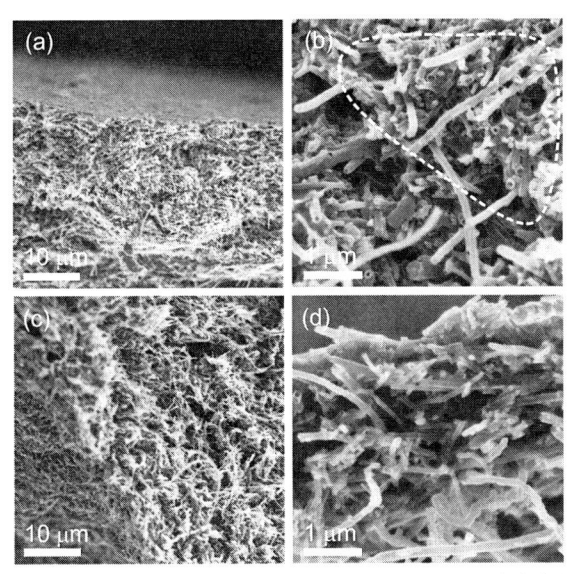

図7　(a)、(b)フッ素系イオン交換樹脂 Nafion をバインダーとして FePc 由来炭素薄膜被覆 CSCNT から作製した触媒層と、(c)、(d) MgO ナノ粒子を造孔剤として用いて作製した触媒層断面の電解放出型走査電子顕微鏡像

図(b)中において点線で囲まれた範囲は、凝集した FePc 由来炭素薄膜被覆 CSCNT を示す。
(Reproduced with permission from *Electrochim. Acta*, **210**, 854（2016）. Copyright 2016, Elsevier.）

バインダとしてフッ素系のイオン交換樹脂である Nafion を用いて電極触媒層を作製する際、MgO ナノ粒子を造孔剤として使用することにより積極的に触媒層の多孔化を図ると、物質移動が促進され性能が向上することも分かっている（図7）[28]。

4　3次元網目状構造を有する酸化黒鉛還元体におけるバナジウムイオン酸化還元反応[29]

　レドックス反応促進のためにカーボンペーパー、もしくはカーボンフェルトと複合化する炭素材料として、カーボンナノチューブや酸化黒鉛還元体（rGO）がよく用いられている。特に、rGO はエネルギー変換デバイスに用いる新たな電極材料として最近注目を集めている。rGO は、積層しやすく、有効な表面積が小さくなる欠点を有する。筆者らは、氷晶テンプレートを用いて3次元網目状構造を形成することで、その問題を解決し、さらに VRFB 電極としての可能性を調べるため、3次元網目状構造を有する rGO におけるバナジウムイオン酸化還元反応を調べた。

　鱗片状黒鉛（Z-5F、伊藤黒鉛工業製、平均粒径5μm）、ならびに天然黒鉛（日本黒鉛製、63〜74μm）から、Brodie 法により酸化黒鉛（GO）を作製した。得られた試料をそれぞれ BGOs、BGOl とする。GO を NH_3 水溶液に入れ、超音波を照射して GO 分散液を調整した。GO 分散液を平滑なポリテトラフルオロエチレン（PTFE）製シャーレ表面上に滴下した後、カーボンペー

パー（ドナカーボ・ペーパー，大阪ガスケミカル製）に含浸させた。その後，シャーレの底を液体窒素に接触させ，分散液を凍結させた。その後，真空下で乾燥させた。BGOs，BGOl から得た電極前駆体を BGOs-fd，BGOl-fd とする。比較のため，BGOs 分散液から 80℃ のホットプレート上で乾燥させた電極前駆体（BGOs-80d）も作製した。BGOs-fd を，Ar 雰囲気中，5℃ min^{-1} で昇温後，600，800，1000℃ で 5 分保持することにより，GO を熱的に還元して炭素電極を得た。それぞれ BGOs-fd-600，BGOs-fd-800，BGOs-fd-1000 とする。BGOl-fd，BGOs-80d については，1000℃ で熱処理して炭素－炭素複合体電極とした。これを BGOl-fd-1000，BGOs-80d-1000 とする。

　図8に炭素－炭素複合体電極の電界放出型走査顕微鏡（FESEM）像を示す。凍結乾燥を経て作製された電極には rGO からなる 3 次元の網目状の構造が炭素繊維と複合化した構造が観察された。熱処理温度が高い場合，また，粒径がより細かい鱗片状黒鉛を出発原料とした場合，より構造が微細化していた。凍結乾燥を経ない場合には，微細な構造は観察されなかった。乾燥中にGO が再凝集したためであると考えられる。従って，より細かい出発原料の使用，凍結乾燥，高温での熱処理によって高分散化した電極が作製可能であることが分かった。

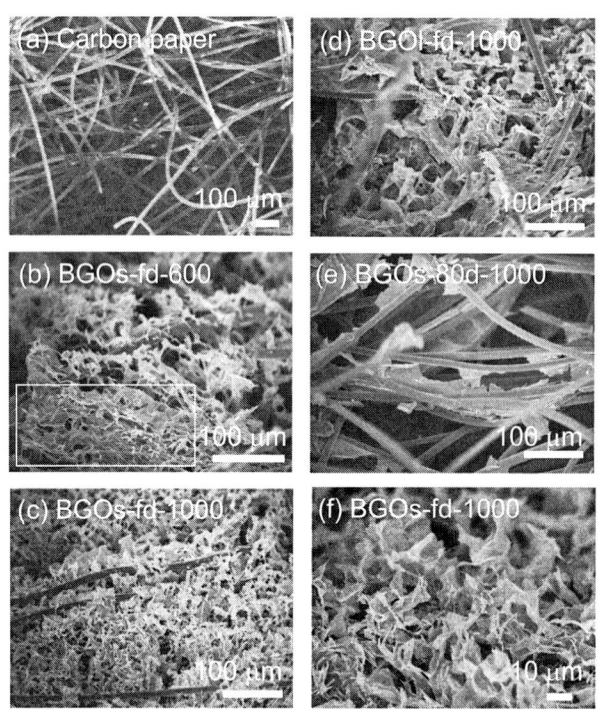

図8　炭素－炭素複合体電極

(a) carbon paper，(b) BGOs-fd-600，(c) BGOs-fd-1000，(d) BGOl-fd-1000，(e) BGOs-80d-1000 の電界放出型走査顕微鏡（FESEM）像。(b)における囲まれた領域は微細化前の状態を示す。(f)は(e)の拡大図。(Reproduced with permission from *ChemElectroChem*, **3**, 650 (2016). Copyright 2015, John Wiley & Sons.)

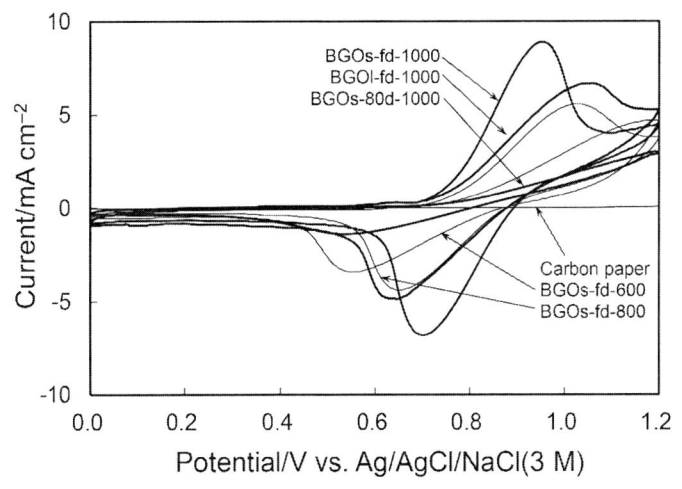

図9　Ar で飽和した 25℃での VOSO$_4$（0.1 M）−H$_2$SO$_4$（1 M）電解液中の炭素−炭素複合体電極における走査速度 1 mV s^{-1} で測定したサイクリックボルタモグラム

　図9に VO^{2+}/VO$_2^+$ の酸化還元反応についての特性を示す。電流値は別途測定した電気化学的な有効表面積と相関しておらず，図8で最も高分散化した構造を有する BGO-fd-1000 において，電流値が大きく，最も高い活性を示した。これは，電気化学的に有効な表面積だけではなく，VO^{2+}/VO$_2^+$ 酸化還元反応の反応サイト同士が離れていることが重要であることを示していると考えられる。この場合には，熱処理温度の増加とともに GO に含まれる酸素脱離が進行し，それに伴って生成するエッジ面が反応サイトに相当する。したがって，高分散化した酸化黒鉛還元体複合電極がバナジウムレドックスフロー電池正極として有望であることが明らかとなった。

　なお，VOSO$_4$ と V$_2$O$_5$ の等量を硫酸水溶液に溶解させて調整した溶液に，BGO-fd-1000 を含浸させてバナジウムイオン種を吸着させた後，超純水でよくすすいで乾燥させた試料（V-BGO-fd-1000）の V−K 端の X 線吸収端近傍微細構造（XANES），広域 X 線吸収微細構造（EXAFS）を測定した結果（図10），吸着種のスペクトルは VOSO$_4$，V$_2$O$_5$ のいずれとも異なり，VO$_2$ に近く，また，EXAFS の結果から，バルクの VO$_2$ よりも V−O 結合距離が短くなっていることがわかった。これは吸着種が VO$_2$ であり，炭素表面と相互作用していることを示している。このバナジウムイオン種と炭素材料との相互作用は本研究において初めて示された。このような吸着種がレドックス反応の被毒種となっている可能性も指摘されており[30] レドックス反応促進のためにも，より詳細な研究が必要である。

5　金属酸化物の触媒作用によるポーラスカーボン電極表面へのエッジ面の露出[31]

炭素材料表面上に担持された微粒子状の金属によるエッチング効果が古くから知られている。

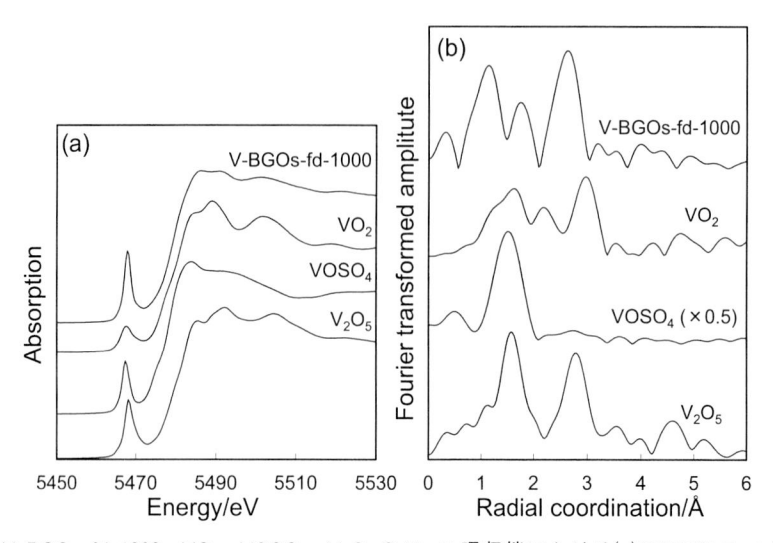

図 10　V–BGOs–fd–1000，VO₂，VOSO₄，V₂O₅ の V–K 吸収端における(a) XANES スペクトル，
ならびに，(b) EXAFS スペクトルのフーリエ変換により得られた動径構造関数
（Reproduced with permission from *ChemElectroChem,* **3**, 650（2016）. Copyright 2015, John
Wiley & Sons.）

筆者らは，上記第 3 節で述べた metal－N₄ 構造を有する炭素薄膜を炭素繊維上に作製した上で，
空気中で熱処理することにより，非常に微細な金属酸化物粒子の形成と効果的なエッジ面露出を
試みた。なお，処理後には，酸洗浄により金属酸化物の除去を行った。

　一連の典型的な遷移金属を試した結果，Co が最も効果的であることがわかった。また，空気
中の熱処理により，Co－N₄ 構造から Co₃O₄ が生成して触媒となり，以下の反応機構で炭素表面
のエッチングが進行することが in-situ XAFS 測定により明らかになった（図 11）。

$$2Co_3O_4 + C \longrightarrow 6CoO + CO_2$$

$$6CoO + O_2 \longrightarrow 2Co_3O_4$$

このエッチングによりエッジ面が効果的に露出し，VRFB 正極，負極反応共に促進された。特
に負極反応に対する促進効果が著しく，VRFB において充放電時の過電圧が大きく低減するこ
とがわかった。

　この表面処理法では，VRFB 正極は促進されるものの，限定的であった。一方，電解液中で
も溶出しない Nb，Bi，Zr などの酸化物において，電極反応が促進されることがこれまでに報告
されている。ごく最近，筆者らは，炭素薄膜生成の出発原料を CoPc から SnPc に変えることに
よって，電解液中でも溶出しない SnO₂ を生成させ，金属酸化物ナノ粒子による触媒作用を付加
する試みを行った。その結果，極微細エッチングも同時に進行し，正負極反応ともに大きく促進
されることが明らかとなった（図 12）[32]。

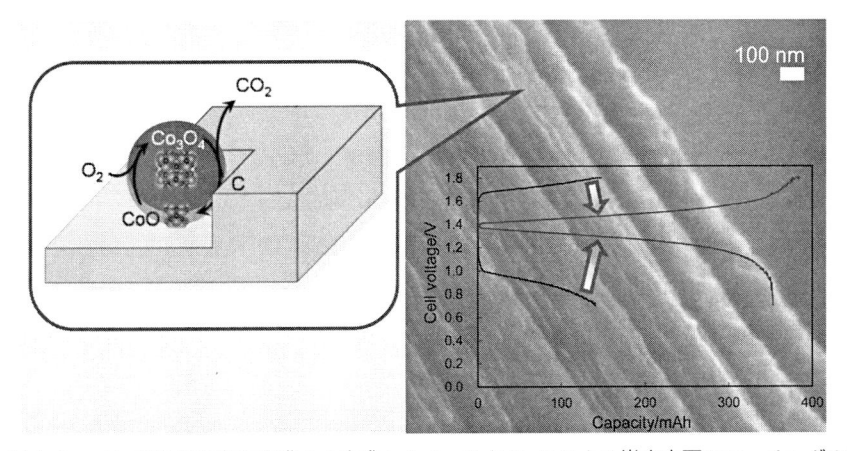

図11　（左）Co−N₄構造含有炭素薄膜から生成した Co_3O_4 と CoO による炭素表面のエッチングの模式図
（右）微細にエッチングされた黒鉛質炭素繊維表面の電界放出型走査顕微鏡写真と，炭素繊維から
なる電極を用いた VRFB の充放電曲線（エッチング前後の変化を矢印で図示）
（Reproduced with permission from *ChemElectroChem J. Phys. Chem C*, **121**, 24425（2017）.
Copyright 2017, American Chemical Society.）

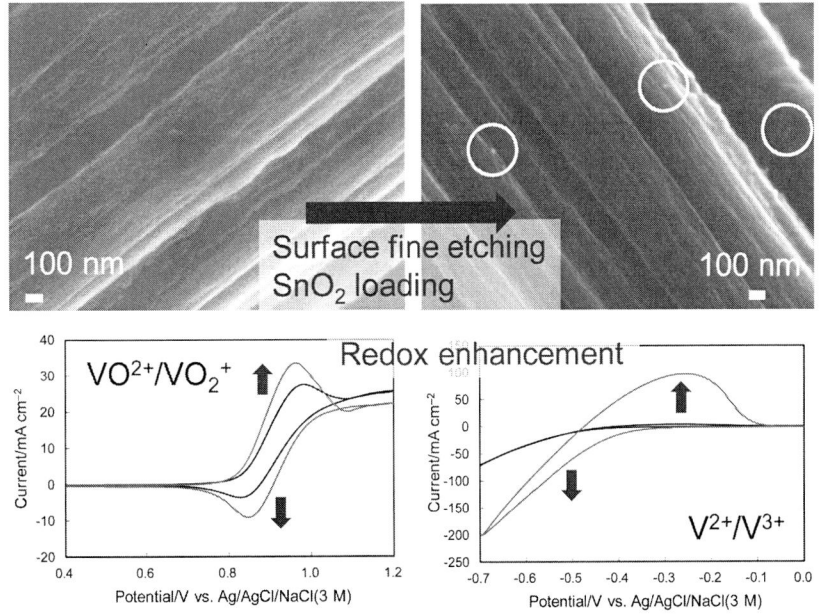

図12　（左上）極微細エッチング処理前と（右上）SnPc 由来炭素薄膜被覆と空気中の熱処理後の
黒鉛質炭素繊維表面の FESEM 像。白丸で示した白いナノ粒子が熱処理後に生成する。Ar
で飽和した 25℃ での $VOSO_4$（1 M）−H_2SO_4（2 M）電解液中における，（左下）走査速度 1
mV s⁻¹ で測定した VO^{2+}/VO_2^+ 酸化還元反応のサイクリックボルタモグラムと，（右下）
走査速度 50 mV s⁻¹ で測定した $V^{2+/3+}$ 酸化還元反応のサイクリックボルタモグラム
処理前後の変化を矢印で図示。

6 おわりに

　以上，ポーラスカーボン電極におけるレドックス種の電気化学反応促進のための筆者らの研究について紹介した。実際のフロー電池では，電解液濃度の違いによる反応への影響や[33)]，反応種の違い[34)]，また，電解液の流れの影響もあり，多くの因子が複雑に影響を及ぼしあっているため，今回紹介した研究成果の応用には，さらなる研究が必要であると思われる。最近，これまでに用いられてこなかった炭素材料からなるポーラスカーボン電極において，全く新たな電解液流路の適用により，非常に高い性能が得られることが報告されている[35)]。今後も新たな手法を積極的に考案することにより，電極反応のさらなる促進と，それに伴うレドックスフロー電池の効率向上，低価格化，ひいては，多くの実用化例と，再生可能エネルギーの普及がもたらされることを期待する。

文　　　献

1) 野崎健ほか，レドックスフロー電池の開発動向，p.3，シーエムシー出版（2017）
2) T. X. H. Le *et al.*, *Carbon*, **122**, 564（2017）
3) A. M. Pezeshki *et al.*, *J. Power Sources*, **291**, 333（2015）
4) B. Sun *et al.*, *Electrochim. Acta*, **37**, 1253（1992）
5) E. Agar *et al.*, *J. Power Sources*, **225**, 89（2013）
6) K. J. Kim *et al.*, *Sci. Rep.*, **4**, 6906（2014）
7) B. Sun *et al.*, *Electrochim. Acta*, **37**, 2459（1992）
8) L. Yue *et al.*, *Carbon*, **48**, 3079（2010）
9) C. Gao *et al.*, *Electrochim. Acta*, **88**, 193（2013）
10) W. Zhang *et al.*, *Electrochim. Acta*, **89**, 429（2013）
11) B. Li *et al.*, *Nano Lett.*, **14**, 158（2014）
12) Z. González *et al.*, *Electrochem. Commun.*, **13**, 1379（2011）
13) B. Sun *et al.*, *Electrochim. Acta*, **36**, 513（1991）
14) Y. Shao *et al.*, *J. Power Sources*, **195**, 4375（2010）
15) C. A. Yao *et al.*, *J. Power Sources*, **218**, 455（2012）
16) H. P. Zhou *et al.*, *RSC Adv.*, **4**, 61912（2014）
17) K. J. Kim *et al.*, *Chem. Commun.*, **48**, 5455（2012）
18) P. X. Han *et al.*, *Energy Environ. Sci.*, **4**, 4710（2011）
19) W. Li *et al.*, *Carbon*, **55**, 313（2013）
20) W. Li *et al.*, *Carbon*, **49**, 3463（2011）
21) J. Maruyama *et al.*, *J. Electrochem. Soc.* **160**, A1293（2013）
22) M. Gattrell *et al.*, *J. Electrochem. Soc.*, **151**, A123（2004）

23)　J. Maruyama *et al.*, *ChemCatChem*, **7**, 2305（2015）

24)　M. Shao *et al.*, *Chem. Rev.*, **116**, 3594（2016）

25)　U. I. Kramm *et al.*, *J. Am. Chem. Soc.*, **138**, 635（2016）

26)　J. Maruyama *et al.*, *ChemCatChem*, **6**, 2197（2014）

27)　J. Maruyama *et al.*, *J. Power Sources*, **324**, 521（2016）

28)　J. Maruyama *et al.*, *Electrochim. Acta*, **210**, 854（2016）

29)　J. Maruyama *et al.*, *ChemElectroChem*, **3**, 650（2016）

30)　H. Fink *et al.*, *J. Phys. Chem. C*, **120**, 15893（2016）

31)　J. Maruyama *et al.*, *J. Phys. Chem. C*, **121**, 24425（2017）

32)　J. Maruyama *et al.*, *Beilstein J. Nanotechnol.*, **10**, 985（2019）

33)　N. Pour *et al.*, *J. Phys. Chem. C*, **119**, 5311（2015）

34)　N. Kausar *et al.*, *J. Appl. Electrochem.*, **31**, 1327（2001）

35)　電気化学会，第 85 回大会講演要旨集，1H13（2018）

第19章 リチウム－硫黄二次電池の高容量化のための硫黄/多孔性炭素複合電極

上野和英[*1]，稲垣怜史[*2]，渡邉正義[*3]

1 はじめに

化石燃料は資源の枯渇や偏在により長期的な安定供給にリスクを抱えており，また利用に伴う温室効果ガスの増加という問題もある。これに対し，化石燃料を特に消費するガソリン自動車をハイブリッド車や電気自動車に置き換える試みが世界中でなされている。しかし，電気自動車はガソリン自動車に比べ航続距離が未だ短いため，今後の普及のためには電池性能の向上が必要不可欠である。また環境問題の観点から，太陽光や風力といったクリーンエネルギーの利用にも注目が集まっている。しかし得られる電力が自然現象に左右されるため，余剰電力を蓄える大容量定置型電池が必要であるが，これも未だコストと性能の両面で課題を抱えている。そのため，蓄電池の低コスト化，性能向上へ向けた研究開発が急務である。

リチウムイオン電池は現在実用化されている二次電池の中でもエネルギー密度が最も高く，既に携帯電話やノートパソコンなどの様々なポータブルデバイスおよび電気自動車の電源として利用されている。しかしながら，開発レベルでのリチウムイオン電池のエネルギー密度はすでに理論値の限界近くまで達しており，これ以上の劇的な大容量化は望めない。したがって，近年ではリチウムイオン電池の数倍の理論エネルギー密度を有するリチウム－空気電池，リチウム－硫黄電池などの革新型リチウム二次電池への注目が集まっている[1]。

中でも，本稿では実用化への技術的障壁がより小さいと考えられるリチウム硫黄（Li-S）電池に関する検討について紹介する。石油を大量輸入する我が国において，硫黄は石油精製の副産物として得られるために資源的制約がなく低コストである。実際に Li-S 電池のコストは 1 kWh あたり $100〜250 程度と試算されており，現行のリチウムイオン電池（$300〜1000 /kWh）よりも安価であることが見込まれている[2]。また単体硫黄を正極活物質として用いた場合の理論容量は1672 mAh/g とリチウムイオン電池の正極材料である $LiCoO_2$（137 mA h/g）などに比べて 10 倍以上大きい。作動電圧は約 2 V 程度であり，リチウムイオン電池よりも低いが，硫黄の理論蓄電容量が大きいことにより，セルレベルの最大エネルギー密度は単位重量あたり約 600 Wh kg^{-1}，単位体積あたり約 800 Wh L^{-1} と試算され，リチウムイオン電池で達成されている値（243 Wh kg^{-1}，676 Wh L^{-1}）を凌駕している[2]。したがって Li-S 電池は低コストかつ高エネルギー密

＊1 Kazuhide Ueno 横浜国立大学 大学院工学研究院 機能の創生部門 准教授

＊2 Satoshi Inagaki 横浜国立大学 大学院工学研究院 機能の創生部門 准教授

＊3 Masayoshi Watanabe 横浜国立大学 大学院工学研究院 機能の創生部門 教授

度を実現可能な二次電池として期待されている。

　典型的な Li-S 電池の模式図と電極反応, 充放電曲線を図1(a), (b)に示す。正極に炭素と硫黄から成る複合電極, 負極に金属リチウム, 電解液にリチウム塩を溶解させた有機系電解液が一般的に用いられる。単体硫黄 (S_8) は8個の S 原子からなる環状構造を有しており, 放電反応 (S_8 の還元反応) では各ジスルフィド結合が開裂し, 最終的に Li_2S が生成する。充電反応 (Li_2S の酸化反応) では, 逆にジスルフィド結合が再形成され, S_8 に戻る。実際の硫黄正極では, 放電・充電時にリチウムポリスルフィド (Li_2S_m) と呼ばれる反応中間体を生じながら, それぞれジスルフィド結合の開裂・生成が多段階的に起こる。鎖長の長い Li_2S_m ($m \geq 3$) は有機電解液に溶解しやすいが, 鎖の短い Li_2S_m ($m = 1, 2$) は有機電解液に不溶なことが知られている。同時に, 充放電反応は Li_2S_m の不均化 (例えば, $2S_m^{2-} \rightarrow S_n^{2-} + (m - n)S_8/8$, や $2S_n^{2-} \rightarrow S_{m+n}^{2-} + S_{m-n}^{2-}$) を伴いながら進行することが知られている。つまり, 実際の充放電では電気化学反応だけでなく, Li_2S_m の溶解・沈殿, および不均化が同時に起こる極めて複雑な反応が進行し, Li-S 電池の充放電曲線においては, 2段階の充放電プラトーとして観測される。放電過程では, 1段階目プラトーにおいて S_8 の2電子還元反応, 2段階目プラトーにおいて長鎖の Li_2S_m が短鎖の Li_2S_2 および Li_2S に還元される反応が起こり, 充電過程は放電反応の逆の2段階反応が進行していると考えられている[3]。

　Li-S 電池は, 現在まで世界中で活発な研究開発がなされてきたが, 上記のような反応機構の複雑さと①硫黄の絶縁性②低い電極反応速度③正極からの硫黄および反応中間体の Li_2S_m の溶出といった様々な技術的課題のため未だ実用化段階にはない。特に, ③の硫黄系活物質の溶出は最も深刻で, Li-S 電池の実用化において致命的な問題である。S_8 や Li_2S_m が溶出すると, 正極中

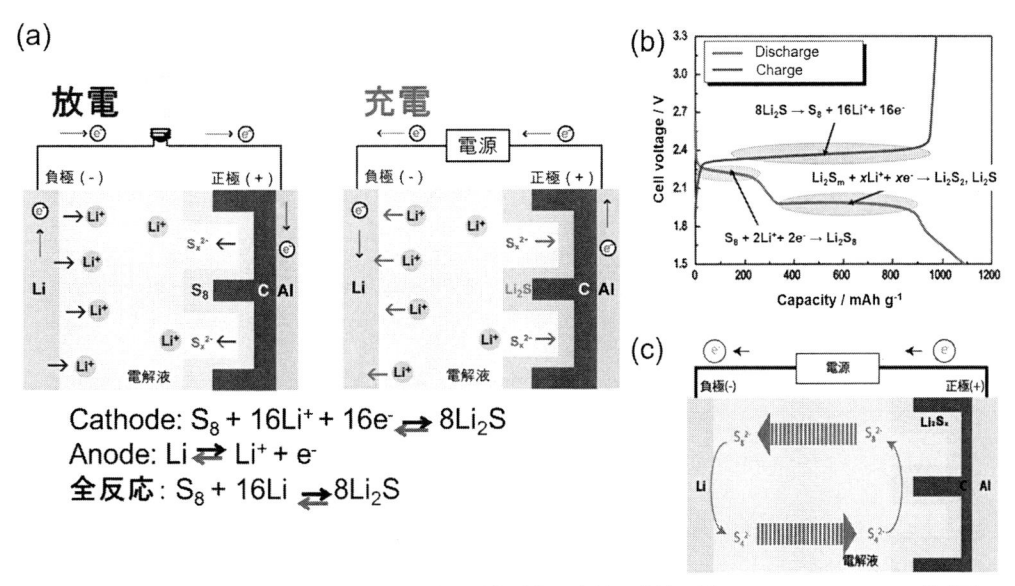

図1　(a)リチウム硫黄電池の模式図と反応式, (b)典型的な充放電曲線, (c)レドックスシャトルの模式図

の活物質の利用率が低下し，サイクル寿命が急激に低下する。加えて，活物質の高い溶解性は自己放電を引き起こす。それだけでなく，溶出した Li_2S_m は電解液中を拡散し，負極に到達して金属リチウム上で還元される。さらに，還元された可溶性の Li_2S_m は再び正極に戻り，充電時にまた長鎖 Li_2S_m に酸化されるというサイクルを繰り返す（図 1 (c)）。この現象は，レドックスシャトルと呼ばれ，充電反応が進行し続けるために，充放電のクーロン効率が著しく低下してしまう[4]。

これまでの Li-S 電池に関する報告例は上記の硫黄系活物質の溶出を抑制することを目的とした材料研究が大部分を占め，電極および電解質に関して数多くの有用な材料が提案されている。本稿では，硫黄性活物質難溶性電解液の開発とその電解液に適した正極用炭素材料の探索に関する検討を中心に，最近の研究動向を紹介する。

2　Li-S 電池に用いられる電解液

ポリスルフィドアニオン（$S_m{}^{2-}$）は比較的求核性が高く，リチウムイオン電池に用いられるカーボネート系溶媒は Li_2S_m と反応してしまうため，通常 Li-S 電池には適用できない[5]。そこで，Li_2S_m および金属リチウム負極に対して化学的に安定な鎖状もしくは環状のエーテルが有機電解液の主溶媒として用いられることが多い。最も多く用いられているのは 1,3-dioxolane（DOL）と 1,2-dimethoxyethane（DME）を 1：1 の体積比で混合した混合溶液に 1 M 程度のリチウム（ビストリフルオロメタンスルホニル）アミド（LiTFSA）および添加剤として 0.1 M 程度の $LiNO_3$ を加えた有機電解液である（図 2）[6]。このようなエーテル系有機電解液を用いた Li-S 電池では，放電過程で生成する Li_2S_m の電解液への溶出は抑制されておらず，Li_2S_m が可溶化した状態（カソライト状態）で充放電反応が進行する。実際に，最も溶けやすい Li_2S_m（m = 8）の

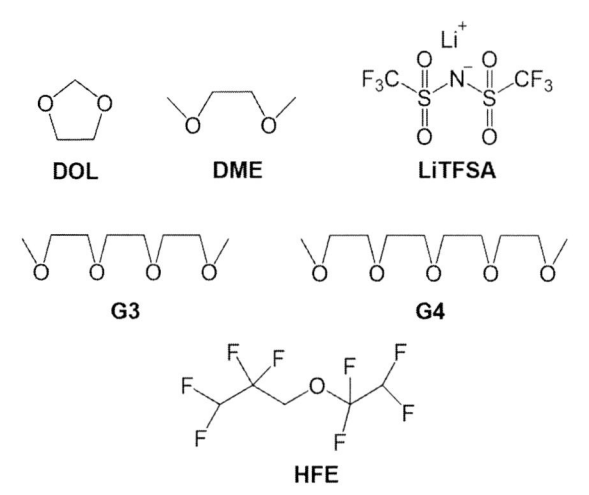

図 2　Li-S 電池の電解液に用いられる溶媒，Li 塩の化学構造

溶解度は 1 M LiTFSA DOL/DME 電解液や 1 M LiTFSA テトラグライム（G4）電解液などのエーテル系有機電解液において 6000 mM S 以上（硫黄原子あたりの溶解度に換算した値）である[7]。これら電解液中では，添加剤である $LiNO_3$ が金属リチウム負極上で還元分解されることによって不動態被膜（SEI）が形成され，これによって溶出した Li_2S_m と金属リチウム負極間の電子授受，すなわちレッドクスシャトルや自己放電が物理的に抑制されていると考えられている。しかし，金属リチウム上の SEI は充放電サイクルに伴い破壊と形成を繰り返すため，被膜形成に関わる成分は充放電サイクル中に絶えず消費される。したがって，長期サイクルでは被膜形成成分が枯渇する可能性があり，硫黄系活物質の溶出に対する根本的な対策にはなっていない。

　硫黄系活物質の溶解性を考えると，S_8 は非極性溶媒（二硫化炭素，トルエンなど）に溶けやすいのに対して，Li_2S は極性の高い溶媒（水，アルコールなど）に溶けやすい。したがって，中間生成物 Li_2S_m は幅広い極性の溶媒へ溶解することが予想され，全ての硫黄系活物質の溶出を完全に抑制する電解液を見出すことは容易ではない。しかし近年，イオン液体や Li 塩を高濃度に溶解させた濃厚電解液中ではいずれの硫黄種も溶けにくく，これらの電解液を用いた Li-S 電池が高いクーロン効率とサイクル特性を示すことが明らかになっている[8~10]。実際に Li_2S_m（m = 8）の溶解度は ［TFSA］⁻ のようなルイス塩基性が低いアニオンを有する非プロトン性イオン液体中やトリグライム（G3）またはテトラグライム（G4）と LiTFSA の等モル混合物が形成する溶媒和イオン液体中では 100 mM S 以下の低い値になることが明らかになっている（図3）[8,11]。

　中でも，溶媒和イオン液体は難揮発性，難燃性，比較的高いイオン伝導率などイオン液体類似

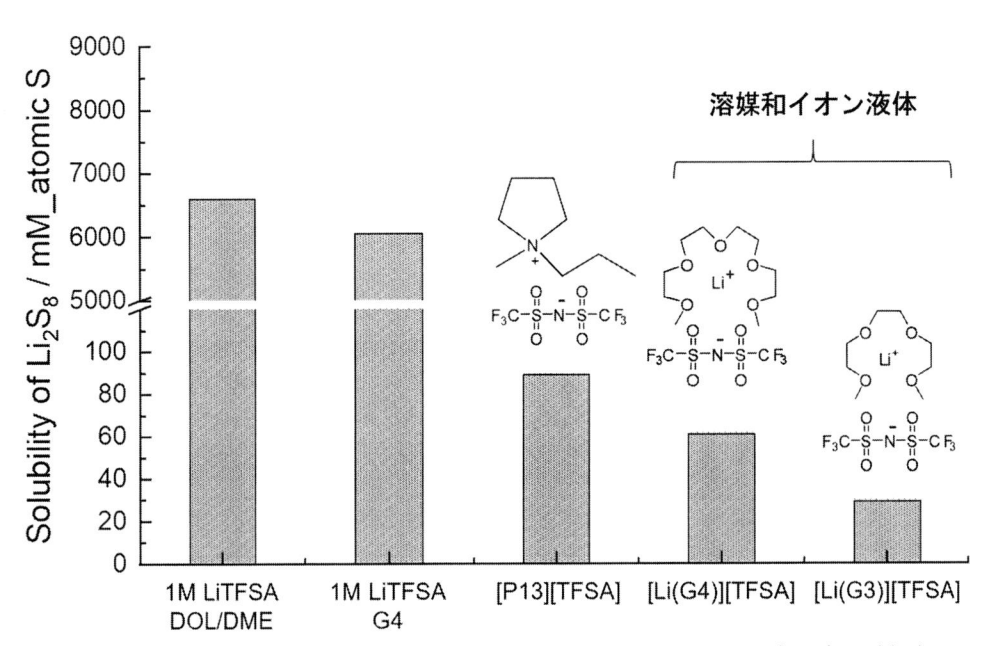

図3　エーテル系有機電解液およびイオン液体中のリチウムポリスルフィド（Li_2S_8）の溶解度

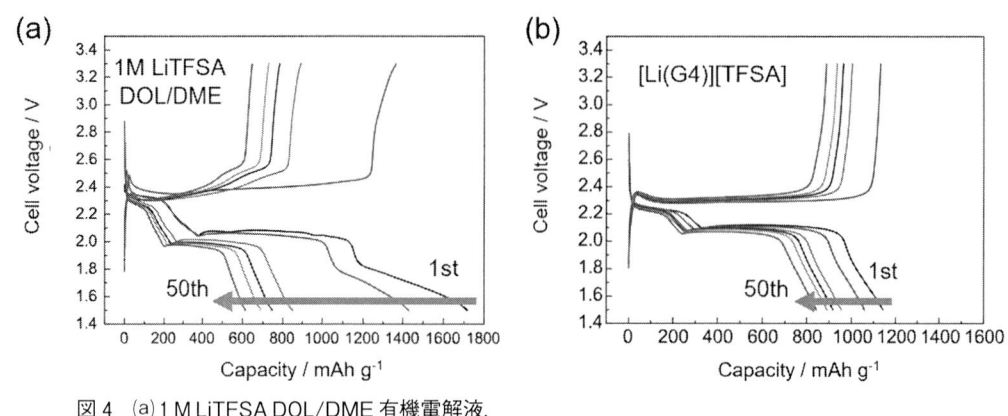

図 4 （a）1 M LiTFSA DOL/DME 有機電解液，
（b）［Li（G4）］［TFSA］溶媒和イオン液体電解液を用いたリチウム硫黄電池の充放電曲線

の性質を示すことに加え，構成カチオンがリチウムイオンのみからなるためリチウム塩濃度が高く，通常のイオン液体電解液に比べてリチウムイオン伝導性（リチウムイオン輸率，拡散限界電流値）が高い[12]。このため，溶媒和イオン液体は Li-S 電池において硫黄活物質難溶化を可能とする優れた電解質材料である。図 4 に示すように，エーテル系有機電解液を用いた場合，初期放電容量は理論容量に近い値を示すが，50 サイクル後には放電容量が半分以下にまで減少してしまう。一方，溶媒和イオン液体を電解液に用いた Li-S 電池は初期の放電容量が 1150 mAh g^{-1} 程度とエーテル系有機電解液を用いた電池と比較して小さいが，50 サイクル後の放電容量維持率は約 75％に維持されている。これまでに，溶媒和イオン液体をハイドロフルオロエーテル（HFE）などの非配位性の溶媒で希釈すると，粘性率が低下し，イオン伝導率が増加するだけでなく，Li_2S_m（m = 8）の溶解性はさらに低下し，10 mM S 以下になることがわかっている[8]。

3 Li-S 電池における炭素担体の役割

上記で述べたように，Li-S 電池の活物質である硫黄系活物質は電子絶縁性であるため，電気化学反応を効率よく起こさせるために，多孔性の電子伝導性材料に担持して用いる必要がある。電子伝導性材料は電気化学的に酸化還元しないため，容量発現には寄与しない。すなわち，その重量はできる限り軽いことが求められるので，炭素材料が用いられることが多い。硫黄は電解液−硫黄−炭素材料の三相界面か炭素上に硫黄が薄く（1 nm 以下）担持された場所でしか反応することができないため，特に担体とする炭素材料には重量あたりの表面積が大きい材料が必要である。反応中間体である Li_2S_m の溶解度が非常に高い電解液（たとえば，1 M LiTFSA DOL/DME）を用いた場合の Li-S 電池に対する正極炭素材料の研究は近年多数の論文による報告がある。特に，Nazar らは CMK-3 と呼ばれる規則性メソポーラスカーボンと硫黄を熱処理によって複合化した正極を用い，安定したサイクル特性と硫黄の高い利用率（初期サイクルで

$1320\,\mathrm{mAh\,g^{-1}}$）を達成した[13]。炭素材料 CMK-3 はメソ孔に由来して非常に高い比表面積を持つため，硫黄の利用率を高くできる。それだけでなく，そのメソ孔が長く伸びた構造をしており，Li_2S_m はいったんメソ孔内の電解液中に溶解した後，メソ孔から電解液へ拡散する前に Li_2S まで還元・沈殿するため，レドックスシャトルが抑えられ，安定したサイクル特性を示すとされている。現在，この考えは硫黄正極を設計する上でのトレンドとなっている。

　Nazar らはさらにミクロ孔とメソ孔の階層構造を持つ炭素材料（BMC）と硫黄を複合化させた硫黄正極の電池特性を報告した[14]。BMC は直径 5.6 nm の規則配列したメソ孔とその隙間に 2 nm のミクロ孔を持っており，このメソ孔によって形成される良好な電解液パスのために高速充放電が可能で，高い放電容量を示すことを報告している。また，構造規則性炭素の細孔サイズが Li-S 電池性能に与える影響についても検討が行われている。Liang らは炭素材料のメソ孔とミクロ孔の役割について，ミクロ孔は硫黄活物質を正極内に保持する役割を果たし，メソ孔はリチウムイオンの早い拡散に寄与する伝導経路となる[15]。その他の検討としては，2 nm 以下のミクロ孔のみからなる炭素材料を硫黄担体として用いる検討[16,17]や，カーボンナノチューブのチューブ内に硫黄を担持する検討[18]，グラフェンの層間に硫黄を入れる検討[19]などがある。特に，ミクロ孔のみからなる炭素材料を用いた系では特異的な 1 段階のみの充放電カーブを示し，Li-S 電池に適用できないとされてきたカーボネート系電解液を用いることができる。この挙動については，ミクロ孔内には溶媒分子が進入できないため，リチウムイオンのみがミクロ孔内に担持された硫黄種と反応し，溶出および溶媒と S_m^{2-} の副反応が起こらないことに起因すると考えられている。どの系においても，絶縁性硫黄の反応が容量を決定する Li-S 電池では担体炭素の選択が重要な鍵となる。

　従来のエーテル系有機電解液を用いた Li-S 電池では，固相（S_8）－液相（Li_2S_m，$m \geq 3$）－固相（Li_2S_2，Li_2S）と充放電過程で Li_2S_m の溶解，沈殿を伴い反応が進行する（図 5(a)）。一方，溶媒和イオン液体などの硫黄種難溶性の電解液を用いた場合，Li_2S_m が電解液へほとんど溶出しないため，基本的に電気化学反応が全て固体状態で起こる（図 5(b)）。電子伝導性が低い硫黄系活物質を介した固相反応のため，従来のエーテル系有機電解液を用いた液相を介する Li-S 硫黄電池に比べると，充放電レート性能に課題がある。一方，硫黄系活物質の溶出が著しく抑制されるため，溶媒和イオン液体を用いた Li-S 電池では，800 回の長期充放電サイクルと 98％以上の高いクーロン効率が達成されている[20]。しかしながら，600 サイクル後の容量維持率は 60％程度であり，固相での硫黄系活物質の体積変化に伴う電子伝導パスの劣化が起こっていると考えられており，今後，硫黄正極中の体積変化による劣化を低減する炭素担体やバインダーに関する検討が必要である。

　炭素担体に関する検討では，Li_2S_m を多量に溶かす有機電解液が用いられ，極めて多くの報告例がある中，溶媒和イオン液体のような Li_2S_m の溶解性が極めて低く抑えられ，反応が主に炭素担体上の固相反応で進む系について炭素担体材料の影響を調べた報告はほとんどない。硫黄系活物質が溶解しない溶媒和イオン液体のような電解液を用いた Li-S 電池に関する上記課題を克服

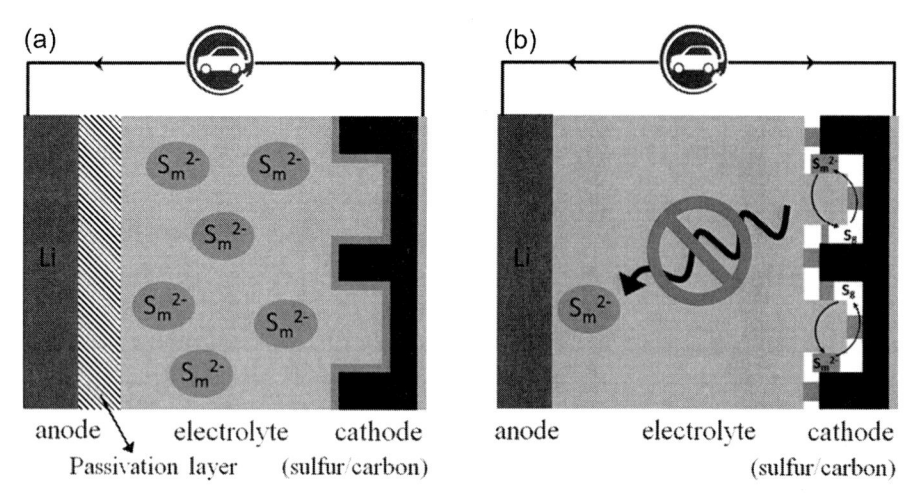

図5　(a)Li₂Sₘ可溶性電解液，(b)硫黄種難溶性電解液を用いたリチウム硫黄電池の模式図

するためには，その電解液に適した炭素担体の構造や化学的性質を理解し，最適化する必要がある。次節では，溶媒和イオン液体［Li（G4）］［TFSA］を電解液とした場合のLi-S電池特性における炭素担体の影響に関して検討を紹介する。

4　溶媒和イオン液体電解液を用いたLi-S電池における炭素担体の影響

　構造規則性炭素を電気化学デバイスの電極として用いた場合，広い電極｜電解質界面を有していることから，大きな電気二重層容量や大きなファラデー電流が得られることが期待できる。同時に，十分なイオン伝導経路も確保できることからスムーズなイオンの拡散も期待でき，さらには電子や拡散種の移動距離が短縮できることから出力特性の向上も見込めるなど高性能化に対するメリットが数多く存在する。構造規則性炭素の一種として三次元構造規則性を持つ逆オパール炭素（inverse opal carbon：IOC）と呼ばれる炭素材料が広く検討されている[21,22]。IOCは，単分散シリカ微粒子が最密充填したコロイド結晶を鋳型とし，その空隙中でポリフルフリルアルコール（PFA）などの炭素前駆体高分子を重合，炭素化，フッ化水素酸水溶液でシリカ成分を除くことで調製される（図6(a)）。IOCは鋳型の粒子サイズに応じて比表面積を制御することができ，それ自身で電子とイオンの伝導経路が確保できる。また，IOCはそのマクロ孔由来の約74％の大きな空隙率を持ち，その空隙に活物質を複合化させることも可能である。

　粒径が異なるシリカ粒子からそれぞれ得られたIOCおよびアセチレンブラック（AB）を炭素担体とした硫黄複合正極，および溶媒和イオン液体［Li（G4）］［TFSA］を用いたLi-S電池の充放電特性を図6(b)，(c)に示す[23]。充放電容量は100 nm IOC＞1 μm IOC＞ABの順に大きくなり，比表面積が大きい炭素担体ほど放電容量が大きくなることが分かる。溶媒和イオン液体を電解液に用いた場合，Li₂Sₘがほとんど溶出しないことから硫黄の反応は炭素担体表面で起こる。

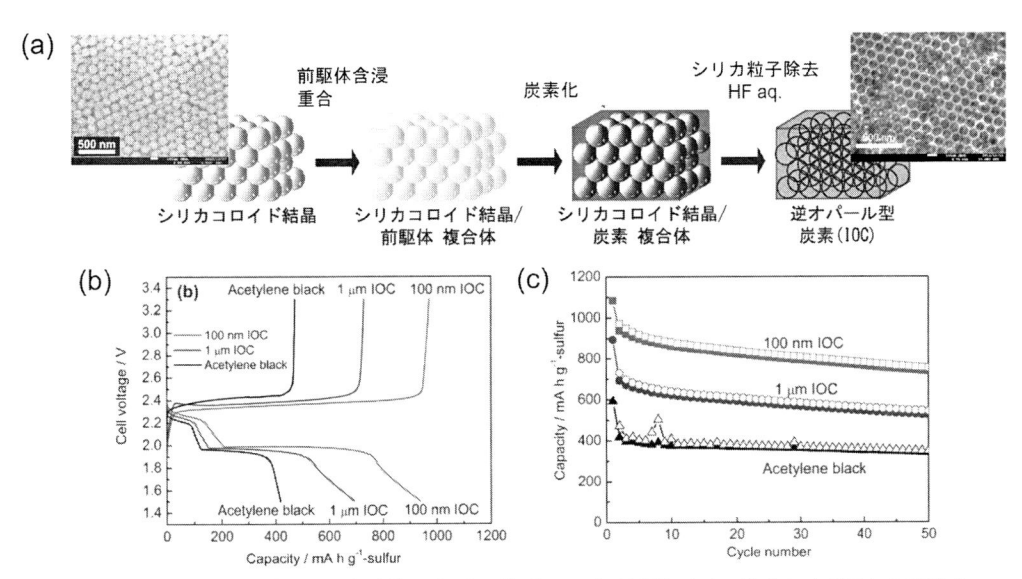

図6　(a)逆オパール型炭素の調製方法，［Li（G4）］［TFSA］溶媒和イオン液体および異なる炭素担体を用いたリチウム硫黄電池の(b)充放電曲線と(c)サイクル特性

比表面積が大きいほど，S_8 が炭素担体表面に均一に薄く担持されているため，S_8 の利用率が大きくなったと考えられる。サイクルに伴う充放電容量の低下はより表面積が大きな 100 nm IOC でより顕著に見られた。これは，充放電サイクルに伴い炭素表面と硫黄の電子的接触の劣化が原因と考えられる。

　粒径が異なるシリカ粒子から調製された IOC と様々なメソポーラスカーボン材料を炭素担体に用いた場合の充放電特性を系統的に詳しく比較したところ，溶媒和イオン液体を電解液に用いた Li-S 電池の放電容量は炭素材料の比表面積よりも全細孔容積と良い相関を示すことがわかった（図7(a)，(b)）[24]。特に，比較的大きなメソ孔を有する IOC 50 や IOC 100，ケッチェンブラック（KB）で高い放電容量が得られた。一方，比表面積は高いが 10 nm 以下のメソ孔が大部分を占める Phen-HS[25] や A-NPC[26]（いずれもプロトン性塩を前駆体として得られるメソポーラスカーボン）では放電容量が小さくなることが分かった。S_8 は放電後 Li_2S に変化すると同時に80%の体積増加がある。従来の Li_2S_m が可溶なエーテル系電解液と異なり，溶媒和イオン液体では Li_2Sm が細孔内に留まり，その場で体積変化を起こすことが考えられる。図7(c)に示すように，より小さなメソ孔では放電反応に伴う体積増加によって，細孔が閉塞し，リチウムイオンの輸送が妨げられている可能性がある。これによって，より小さなメソ孔を有する炭素担体では，比表面積は大きいにもかかわらず，放電容量が小さくなったと考えられる。

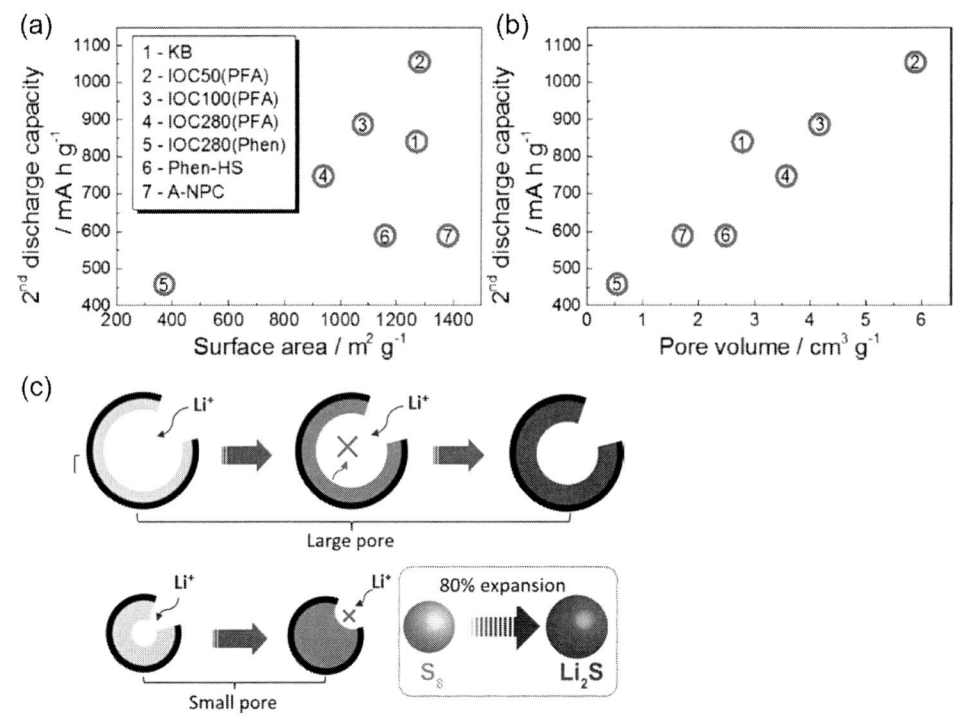

図7　［Li（G4）］［TFSA］溶媒和イオン液体を用いたリチウム硫黄電池の放電容量（2サイクル目）と炭素担体の(a)比表面積，(b)細孔容積との関係，(c)異なるサイズの細孔内での S_8/Li_2S 体積変化の模式図

5　おわりに

　本稿では，溶媒和イオン液体をはじめとする硫黄系活物質難溶性電解液を電解液に適用したLi-S電池特性における，炭素担体材料の影響を中心に紹介した。また，本稿では一部しか紹介できなかったが，特に，Li-S電池の正極材料として多孔性炭素材料やナノカーボン材料を用いた検討はここでは紹介しきれないほどの膨大な数の報告例がある。これらは幾つかの総説にまとめられているため，そちらを参照頂きたい[27~29]。前述したようにLi-S電池の最大の強みは，低価格かつ軽量で，大容量のエネルギーを蓄えられる点にある。当然，その電池特性は電極材料（活物質，集電体，バインダー）および電解質材料（電解質，セパレーター）の性質によって決まるため，今後もさらに優れた新規電極，電解質材料が数多く報告されるであろう。しかし，Li-S電池を現実的なものにするためには，安価でありふれた材料を用いて優れた電池性能を実証することも重要である。近年，材料研究だけでなく，実電池として高エネルギー密度を達成するのに必要な電池内パラメータが詳細に試算されている。そこでは，従来の材料研究ではほとんど考慮されてこなかった，「硫黄正極の厚膜化（正極中の単位面積当たりの活物質量の増加)」と「硫黄活物質量に対する電解液量（E/S比）の低減」がリチウムイオン電池を超える高いエネル

ギー密度を実現するための開発課題として指摘されている[30]。多量に絶縁性の硫黄活物質を含んだ正極内で効化的な電子/イオン伝導経路を維持しつつ厚膜化することは容易ではなく，炭素材料だけでなくバインダーと集電体を含む硫黄/炭素複合電極の全体構造の最適化が必要である。Li_2S_m が可溶化した状態で充放電反応が進行する Li-S 電池では，E/S 比が小さいと高い容量が得られず[31]，低 E/S 比でも優れた充放電特性を示す電解質，電極の開発が不可欠である。これらに加えて，負極として用いられる金属リチウムのデンドライト成長も Li-S 電池の長期サイクル寿命と安全性を両立する上で解決しなければならない問題である。このように，リチウム硫黄電池の実用化には様々な課題が山積している。上記の Li-S 電池の特長と実電池化を目指した開発課題を考慮したうえでのさらなる研究開発が望まれる。

文　　献

1) P. G. Bruce, S. A. Freunberger, L. J. Hardwick, J. M. Tarascon, *Nat. Mater.*, **11**, 19-29 (2012)

2) D. Eroglu, K. R. Zavadil, K. G. Gallagher, *J. Electrochem. Soc.*, **162**, A982-A990 (2015)

3) A. Manthiram, Y. Z. Fu, S. H. Chung, C. X. Zu, Y. S. Su, *Chem. Rev.*, **114**, 11751-11787 (2014)

4) Y. V. Mikhaylik, J. R. Akridge, *J. Electrochem. Soc.*, **151**, A1969-A1976 (2004)

5) J. Gao, M. A. Lowe, Y. Kiya, H. D. Abruña, *J. Phys. Chem. C*, **115**, 25132-25137 (2011)

6) S. Zhang, K. Ueno, K. Dokko, M. Watanabe, *Adv. Energy Mater.*, **5**, 1500117 (2015)

7) J.-W. Park, K. Yamauchi, E. Takashima, N. Tachikawa, K. Ueno, K. Dokko, M. Watanabe, *J. Phys. Chem. C*, **117**, 4431-4440 (2013)

8) K. Dokko, N. Tachikawa, K. Yamauchi, M. Tsuchiya, A. Yamazaki, E. Takashima, J.-W. Park, K. Ueno, S. Seki, N. Serizawa, M. Watanabe, *J. Electrochem. Soc.*, **160**, A1304-A1310 (2013)

9) E. S. Shin, K. Kim, S. H. Oh, W. I. Cho, *Chem. Commun.*, **49**, 2004-2006 (2013)

10) L. Suo, Y.-S. Hu, H. Li, M. Armand, L. Chen, *Nat. Commun.*, **4**, 1481 (2013)

11) J.-W. Park, K. Ueno, N. Tachikawa, K. Dokko, M. Watanabe, *J. Phys. Chem. C*, **117**, 20531-20541 (2013)

12) K. Yoshida, M. Tsuchiya, N. Tachikawa, K. Dokko, M. Watanabe, *J. Electrochem. Soc.*, **159**, A1005-A1012 (2012)

13) X. Ji, K. T. Lee, L. F. Nazar, *Nat. Mater.*, **8**, 50 (2009)

14) G. He, X. Ji, L. Nazar, *Energy Environ. Sci.*, **4**, 2878-2883 (2011)

15) C. Liang, N. J. Dudney, J. Y. Howe, *Chem. Mater.*, **21**, 4724-4730 (2009)

16) B. Zhang, X. Qin, G. R. Li, X. P. Gao, *Energy Environ. Sci.*, **3**, 1531-1537 (2010)

17) S. Xin, L. Gu, N.-H. Zhao, Y.-X. Yin, L.-J. Zhou, Y.-G. Guo, L.-J. Wan, *J. Am. Chem. Soc.*, **134**, 18510-18513 (2012)

18) S. Dörfler, M. Hagen, H. Althues, J. Tübke, S. Kaskel, M. J. Hoffmann, *Chem. Commun.*, **48**, 4097-4099 (2012)

19) N. Li, M. Zheng, H. Lu, Z. Hu, C. Shen, X. Chang, G. Ji, J. Cao, Y. Shi, *Chem. Commun.*, **48**, 4106-4108 (2012)

20) S. Seki, N. Serizawa, K. Takei, Y. Umebayashi, S. Tsuzuki, M. Watanabe, *Electrochemistry*, **85**, 680-682 (2017)

21) A. Stein, Z. Wang, M. A. Fierke, *Adv. Mater.*, **21**, 265-293 (2009)

22) S. Tabata, Y. Isshiki, M. Watanabe, *J. Electrochem. Soc.*, **155**, K42-K49 (2008)

23) N. Tachikawa, K. Yamauchi, E. Takashima, J.-W. Park, K. Dokko, M. Watanabe, *Chem. Commun.*, **47**, 8157-8159 10.1039/C1CC12415C (2011)

24) S. Zhang, A. Ikoma, Z. Li, K. Ueno, X. Ma, K. Dokko, M. Watanabe, *ACS Appl. Mater. Interfaces*, **8**, 27803-27813 (2016)

25) S. Zhang, A. Ikoma, K. Ueno, Z. Chen, K. Dokko, M. Watanabe, *ChemSusChem*, **8**, 1608-1617 (2015)

26) S. Zhang, M. S. Miran, A. Ikoma, K. Dokko, M. Watanabe, *J. Am. Chem. Soc.*, **136**, 1690-1693 (2014)

27) J. Liang, Z. H. Sun, F. Li, H. M. Cheng, *Energy Storage Mater.*, **2**, 76-106 (2016)

28) Y. X. Yin, S. Xin, Y. G. Guo, L. J. Wan, *Angew. Chem. Int. Ed.*, **52**, 13186-13200 (2013)

29) Y. Yang, G. Y. Zheng, Y. Cui, *Chem. Soc. Rev.*, **42**, 3018-3032 (2013)

30) M. Hagen, D. Hanselmann, K. Ahlbrecht, R. Maça, D. Gerber, J. Tübke, *Adv. Energy Mater.*, **5**, 1401986 (2015)

31) M. Hagen, P. Fanz, J. Tübke, *J. Power Sources*, **264**, 30-34 (2014)

第20章　カーボンミクロ空間の特異性と高容量キャパシタ電極開発への展開

瓜田千春[*1]，瓜田幸幾[*2]，森口　勇[*3]

1　はじめに

低炭素かつ持続社会の実現に向けて，電気二重層キャパシタ（EDLC）や Li イオン二次電池（LIB）等の蓄電デバイスに対する期待が高まっている。EDLC は LIB では対応できない急速充放電特性ならびに長寿命特性を活かし，様々な電子機器への応用がなされている。近年では，エネルギー回生や自然エネルギー負荷平準，瞬時停電バックアップ，パワーアシスト，パワーツール等への応用が検討され，その用途拡大や製品力アップに向けて更なる高容量化が望まれている。以下に述べるように，EDLC 電極材料はイオン拡散に有効な細孔を有し，反応界面が大きい多孔性カーボンが性能向上に期待できる。しかしながら，細孔容積の増加は体積当たりのエネルギー密度の低下につながり，コンパクトなセル設計が必要とされる機器への応用の障壁となる。デバイス電極に関する既往研究では，活物質・導電助剤・結着剤の混合比や種類を変えたものを機械混合して得られた電極に対して，電気化学特性の評価を行うことで高性能電極材料の設計が図られてきた。しかしながら，この様な試行錯誤的な開発では電極材料が有する機能を最大限引き出すことは困難である。多孔性カーボン電極材料の細孔空間の特徴を効果的に活かした細孔構造が最適化された電極設計を行うためには，電極反応の現象理解が必要不可欠である。本稿では，多孔性カーボン材料のミクロ細孔の特性に焦点を当て，カーボン電極の多孔化によるEDLC の高容量発現機構について述べる。

2　高比表面積カーボン電極材料

EDLC は LIB に比べて高い出力密度を有する。これは EDLC の充放電機構が LIB 等に代表される二次電池の充放電機構と異なることに由来する。LIB の充放電機構は，Li イオンと電極とのファラデー反応（化学反応）の電子授受によるものであるために，エネルギー密度（単位：Wh/kg）は高いが出力密度（W/kg）は低い。エネルギー密度と出力密度は，それぞれ蓄えられ

＊1　Chiharu Urita　長崎大学　大学院工学研究科　物質科学部門　応用物理化学研究室　特任研究員

＊2　Koki Urita　長崎大学　大学院工学研究科　物質科学部門　応用物理化学研究室　准教授

＊3　Isamu Moriguchi　長崎大学　総合生産科学域長，大学院工学研究科　物質科学部門　教授

るエネルギーと瞬間的に取り出せるエネルギーを示している。つまり，LIBは多くのエネルギーを蓄えることが可能であるが，充放電に化学反応を伴うために瞬間的に取り出せるエネルギーは低い。一方，EDLCの充放電機構は，電解質イオンの電極表面への静電的吸脱着によるものであるために，エネルギー密度は低いが出力密度が高く高速充放電を可能にしている（図1）。EDLCの電極容量Cは，一定濃度以上の電解液中では，

$$C = \varepsilon_r \varepsilon_0 S / d \tag{1}$$

（ε_r：媒体の比誘電率，ε_0：真空の誘電率，S：比表面積，d：電気二重層厚み）

で示されることより，既往の研究開発では高比表面積な多孔性カーボン材料の利用（Sの増大）による容量増大が図られてきた[1]。しかしながら，炭素材料の高比表面積化には物理的な限界がある。例えば，理想的なグラフェン1層の理論比表面積は表裏で2630 m²/gとなる。この表裏全体に電気二重層が形成された場合，有機電解液では160〜210 F/gの比容量（一般的炭素材料の面積比容量6〜8 µF/cm²で計算）が理論的上限と見積もられる。実際にはイオンがアクセスできない凝集構造や細孔形成等を伴うために比容量はもっと小さくなる。現状では，バルク電解液中の溶媒和イオンサイズ（1〜2 nm程度）を考慮し，ミクロ孔よりも進入しやすいメソ細孔サイズ領域の細孔が発達した多孔性炭素材料において100〜140 F/g程度（体積当たりでは45〜65

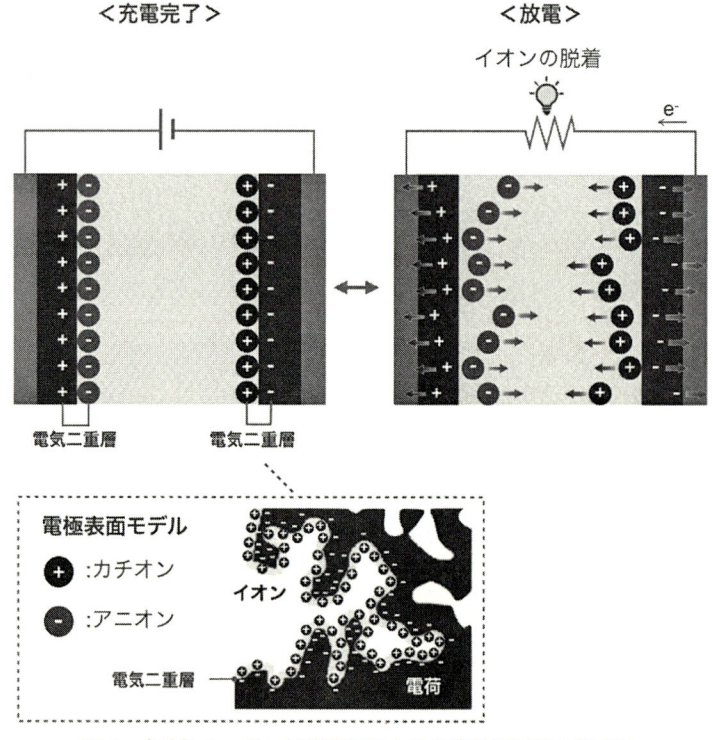

図1　多孔性カーボン材料電極における充放電機構の模式図

表 1　電解液の種類と特徴

電解液の種類	水系 (溶媒：水)	非水系 (溶媒：有機溶媒)
長所	– 安全性が高い – 伝導率が非水系より高い – コストが安い	– 定格電圧が大きい 　(分解電圧が高い) – エネルギー密度が大きい
短所	– 作動電圧が小さい 　(水の理論分解電圧：1.23 V) – エネルギー密度が小さい	– 電気伝導率が小さい – 内部抵抗が大きい

F/cm^3 程度）が実用上の性能である。ここで，細孔の分類について記載しておく。細孔は IUPAC によりミクロ細孔（細孔径＜ 2 nm），メソ細孔（2〜50 nm），マクロ細孔（＞ 50 nm）とサイズによって呼称が分類されており，さらに，ミクロ細孔についてはスーパーミクロ細孔（0.7〜2 nm），ウルトラミクロ細孔（＜ 0.7 nm）と呼ぶ[2]。また，ナノ細孔は細孔径が 100 nm 程度以下の細孔を指すことが多いが，バルク相と比較してナノ空間の特異性を述べる場合は，細孔壁（細孔を形成する分子集団）から細孔内に導入された分子への相互作用が影響する 5 nm 程度以下の空間を対象とするのが望ましい。

　ところで，電解液は大別して，水系電解液と非水系電解液に分けられる。各特徴を表 1 に示す。水系電解液では非水系電解液と比べて高い誘電率により比容量は高くなるが，水の分解電圧が低くくセル電圧が小さくなるため，むしろエネルギー密度は小さくなってしまう（$E = 1/2\,CV^2$，E：エネルギー，V：セル電圧）。つまり，高エネルギー密度化の観点においては非水系電解液中で高い比容量を示す多孔性電極材料の開発が望ましい。

3　ミクロ細孔空間の特異性を活用した機能向上

3.1　ミクロ細孔の制約空間効果

　ミクロ細孔空間内の化学種は，細孔を形成する分子からの相互作用を強く受けるためにバルク相とは異なる新奇な性質や形態を示す[3,4]。図 2 に計算化学的手法によって求められたスリット状の細孔における各細孔サイズのポテンシャルエネルギーを示す。細孔サイズが小さくなるほどエネルギーが低くなり，空間に導入された分子は安定に存在することができる。大久保らは，カーボンミクロ細孔での空間制約効果によるイオンの部分的脱水和や特殊な分子構造について報告している[5,6]。ミクロ細孔サイズの制約された空間では，導入された分子がバルク相では不安定な歪んだ分子構造を形成して存在することができるために，通常，UV 光程度のエネルギーが必要な反応であっても可視光で進むことが示されており，外場を用いない反応場としての応用が期待されている[7]。また，ミクロ細孔空間では，空間内の分子があたかも高圧下で圧縮されたよ

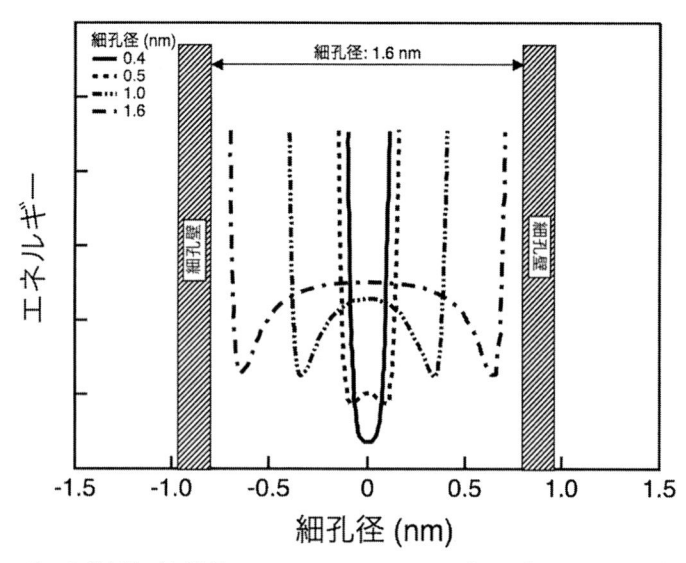

図2　スリット状細孔（細孔径：0.4，0.5，1.0，1.6 nm）のポテンシャルエネルギー，
細孔径 1.6 nm の時の細孔壁を記載

うに振る舞う擬高圧効果とよばれる現象が実験と計算化学の両面から報告されている[8~11]。例えば，二量化された一酸化窒素の N_2O と NO_2 への不均化反応には 20 MPa 以上の高圧場が必要であるが[12,13]，今井らは，スリット状ミクロ細孔を有する活性炭素繊維へ一酸化窒素を導入し，細孔内で不均化反応が進行し N_2O と NO_2 が得られることを実験的に示している[8]。この様なミクロ細孔空間の効果は分子吸着の観点からは古くから報告がなされており，近年，電気化学分野においても空間効果に基づいた電極反応の理解が徐々にではあるが進んできた。

3.2　脱溶媒和を利用した高容量電極材料モデルの提唱

　高比面積化による容量増大に対し，ミクロ細孔空間での特異的な現象を活用した高容量化への新たなアプローチが近年注目されている。先に示した通り EDLC では電極表面への電解液イオンの EDL 形成により蓄電されることから，ミクロ細孔表面からのゲストイオンへの強い相互作用を効果的に利用することで，EDL 容量の向上が期待できる。すなわち，空間制約効果によって図3に示すような脱溶媒和したイオンによる EDL が形成されれば，その厚み d が減少することによる容量増大が期待される。P. Simon および Y. Gogotsi のグループは平均細孔径を 0.6~2.25 nm に制御した TiC 由来ミクロ細孔性カーボン（TiC-CDC）電極の4級アンモニウム塩有機電解液（TEABF$_4$/アセトニトリル）中での容量特性について，カチオンサイズに近いミクロ細孔サイズ領域（＜1 nm）を平均細孔径として有する TiC-CDC 電極の面積比容量が大幅に向上することを報告した[14]。彼らは既往研究の結果と合わせて平均細孔サイズと面積比容量の相関を比較している。その中で，メソ細孔からミクロ細孔へと細孔サイズが小さくなるにつれて面積比容量が減少する傾向にあるが，ある値を境として傾向が逆転し，細孔サイズの減少に伴う

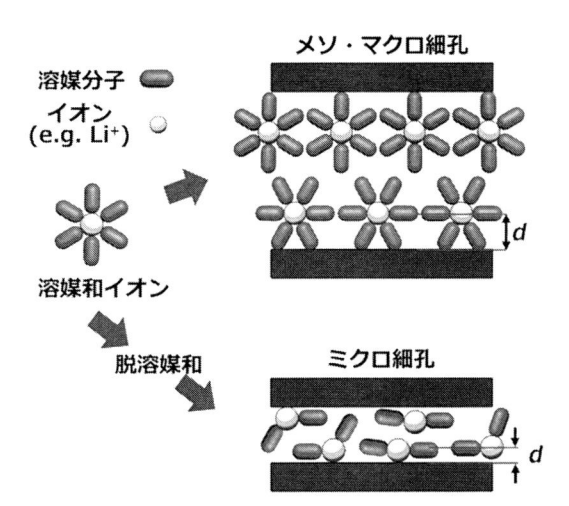

図3　ミクロ細孔内における脱溶媒和イオンの電気二重層形成の概念図
（d は電気二重層厚み）

面積比容量の急激な増大が起こることを示した。この現象に対して細孔サイズと電解質イオンのサイズを考慮したモデルを提唱し以下のように説明している。メソ細孔サイズ領域（＞2 nm）では，細孔サイズは溶媒和イオンサイズの2倍以上あり，向かい合う細孔壁のそれぞれに二重層を形成することができる。細孔サイズが溶媒和イオンサイズの2倍よりも小さくなると（細孔径：1〜2 nm），向かい合う細孔壁の各々に二重層を形成することができなくなるために，二重層が形成される実効表面積が小さくなる。これが細孔径1 nm 以上の領域において細孔サイズの減少とともに面積比容量が減少する主な要因である。一方，TiC-CDC では細孔サイズが溶媒和イオンサイズよりも小さくなると（細孔径＜1 nm）面積比容量が増加し，裸のカチオンサイズ（0.68 nm）近くでは従来の傾向の2倍以上の面積比容量に達している。溶媒和イオンサイズよりも小さい細孔内では，溶媒和殻が風船を押しつぶした時の様に変形することでイオン中心と電極表面（細孔壁）とが近付き(1)式における二重層厚み d が減少するために，容量が増大するとされている。

3.3　カーボンミクロ細孔空間における脱溶媒和現象の観測

この様なミクロ細孔空間での特異性について，瓜田らは4級アンモニウムイオンより大きな脱溶媒和エネルギーを必要とする Li イオンの電解液（$LiClO_4$/プロピレンカーボネート，PC）においても，ある構造のミクロ多孔性カーボンでは TiC-CDC と同様にミクロ細孔が面積比容量の増大に寄与することを示した。^{7}Li-NMR やラマンスペクトル測定により溶媒和した Li イオンがミクロ細孔中において部分脱溶媒和していることを確認し，ミクロ細孔中の Li イオンの存在割合と容量との相関性を明らかにしている[15]。^{7}Li-NMR のケミカルシフトは，Li イオンと PC 分子内カルボニル基との強い相互作用を反映しており，電解液濃度に依存して変化する。また，

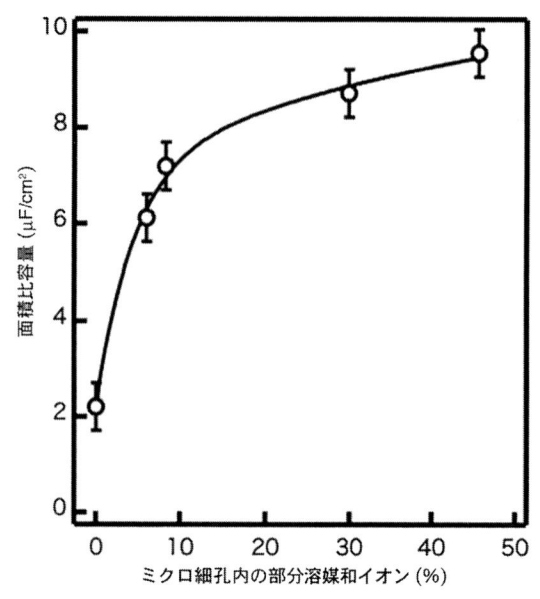

図4　多孔性カーボン電極材料のミクロ細孔内の溶媒和イオンの存在割合に対する面積比容量

PC 分子のラマンスペクトルは Li イオンとの溶媒和状態によって変化するために，電解質イオンの溶媒和数を与える[16]。つまり，ラマンスペクトルおよび ^{7}Li-NMR のケミカルシフトの結果を細孔サイズの視点から検討することで，ミクロ細孔，メソ細孔，マクロ細孔内における Li イオンの溶媒和状態を明らかにすることが可能である。ここで，マクロ細孔内は細孔壁からの相互作用がミクロ細孔やメソ細孔と比較して非常に弱く，場の影響は外表面と近いことから[17]，マクロ細孔と外表面のケミカルシフトは同様であると考えられる。以上の結果より，ミクロ細孔内での溶媒和数が減少しミクロ細孔内に存在する Li イオンの割合が多いほど（脱溶媒和の度合いが強いほど），面積比容量が増大する傾向にあることを明らかにした（図4）。

　P. Simon のグループは電気化学水晶振動子マイクロバランス（EQCM）法を用いて，平均細孔径の異なる TiC-CDC 電極の充放電に伴う電極の重量変化をその場測定し，小さな細孔を持つ電極においては細孔内の電解質イオンの溶媒和数が減少することを報告している[18]。EQCM 法は，水晶振動子に蒸着した金属電極を用いて，電極への吸着や脱着，析出や溶解による重量変化と電気化学反応過程を同時に観測する方法である。彼らは電解質としてイオン液体である 1-エチル-3-メチルイミダゾリウム-ビス（トリフルオロメタンスルホニル）イミド（EMI-TFSI）またはそのアセトニトリル溶液（濃度2 M）を用いて，電解質イオンがより小さい細孔に進入する際に脱溶媒和が進行すること，また EMI$^+$ と TFSI$^-$ の細孔内での移動度が異なることを明らかにした。

　カーボンミクロ細孔に関するこれらの研究は，メソ細孔が発達した高比表面積材料が高容量化に不可欠であるとの既往研究の常識を覆すとともに，ミクロ細孔の活用による重量比容量のみな

らず体積比容量も高い電極材料を開発する切り口となるであろう。

3.4　脱溶媒和を活かした高容量電極の構造最適化

　TiC 由来ミクロ多孔カーボンにおいても，重量当たりの比容量は 120〜130 F/g 程度であり，高比表面積メゾ多孔性材料開発による既往研究（100〜140 F/g）に比べて，実質的な性能発現の優位性を示すには至っていない。そこで，瓜田らは，さまざまな細孔径分布や細孔形状（スリット状2次元，ケージ状3次元，球状3次元等）を有する多孔性カーボン材料について構造と容量の相関性を詳細に調べ，多孔性構造の最適化により有機電解液中で 200 F/g 以上の極めて高い比容量の発現を可能にした[19]。1 M LiClO$_4$/PC を電解液とした場合のいくつかの多孔性カーボン試料（試料番号：N°1〜N°4）の電気二重層容量と比表面積の関係を図5に示す。細孔形状は透過型電子顕微鏡（TEM）像より確認することができ，代表的なスリット状細孔とケージ状細孔の TEM 像を図6に示す。比表面積は N$_2$ 吸着等温線（77 K）から GCMC（grand canonical Monte Carlo）シミュレーションにより各細孔領域における比表面積を求めている。N$_2$ 吸着等温線から

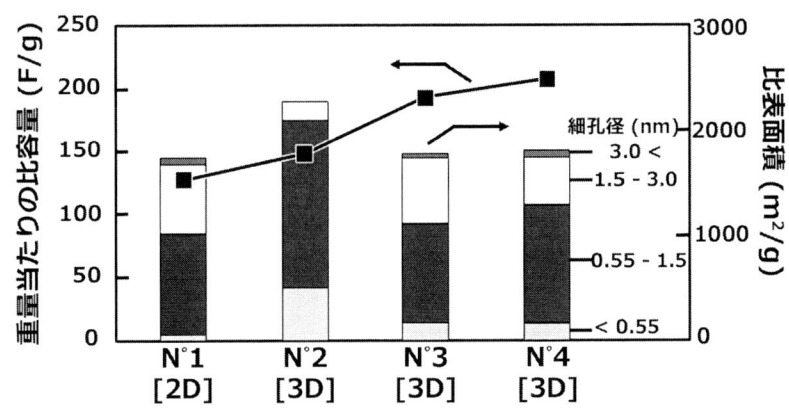

図5　スリット状二次元細孔（試料1）およびケージ状三次元細孔（試料2〜4）を有する多孔性カーボン試料の比容量（電解液：1 M LiClO$_4$/プロピレンカーボネート）と比表面積の関係

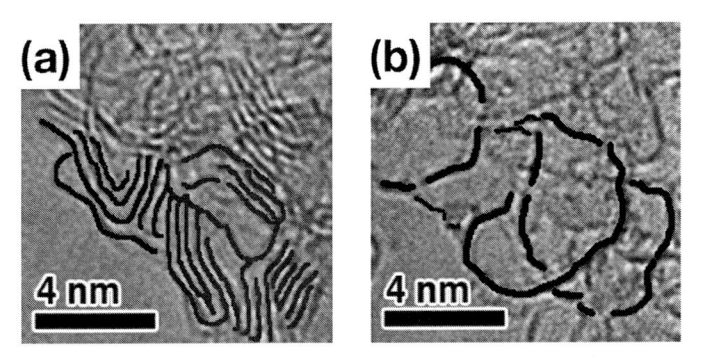

図6　(a)スリット状の細孔をもつカーボンと(b)ケージ状の細孔をもつカーボンの TEM 像
　　カーボン壁の形状をわかりやすくするために一部を黒色でなぞっている。

電極材料の比表面積を決定する手法は Brunauer, Emmet および Teller による BET 法が広く用いられるが，多分子層吸着モデルを想定しているために厳密にはミクロ細孔性材料には適用できないことに注意する必要がある。また，比較法である t–plot 法や αs–plot 法と同様に任意の細孔空間の比表面積を求めることができない。一方，GCMC 法はいくつかの細孔径における理論吸着等温線（カーネルと呼ばれる）を用いて，吸着等温線とのフィッティングから細孔径分布を決定する手法であり，計算に用いたカーネルが多ければ多いほど細孔径領域を細かく指定して比表面積を求めることができる。しかしながら，カーネルは構造モデルに依存するために，ここで示す比表面積は GCMC 法によって求めた比表面積である事に留意する必要がある。同様に，比表面積を示す場合は吸着等温線測定に用いたガス，温度，どの様な手法で求めたかを示すべきである。例えば，N_2 ガスを用いて 77 K で吸着等温線を測定して BET 法によって比表面積を求めたのであれば，N_2 吸着等温線（77 K）から求めた BET 比表面積（BET specific surface area）と記述するべきである。ここでは，GCMC 法による比表面積解析により，PC 分子よりも小さい細孔径（< 0.55 nm），バルク電解液中の PC4 配位 Li イオンがそのまま進入できない（脱溶媒和 Li イオンのみが進入できる）細孔径（0.55～1.5 nm），さらに PC4 配位 Li イオンが進入でき，両面の細孔壁にそれぞれ二重層を形成できない細孔径（1.5～3.0 nm）あるいはできる細孔径（> 3.0 nm）の範囲に相当する比表面積をそれぞれ求めた（図 7）。脱溶媒和 Li イオンが二重層形成に寄与すると期待される 0.55～1.5 nm 細孔の比表面積および全比表面積が同程度の試料 N°1，N°3，N°4 において，スリット状 2 次元ミクロ細孔からなる多孔性構造を有する活性炭素繊維（試料 N°1）よりケージ状等の 3 次元的ミクロ細孔を有する多孔性カーボン（試料 N°2～N°4）の方が高容量を示した。さらに，三次元的ミクロ細孔を有する多孔性カーボン試料 N°2～N°4 の中でも，

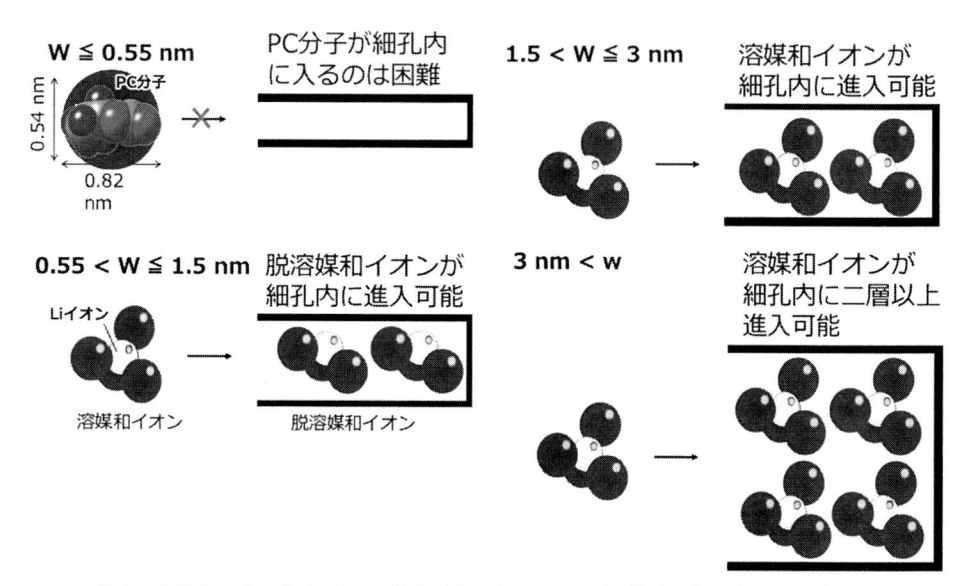

図 7　溶媒和イオンサイズおよび脱溶媒和イオンサイズに基づく細孔径区分の模式図

0.55～1.5 nm 細孔の比表面積が大きい試料 N°2 が他試料よりも高容量とはならず，1.5～3.0 nm 細孔を合わせもつ試料 N°3 および N°4 が高容量であった。すなわち，ミクロ細孔内での電解質イオンの脱溶媒和を効果的に促すためには脱溶媒和イオンが侵入できる空間と溶媒和イオンが進入可能な空間からなる階層的な多孔性構造が必要である[20]。

3.5　表面官能基の影響

　賦活処理によって得られた多孔性カーボン材料の細孔の入口には，種々の酸素含有官能基が存在している[21]。この様な表面官能基は溶媒和もしくは部分的に脱溶媒和したイオン間と分子間力が働き，細孔内での EDL 形成に影響を与えると考えられる。そこで，瓜田らは上述したケージ状 3 次元ミクロ細孔をもつ多孔性カーボンについて，高容量を示した試料 N°3 と同等の官能基量であり細孔分布が異なる試料 N°2 および試料 N°3 と類似の細孔分布を持ち表面官能基量の多い試料 N°5 を用いて，表面官能基量がキャパシタ特性へ与える影響を調査した（図 8）。表面官能基量は，昇温脱離法による単位重量当りの CO および CO_2 脱離量として評価している[22]。試料 N°2 の表面官能基量は試料 N°3 と同程度であり，試料 N°5 の表面官能基量は試料 N°3 の 3.5 倍程度であった。電解液に 1 M $LiClO_4$/PC 溶液を用いた場合，試料 N°3 と細孔分布の異なる試料 N°2 の面積比容量が試料 N°3 よりも低容量であるにも関わらず，試料 N°3 よりも表面官能基量の多い試料 N°5 の面積比容量は試料 N°3 と同程度であった。すなわち，今回用いたケージ状 3 次元ミクロ多孔性カーボン（ミクロ細孔内での電解質イオンの脱溶媒和が容量発現に効果的な系）において

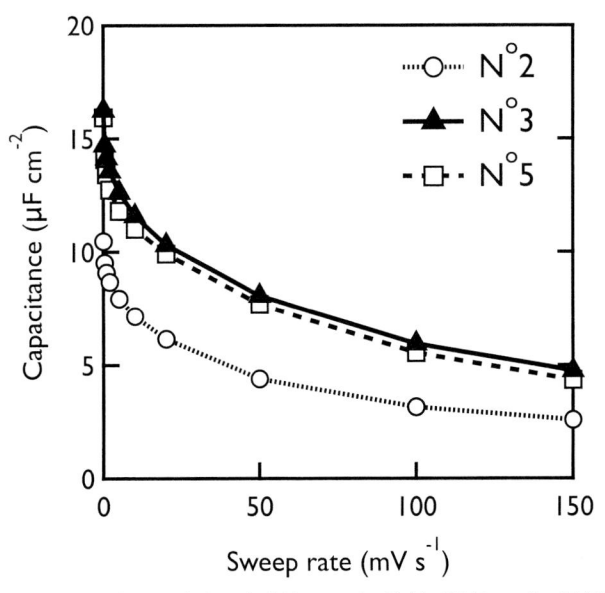

図 8　ケージ状 3 次元細孔を有する高容量多孔性カーボン試料（試料 N°3），試料 N°3 と細孔径分布の異なる試料 N°2 および試料 N°3 と表面官能基量の異なる試料 N°5 における比容量（単位面積当り）と掃引速度の関係

は，官能基等の表面構造よりも 3.4 項で述べた細孔構造が容量発現に影響することが明らかとなった。

4　おわりに

　EDLC の高容量化に向けた電極材料の設計には，単純に BET 法により求めた全比表面積のみならず，電解質イオンサイズを考慮に入れた電極構造の評価が必要である。今後，多孔性材料を EDLC 電極材料へと応用していく上で，表面構造・ナノ空間構造を精緻に評価し電気化学特性との関係を理解することで，EDLC に留まらず高性能な蓄電デバイスの誕生が期待できる。

文　　　献

1)　I. Moriguchi, *Chem. Lett.*, **43**(6), 740 (2014)

2)　M. Thommes *et al.*, *Pure Appl. Chem.*, **87**, 1051 (2015)

3)　S. Granick, *Science*, **253**(5026), 1374 (1991)

4)　L. D. Gelb *et al.*, *Rep. Prog. Phys.*, **62**(12), 1573 (1999)

5)　T. Ohkubo *et al.*, *J. Phys. Chem. B*, **103**, 1859 (1999)

6)　T. Ohkubo *et al.*, *J. Am. Chem. Soc.*, **124**(40), 11860 (2002)

7)　T. Ohkubo *et al.*, *J. Colloid Interface Sci.*, **421**, 165 (2014)

8)　J. Imai *et al.*, *J. Phys. Chem.*, **95**(24), 9955 (1991)

9)　S. Hashimoto *et al.*, *J. Am. Chem. Soc.*, **133**(7), 2022 (2011)

10)　K. Urita *et al.*, *J. Am. Chem. Soc.*, **133**(27), 10344 (2011)

11)　B. Coasne *et al.*, *Molecular Simulation*, **40**(7-9), 721 (2014)

12)　T. P. Melia, *J. lnorg. Nucl. Chem.*, **27**(1), 95 (1965)

13)　S. F. Agnew *et al.*, *J. Phys. Chem.*, **89**(9), 1678 (1985)

14)　J. Chmiola *et al.*, *Science*, **313**(5794), 1760 (2006)

15)　K. Urita *et al.*, *ACS Nano*, **8**(4), 3614 (2014)

16)　Y. Yamada *et al.*, *J. Phys. Chem. C*, **113**(20), 8948 (2009)

17)　北川進ほか，ナノサイエンスが作る多孔性材料，p. 77，シーエムシー出版 (2010)

18)　W. Y. Tsai *et al.*, *J. Am. Chem. Soc.*, **136**(24), 8722 (2014)

19)　K. Urita *et al.*, *Nanoscale*, **9**(40), 15643 (2017)

20)　N. Nakashima, "Nanocarbons for Energy Conversion: Supramolecular Approaches", p. 135, Springer International Publishing (2019)

21)　J. L. Figueiredo *et al.*, *Carbon*, **37**(9), 1379 (1999)

22)　C. Urita *et al.*, *J. Colloid Interface Sci.*, **552**, 412 (2019)

ポーラスカーボン材料の合成と応用

2019 年 10 月 8 日　第 1 刷発行

監　　修　西山憲和　　　　　　　　　　　　　　（T1130）
発 行 者　辻　賢司
発 行 所　株式会社シーエムシー出版
　　　　　東京都千代田区神田錦町 1-17-1
　　　　　電話 03(3293)7066
　　　　　大阪市中央区内平野町 1-3-12
　　　　　電話 06(4794)8234
　　　　　https://www.cmcbooks.co.jp/
編集担当　伊藤雅英／山本悠之介／門脇孝子

〔印刷　尼崎印刷株式会社〕　　　　　　　　　Ⓒ N. Nishiyama, 2019

ISBN978-4-7813-1441-9 C3043 ￥53000E